应用型人才培养教材

PINGFA SHITU YU
GANGJIN SUANLIANG

平法识图与钢筋算量

李金鹏　尚美珺　王本刚　主编

化学工业出版社

·北京·

## 内 容 简 介

本书依据16G101系列平法图集和国家现行最新有关规范进行编写，结合实际工程案例，采用模块化的方式全面讲述了基础、梁、柱、剪力墙、板、楼梯的制图规则和钢筋构造，深度解析基础、梁、柱、剪力墙、板和楼梯等构件中各种钢筋长度的计算。

全书共8个模块，并运用数字媒体化技术，把练习题答案、图片等转换成二维码，学生随时通过扫码学习，在学习中体验乐趣，在乐趣中收获知识。

本教材适用于应用型本科院校以及高等职业院校工程造价、建设工程管理、建筑工程技术、土木工程等专业，也可供工程造价人员、施工技术人员学习参考。

**图书在版编目（CIP）数据**

平法识图与钢筋算量/李金鹏，尚美珺，王本刚主编. —北京：化学工业出版社，2022.12（2024.4重印）
ISBN 978-7-122-42623-9

Ⅰ. ①平… Ⅱ. ①李… ②尚… ③王… Ⅲ. ①钢筋混凝土结构 - 建筑构图 - 识图 ②钢筋混凝土结构 - 结构计算 Ⅳ. ①TU375

中国版本图书馆 CIP 数据核字（2022）第 229021 号

责任编辑：李仙华　姜　磊　　　　　　　　文字编辑：师明远
责任校对：田睿涵　　　　　　　　　　　　装帧设计：张　辉

出版发行：化学工业出版社（北京市东城区青年湖南街13号　邮政编码100011）
印　　装：大厂聚鑫印刷有限责任公司
880mm×1230mm　1/16　印张16½　字数489千字　2024年4月北京第1版第2次印刷

购书咨询：010-64518888　　　　　　　　　售后服务：010-64518899
网　　址：http://www.cip.com.cn
凡购买本书，如有缺损质量问题，本社销售中心负责调换。

定　　价：49.80元

# 编审人员名单

## 主　编

李金鹏　长春科技学院

尚美珺　长春科技学院

王本刚　吉林农业科技学院

## 副主编

祖　婧　长春科技学院

吕　丹　吉林省经济管理干部学院

徐丹丹　长春建筑学院

韩春蕾　长春建筑学院

武　琳　吉林农业科技学院

吕　艳　长春科技学院

## 参　编

李荣华　长春职业技术学院

邱　歌　吉林省新兴人防设计有限公司

张洪彬　吉林省吉规城市建筑设计有限责任公司

姚　力　一砖一瓦科技有限公司

胡志强　福建省晨曦信息科技股份有限公司

黄复挽　福建省晨曦信息科技股份有限公司

## 主　审

赵和祥　长春科技学院

杨　光　长春科技学院

崔　岩　长春科技学院

# 前言

本书是以 16G101 系列图集、《建设工程工程量清单计价规范》（GB 50500—2013）和《吉林省建筑工程计价定额》（JLJD-JZ—2019）工程量计算规则为依据编写而成的，全书理论与工程实例相结合，目的是满足当前形势下高校对培养应用技术型工程造价、土木工程等专业人才的教学实际需要。

本书采用 16G101 系列图集中的制图规则与钢筋构造详图，结合实际工程案例，采用模块化的方式全面讲述了基础、柱、梁、剪力墙、板、楼梯的制图规则和钢筋构造，深度解析了基础、柱、梁、剪力墙、板和楼梯等构件中各种钢筋长度的计算。学生通过对本书的学习，可快速掌握现浇钢筋混凝土结构平法识图能力；教师采用该书进行教学，既方便教学，又可减少工作量；从事建筑工作的人员使用本书，可加深对平法图集的理解。

本书运用数字媒体化技术，把练习题答案、图片等转换成二维码，学生可随时通过扫码学习，在学习中体会乐趣，在乐趣中收获知识。

本书由李金鹏、尚美珺和王本刚担任主编，祖婧、吕丹、徐丹丹、韩春蕾、武琳、吕艳担任副主编，李荣华、邱歌、张洪彬、姚力、胡志强、黄复换参与编写。全书共分为 8 个模块：模块 1 由尚美珺、李金鹏、李荣华编写，模块 2 由徐丹丹编写，模块 3 由王本刚编写，模块 4 由韩春蕾编写，模块 5 由武琳编写，模块 6 由吕丹、李金鹏编写，模块 7 由吕艳、吕丹、李金鹏、祖婧编写，模块 8 由祖婧、胡志强、黄复换编写。本书案例由姚力提供，李金鹏、尚美珺、王本刚统稿。

本书部分图片资源由长春职业技术学院李荣华、一砖一瓦科技有限公司和福建省晨曦信息科技股份有限公司提供。

本书提供有办公楼项目的图纸、电子课件，可登录 www.cipedu.com.cn 免费获取。由于编者水平和经验有限，书中疏漏之处在所难免，请广大读者批评指正。

编　者

2022 年 12 月

# 目录

# 二维码资源目录

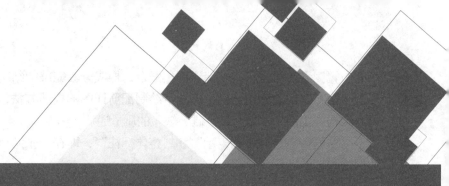

# 1

# 基本知识

## 1.1 ▶ 平法的概念与特点及图集

### 1.1.1 平法的概念与特点

平法是把结构构件尺寸和配筋等，按照平面整体表示方法制图规则，整体直接表达在各类构件的结构

1

平面布置图上，再与标准构造详图相配合，构成一套完整的结构施工图的方法。平法改变了传统结构施工图从平面布置图中索引出来，再逐个绘制配筋详图的烦琐方法，减少了设计人员的工作量，同时也减少了传统结构施工图中"错、漏、碰、缺"的质量通病。

平法的特点是"平面表示"和"整体标注"，即在一张结构平面图上同时进行梁、柱、墙、板各种构件钢筋数据的标注。

### 1.1.2 平法图集

目前已出版发行的常用平法标准设计系列国标图集主要有：

① 国家建筑标准设计图集《混凝土结构施工图平面整体表示方法制图规则和构造详图（现浇混凝土框架、剪力墙、梁、板）》16G101—1。

② 国家建筑标准设计图集《混凝土结构施工图平面整体表示方法制图规则和构造详图（现浇混凝土板式楼梯）》16G101—2。

③ 国家建筑标准设计图集《混凝土结构施工图平面整体表示方法制图规则和构造详图（独立基础、条形基础、筏形基础、桩基础）》16G101—3。

④ 国家建筑标准设计图集《建筑物抗震构造详图（多层和高层钢筋混凝土房屋）》更正说明11G329—1。

⑤ 国家建筑标准设计图集《建筑物抗震构造详图（多层砌体房屋和底部框架砌体房屋）》11G329—2。

⑥ 国家建筑标准设计图集《建筑物抗震构造详图（单层工业厂房）》11G329—3。

目前出版的与16G101平法图集配套使用的系列图集主要有：

① 国家建筑标准设计图集《混凝土结构施工钢筋排布规则与构造详图（现浇混凝土框架、剪力墙、梁、板）》18G901—1。

② 国家建筑标准设计图集《混凝土结构施工钢筋排布规则与构造详图（现浇混凝土板式楼梯）》18G901—2。

③ 国家建筑标准设计图集《混凝土结构施工钢筋排布规则与构造详图（独立基础、条形基础、筏形基础、桩基础）》18G901—3。

平法图集的产生，改变了传统的将构件从结构平面布置图中索引出来再逐个绘制配筋详图的烦琐办法，是我国结构施工图设计方法的重大创新。

## 1.2 ▶ 钢筋基本知识和基本参数

### 1.2.1 钢筋的分类

钢筋种类很多，通常按化学成分、力学性能、生产工艺、轧制外形、供应形式、直径大小以及在结构中的作用进行分类。

#### 1.2.1.1 按轧制外形分类

① 光面钢筋：Ⅰ级钢筋均轧制为光面圆形截面，供应形式主要为盘圆形式，直径不大于10mm。

② 带肋钢筋：有螺旋形、人字形和月牙形三种，一般Ⅱ、Ⅲ级钢筋轧制成人字形，Ⅳ级钢筋轧制成螺旋形及月牙形。

③ 钢丝（分低碳钢丝和碳素钢丝两种）及钢绞线。

④ 冷轧扭钢筋：经冷轧并冷扭成型。

### 1.2.1.2　按直径大小分类

按直径大小分类，钢筋可分为钢丝（直径 3 ～ 5mm）、细钢筋（直径 6 ～ 10mm）、粗钢筋（直径大于 22mm）。

### 1.2.1.3　按力学性能分类

热轧钢筋是目前钢筋混凝土结构中最常用的钢筋。按力学性能分类，主要有热轧光圆钢筋（HPB）、热轧带肋钢筋（HRB）、余热处理钢筋（RRB）和细晶粒热轧带肋钢筋（HRBF）四种。热轧钢筋基本性能见表 1-1。

表 1-1　热轧钢筋基本性能

| 牌号 | 符号 | 公称直径 $d$/mm | 屈服强度标准值 $f_{yk}$/（N/mm²） | 极限强度标准值 $f_{stk}$/（N/mm²） | 抗拉强度设计值 $f_y$/（N/mm²） | 抗压强度设计值 $f_y'$/（N/mm²） |
|---|---|---|---|---|---|---|
| HPB300 | Φ | 6 ～ 22 | 300 | 420 | 270 | 270 |
| HRB335 | $\underline{\Phi}$ | 6 ～ 50 | 335 | 455 | 300 | 300 |
| HRBF335 | $\underline{\Phi}^F$ | | | | | |
| HRB400 | $\underline{\Phi}$ | 6 ～ 50 | 400 | 540 | 360 | 360 |
| HRBF400 | $\underline{\Phi}^F$ | | | | | |
| RRB400 | $\underline{\Phi}^R$ | | | | | |
| HRB500 | $\overline{\underline{\Phi}}$ | 6 ～ 50 | 500 | 630 | 435 | 410 |
| HRBF500 | $\overline{\underline{\Phi}}^F$ | | | | | |

### 1.2.1.4　按生产工艺分类

按生产工艺分类，钢筋可分为热轧、冷轧、冷拉钢筋，还有以 RRB400 钢筋经热处理而成的热处理钢筋，其强度更高。

### 1.2.1.5　按在结构中的作用分类

按在结构中的作用分类，钢筋可分为受力筋、架立筋、箍筋、分布筋、其他钢筋等，如图 1-1 所示。

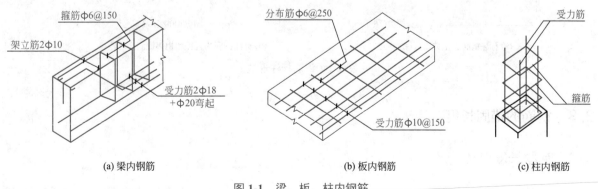

(a) 梁内钢筋　　　　　　　(b) 板内钢筋　　　　　　　(c) 柱内钢筋

图 1-1　梁、板、柱内钢筋

① 受力筋：在梁、板、柱中主要承担拉、压作用的钢筋。

② 架立筋：在梁中与箍筋一起固定受力筋的钢筋。

③ 箍筋：在梁、柱中固定受力筋的钢筋。

④ 分布筋：在板中固定受力筋的钢筋。

⑤ 其他钢筋：因构造或施工需要而设置在混凝土中的钢筋，如锚固钢筋、腰筋、构造筋、吊筋等。

## 1.2.2 钢筋的表示方法

在结构施工图中，为了清楚地表明构件内部的钢筋，突出钢筋的位置、形状和数量，可假设混凝土为透明体，这样构件中的钢筋在施工图中便可看见。在结构图中，长度方向钢筋用单根粗实线表示，断面钢筋用圆黑点表示，构件的外形轮廓线用中实线绘制。

（1）钢筋图例（表1-2）

表1-2 钢筋图例

| 序号 | 名称 | 图例 | 说明 |
|---|---|---|---|
| 1 | 钢筋横断面 | ● | |
| 2 | 无弯钩的钢筋端部 | | 下图表示长、短钢筋投影重叠时，短钢筋的端部用45°斜划线表示 |
| 3 | 带半圆形弯钩的钢筋端部 | | |
| 4 | 带直钩的钢筋端部 | | |
| 5 | 带丝扣的钢筋端部 | | |
| 6 | 无弯钩的钢筋搭接 | | |
| 7 | 带半圆弯钩的钢筋搭接 | | |
| 8 | 带直钩的钢筋搭接 | | |
| 9 | 套管接头 | | |
| 10 | 接触对焊的钢筋接头 | | |

（2）钢筋的标注方法

钢筋的直径、根数及相邻钢筋间距在图样上一般采用引出线方式标注，其标注形式如图1-2所示。

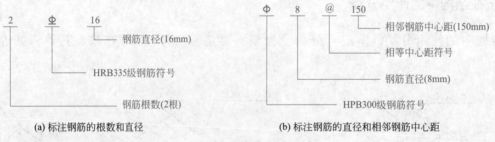

(a) 标注钢筋的根数和直径          (b) 标注钢筋的直径和相邻钢筋中心距

图1-2 钢筋标注形式

## 1.2.3 钢筋的锚固长度

### 1.2.3.1 锚固长度定义

为保证钢筋混凝土构件可靠工作，防止纵向受力钢筋从混凝土中拔出来导致构件破坏，钢筋在混凝土中必须有可靠锚固。

钢筋的锚固长度是指受力钢筋通过混凝土与钢筋的黏结作用，将所受力传递给混凝土所需的长度。钢筋的锚固长度应符合设计要求，当图纸要求不明确时，可按照平法构造的要求确定。锚固长度如图1-3所示。

## 1.2.3.2 锚固形式

钢筋的锚固受混凝土强度、保护层厚度、钢筋的表面形状、锚固区横向钢筋的配置情况的影响，其基本锚固形式有：直线型、直线加弯钩型、机械锚固型。

（1）直线型

直线型锚固就是进入锚固区内的钢筋为直线状，简称直锚。在所要锚固的构件尺寸满足钢筋最小锚固长度要求时可以采用这种形式，其锚固长度为伸入构件内的钢筋长度。直锚形式如图1-4所示。

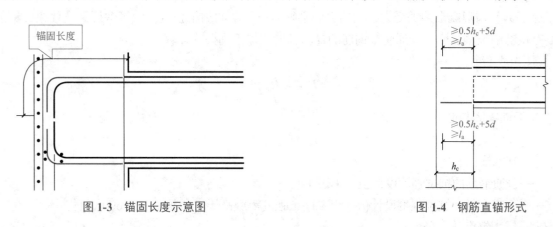

图1-3 锚固长度示意图　　　　　图1-4 钢筋直锚形式

（2）直线加弯钩型

直线加弯钩型是在所要锚固的构件尺寸不能满足钢筋最小锚固长度要求时，在钢筋伸入锚固区内的直线长度满足一定锚固要求后将钢筋在构件端部弯折90°、135°、180°等角度，简称弯锚。弯锚形式如图1-5所示。

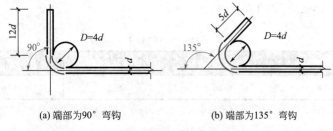

(a) 端部为90°弯钩　　　　　(b) 端部为135°弯钩

图1-5 钢筋弯锚形式

（3）机械锚固型

机械锚固的锚固条件同弯锚形式，在钢筋进入锚固区内的直线长度满足一定锚固长度要求后，在钢筋端部加锚头或锚板，增加钢筋的锚固强度。机械锚固的形式较多，具体如图1-6所示。

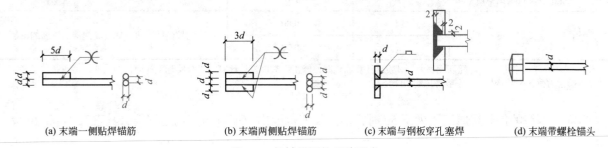

(a) 末端一侧贴焊锚筋　　(b) 末端两侧贴焊锚筋　　(c) 末端与钢板穿孔塞焊　　(d) 末端带螺栓锚头

图1-6 机械锚固的几种形式

在钢筋末端配置弯钩和机械锚固是减小锚固长度的有效方式，其原理是利用受力钢筋端部锚头（弯钩、贴焊锚筋、焊接锚板或螺栓锚头）对混凝土的局部挤压作用加大锚固承载力。锚头对混凝土的局部挤压保证了钢筋不会发生拔出破坏。随着技术的进步，各种机械锚固形式的开发和应用，也为减短锚固长度提供了可能性。

钢筋在锚固区必须保证钢筋净距，不允许钢筋在锚固区内出现平行接触，否则无法实现混凝土对钢筋的全面握裹，从而减弱锚固效果。当钢筋采用弯锚时，从弯折位置起钢筋的锚固受力情况完全不同于直锚，因此，弯锚的锚固长度由平直段长度和弯钩长度两个因素进行控制。

### 1.2.3.3　钢筋锚固长度取值

（1）受拉钢筋基本锚固长度

为了保证钢筋与混凝土共同受力，它们之间必须要有足够的黏结强度。为了保证黏结效果，钢筋在混凝土中要有足够的锚固长度。普通受拉钢筋的锚固长度应按下列公式计算：

① 基本锚固长度

$$l_{ab} = \alpha \frac{f_y}{f_t} d \qquad (1\text{-}1)$$

② 受拉钢筋锚固长度

$$l_a = \xi_a l_a \qquad (1\text{-}2)$$

式中　$l_{ab}$——基本锚固长度；

　　　$f_y$——普通钢筋的抗拉强度设计值，见表 1-1；

　　　$f_t$——混凝土轴心抗拉强度设计值，当混凝土强度等级高于 C60 时，按 C60 取值；

　　　$d$——锚固钢筋的直径；

　　　$\alpha$——锚固钢筋的外形系数，按表 1-3 取用；

　　　$l_a$——受拉钢筋的锚固长度；

　　　$\xi_a$——锚固长度修正系数，对普通钢筋按表 1-4 取用，当多于一项时，可按连乘计算，但不应小于 0.6；对预应力筋，可取 1.0。

表 1-3　锚固钢筋的外形系数 $\alpha$

| 钢筋类型 | 光圆钢筋 | 带肋钢筋 | 螺旋肋钢丝 | 三股钢绞线 | 七股钢绞线 |
|---|---|---|---|---|---|
| $\alpha$ | 0.14 | 0.16 | 0.13 | 0.16 | 0.17 |

注：光圆钢筋末端应做 180° 弯钩，弯后平直段长度不应小于 3d，但作受压钢筋时可不做弯钩。

表 1-4　锚固长度修正系数 $\xi_a$

| 锚固条件 | | $\xi_a$ | 备注 |
|---|---|---|---|
| 带肋钢筋的公称直径大于 25mm | | 1.10 | — |
| 环氧树脂涂层带肋钢筋 | | 1.25 | — |
| 施工过程中易受扰动的钢筋 | | 1.10 | — |
| 锚固钢筋的保护层厚度 | 3d | 0.80 | 中间按内插取值，此处 d 为锚固钢筋的直径 |
| | 5d | 0.70 | |

注：当纵向受力钢筋的实际配筋面积大于其设计计算面积时，修正系数取设计计算面积与实际配筋面积的比值，但对有抗震设防要求及直接承受动力荷载的结构构件，不应考虑此项修正。

当锚固钢筋的保护层厚度不大于 5d 时，锚固长度范围内应配置横向构造钢筋，其直径不应小于 d/4；对梁、柱等杆状构件间距不应大于 5d，对板、墙等平面构件间距不应大于 10d，且均不应小于 100mm，此

处 $d$ 为锚固钢筋的最小直径。

当纵向受拉普通钢筋末端采用钢筋弯钩或机械锚固措施时，包括弯钩或锚固端头在内的锚固长度（投影长度）可取为基本锚固长度 $l_{ab}$ 的 60%。钢筋弯钩与机械锚固的形式与技术要求应符合表 1-5 及图 1-5、图 1-6 的规定。

表 1-5　钢筋弯钩与机械锚固的形式与技术要求

| 锚固形式 | | 技术要求 |
|---|---|---|
| 弯钩 | 90°弯钩 | 末端 90°弯钩，弯钩内径 4$d$，弯钩直线段长度 12$d$ |
| | 135°弯钩 | 末端 135°弯钩，弯钩内径 4$d$，弯后直线段长度 5$d$ |
| 机械锚固 | 一侧贴焊锚筋 | 末端一侧贴焊长 5$d$ 同直径钢筋，焊缝满足强度要求 |
| | 两侧贴焊锚筋 | 末端一侧贴焊长 3$d$ 同直径钢筋，焊缝满足强度要求 |
| | 焊端锚板 | 末端与厚度 $d$ 的锚板穿孔塞焊，焊缝满足强度要求 |
| | 螺栓锚头 | 末端旋入螺栓锚头，螺纹长度满足强度要求 |

注：1. 焊缝和螺纹长度应满足承载力要求。
2. 螺栓锚头和焊接锚板的承压净面积不应小于锚固钢筋截面面积的 4 倍。
3. 螺栓锚头规格应符合相关标准的要求。
4. 螺栓锚头和焊接锚板的钢筋净间距不宜小于 4$d$，否则应考虑群锚效应的不利影响。
5. 截面角部的弯钩和一侧贴焊锚筋的布筋方向宜向截面内侧偏置。

受拉钢筋基本锚固长度 $l_{ab}$ 和抗震设计时受拉钢筋基本锚固长度 $l_{abE}$ 应符合表 1-6 和表 1-7 的规定。

表 1-6　受拉钢筋基本锚固长度 $l_{ab}$　　　单位：mm

| 钢筋种类 | 混凝土强度等级 | | | | | | | | |
|---|---|---|---|---|---|---|---|---|---|
| | C20 | C25 | C30 | C35 | C40 | C45 | C50 | C55 | ≥ C60 |
| HPB300 | 39$d$ | 34$d$ | 30$d$ | 28$d$ | 25$d$ | 24$d$ | 23$d$ | 22$d$ | 21$d$ |
| HRB335、HRBF335 | 38$d$ | 33$d$ | 29$d$ | 27$d$ | 25$d$ | 23$d$ | 22$d$ | 21$d$ | 21$d$ |
| HRB400、HRBF400、RRB400 | — | 40$d$ | 35$d$ | 32$d$ | 29$d$ | 28$d$ | 27$d$ | 26$d$ | 25$d$ |
| HRB500、HRBF500 | — | 48$d$ | 43$d$ | 39$d$ | 36$d$ | 31$d$ | 32$d$ | 31$d$ | 30$d$ |

表 1-7　抗震设计时受拉钢筋基本锚固长度 $l_{abE}$　　　单位：mm

| 钢筋种类 | | 混凝土强度等级 | | | | | | | | |
|---|---|---|---|---|---|---|---|---|---|---|
| | | C20 | C25 | C30 | C35 | C40 | C45 | C50 | C55 | ≥ C60 |
| HPB300 | 一、二级 | 45$d$ | 39$d$ | 35$d$ | 32$d$ | 29$d$ | 28$d$ | 26$d$ | 25$d$ | 24$d$ |
| | 三级 | 41$d$ | 36$d$ | 32$d$ | 29$d$ | 26$d$ | 25$d$ | 24$d$ | 23$d$ | 22$d$ |
| HRB335 | 一、二级 | 44$d$ | 38$d$ | 33$d$ | 31$d$ | 29$d$ | 26$d$ | 25$d$ | 24$d$ | 24$d$ |
| HRBF335 | 三级 | 40$d$ | 35$d$ | 31$d$ | 28$d$ | 26$d$ | 24$d$ | 23$d$ | 22$d$ | 22$d$ |
| HRB400 | 一、二级 | — | 46$d$ | 40$d$ | 37$d$ | 33$d$ | 32$d$ | 31$d$ | 30$d$ | 29$d$ |
| HRBF400 | 三级 | — | 42$d$ | 37$d$ | 34$d$ | 30$d$ | 29$d$ | 28$d$ | 27$d$ | 26$d$ |
| HRB500 | 一、二级 | — | 55$d$ | 49$d$ | 45$d$ | 41$d$ | 39$d$ | 37$d$ | 36$d$ | 35$d$ |
| HRBF500 | 三级 | — | 50$d$ | 45$d$ | 41$d$ | 38$d$ | 36$d$ | 34$d$ | 33$d$ | 32$d$ |

（2）受拉钢筋锚固长度

受拉钢筋锚固长度 $l_a$、受拉钢筋抗震锚固长度 $l_{aE}$ 应符合表 1-8 和表 1-9 的规定。

表 1-8 受拉钢筋锚固长度 $l_a$ 单位：mm

| 钢筋种类 | C20 | C25 | | C30 | | C35 | | C40 | | C45 | | C50 | | C55 | | ≥C60 | |
|---|---|---|---|---|---|---|---|---|---|---|---|---|---|---|---|---|---|
| 混凝土强度等级 | $d\leq25$ | $d\leq25$ | $d>25$ | $d\leq25$ | $d>25$ | $d\leq25$ | $d>25$ | $d\leq25$ | $d>25$ | $d\leq25$ | $d>25$ | $d\leq25$ | $d>25$ | $d\leq25$ | $d>25$ | $d\leq25$ | $d>25$ |
| HPB300 | $39d$ | $34d$ | — | $30d$ | — | $28d$ | — | $25d$ | — | $24d$ | — | $23d$ | — | $22d$ | — | $21d$ | — |
| HRB335、HRBF335 | $38d$ | $33d$ | — | $29d$ | — | $27d$ | — | $25d$ | — | $23d$ | — | $22d$ | — | $21d$ | — | $21d$ | — |
| HRB400、HRBF400、RRB400 | — | $40d$ | $44d$ | $35d$ | $39d$ | $32d$ | $35d$ | $29d$ | $32d$ | $28d$ | $31d$ | $27d$ | $30d$ | $26d$ | $29d$ | $25d$ | $28d$ |
| HRB500、HRBF500 | — | $48d$ | $53d$ | $43d$ | $47d$ | $39d$ | $43d$ | $36d$ | $40d$ | $34d$ | $37d$ | $32d$ | $35d$ | $31d$ | $34d$ | $30d$ | $33d$ |

表 1-9 受拉钢筋抗震锚固长度 $l_{aE}$ 单位：mm

| 钢筋种类及抗震等级 | | C20 | C25 | | C30 | | C35 | | C40 | | C45 | | C50 | | C55 | | ≥C60 | |
|---|---|---|---|---|---|---|---|---|---|---|---|---|---|---|---|---|---|---|---|
| 混凝土强度等级 | | $d\leq25$ | $d\leq25$ | $d>25$ | $d\leq25$ | $d>25$ | $d\leq25$ | $d>25$ | $d\leq25$ | $d>25$ | $d\leq25$ | $d>25$ | $d\leq25$ | $d>25$ | $d\leq25$ | $d>25$ | $d\leq25$ | $d>25$ |
| HPB300 | 一、二级 | $45d$ | $39d$ | — | $35d$ | — | $32d$ | — | $29d$ | — | $28d$ | — | $26d$ | — | $25d$ | — | $24d$ | — |
| HPB300 | 三级 | $41d$ | $36d$ | — | $32d$ | — | $29d$ | — | $26d$ | — | $25d$ | — | $24d$ | — | $23d$ | — | $22d$ | — |
| HRB335 | 一、二级 | $44d$ | $38d$ | — | $33d$ | — | $31d$ | — | $29d$ | — | $26d$ | — | $25d$ | — | $24d$ | — | $24d$ | — |
| HRBF335 | 三级 | $40d$ | $35d$ | — | $30d$ | — | $28d$ | — | $26d$ | — | $24d$ | — | $23d$ | — | $22d$ | — | $22d$ | — |
| HRB400 | 一、二级 | — | $46d$ | $51d$ | $40d$ | $45d$ | $37d$ | $40d$ | $33d$ | $37d$ | $32d$ | $36d$ | $31d$ | $35d$ | $30d$ | $33d$ | $29d$ | $32d$ |
| HRBF400 | 三级 | — | $42d$ | $46d$ | $37d$ | $41d$ | $34d$ | $37d$ | $30d$ | $34d$ | $29d$ | $33d$ | $28d$ | $32d$ | $27d$ | $30d$ | $26d$ | $29d$ |
| HRB500 | 一、二级 | — | $55d$ | $61d$ | $49d$ | $54d$ | $45d$ | $49d$ | $41d$ | $46d$ | $39d$ | $43d$ | $37d$ | $40d$ | $36d$ | $39d$ | $35d$ | $38d$ |
| HRBF500 | 三级 | — | $50d$ | $56d$ | $45d$ | $49d$ | $41d$ | $45d$ | $38d$ | $42d$ | $36d$ | $39d$ | $34d$ | $37d$ | $33d$ | $36d$ | $32d$ | $35d$ |

## 1.2.4 钢筋的连接

### 1.2.4.1 钢筋的连接方式

在施工过程中，当构件的钢筋不够长时（钢筋出厂长度一般是 9m），需要对钢筋进行连接。钢筋的主要连接方式有三种：绑扎搭接、机械连接和焊接连接，如图 1-7 所示。

(a) 钢筋绑扎搭接实物图　　　(b) 钢筋焊接连接实物图　　　(c) 钢筋机械连接实物图

图 1-7 钢筋的连接方式

#### 1.2.4.2 钢筋的连接原则

为了保证钢筋受力可靠，钢筋连接应遵循以下原则：

① 接头应尽量设置在受力较小处，应避开结构受力较大的关键部位，抗震设计时避开梁端、柱端箍筋加密区范围，如必须在该区域连接，则应采用机械连接或焊接。

② 在同一跨度或同一层高内的同一受力钢筋上宜少设连接接头，不宜设置 2 个或 2 个以上接头。

③ 接头位置宜互相错开，在连接范围内，接头钢筋面积百分率应限制在一定范围内。

④ 在钢筋连接区域应采取必要的构造措施，在纵向受力钢筋搭接长度范围内应配置横向构造钢筋或箍筋。

⑤ 轴心受拉及小偏心受拉杆件（如桁架和拱的拉杆）的纵向受力钢筋不得采用绑扎搭接接头。

⑥ 当受拉钢筋的直径 $d > 25mm$ 及受压钢筋的直径 $d > 28mm$ 时，不宜采用绑扎搭接接头。$d \geqslant 16mm$ 的钢筋，应优先采用机械连接或对焊连接。

⑦ 电渣压力焊应用于竖向受力筋的连接，不得用于水平筋的连接。

⑧ 直接承受动力荷载的结构构件中，其纵向受力筋不得采用绑扎搭接接头。

#### 1.2.4.3 纵向钢筋接头面积百分率

纵向钢筋接头面积百分率是指区段长度范围内纵向钢筋搭接接头面积与钢筋总面积的比值。

（1）纵向钢筋接头面积百分率的要求

位于同一连接区段内的受拉钢筋搭接接头面积百分率要求如下：梁类、板类及墙类构件，不宜大于 25%；柱类构件，不宜大于 50%；当工程中需要增大受拉钢筋搭接接头面积百分率时，梁类构件不宜大于 50%；板类、墙类及柱类构件，可根据实际情况放宽。

（2）纵向钢筋接头面积百分率的确定

纵向钢筋接头面积百分率修订后的新规范明确规定，受拉区和受压区（梁的底部和顶部）不能按同一连接区段计算，即梁、板受弯构件，按一侧纵向受拉钢筋面积计算搭接接头面积百分率，也就是要求上部、下部钢筋分别计算；柱、剪力墙按全截面钢筋面积计算搭接接头面积百分率。

直径不相同的钢筋搭接时，不应因直径不同的钢筋搭接而使构件截面配筋面积减小，需按较小钢筋直径计算搭接长度及接头面积百分率，如图 1-8（a）所示。同一构件纵向受力钢筋直径不同时，各自的搭接长度也不同，此时搭接区段长度应取相邻搭接钢筋中较大的搭接长度计算，如图 1-8（b）所示。

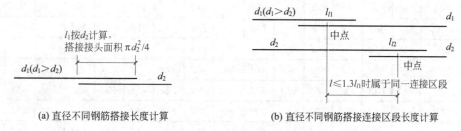

(a) 直径不同钢筋搭接长度计算　　　　　　　(b) 直径不同钢筋搭接连接区段长度计算

**图 1-8　直径不同钢筋搭接连接**

并筋采用绑扎搭接连接时，接头面积百分率应按同一连接区段内所有的单根钢筋计算。并筋中钢筋的搭接长度应按单筋分别计算。

纵向受拉钢筋绑扎搭接接头的搭接长度，应根据位于同一连接区段内的钢筋搭接接头面积百分率按式（1-3）计算，且不应小于 300mm。

$$l_l = \xi_l l_a \qquad\qquad (1-3)$$

式中　$\xi_l$——纵向受拉钢筋搭接长度修正系数，按表 1-10 取用。当纵向搭接钢筋接头面积百分率为表的中间值时，修正系数可按内插取值。

表 1-10　纵向受拉钢筋搭接长度修正系数 $\xi_l$

| 纵向搭接钢筋接头面积百分率 /% | ≤ 25 | 50 | 100 |
|---|---|---|---|
| $\xi_l$ | 1.2 | 1.4 | 1.6 |

表 1-11、表 1-12 列出了纵向受拉钢筋的搭接长度 $l_l$ 及抗震搭接长度 $l_{lE}$。

表 1-11　纵向受拉钢筋搭接长度 $l_l$　　　　单位：mm

| 钢筋种类及同一区段内搭接钢筋面积百分率 | | C20 d≤25 | C20 d>25 | C25 d≤25 | C25 d>25 | C30 d≤25 | C30 d>25 | C35 d≤25 | C35 d>25 | C40 d≤25 | C40 d>25 | C45 d≤25 | C45 d>25 | C50 d≤25 | C50 d>25 | C55 d≤25 | C55 d>25 | C60 d≤25 | C60 d>25 |
|---|---|---|---|---|---|---|---|---|---|---|---|---|---|---|---|---|---|---|---|
| HPB300 | ≤25% | 47d | — | 41d | — | 36d | — | 34d | — | 30d | — | 29d | — | 28d | — | 26d | — | 25d | — |
| | 50% | 55d | — | 48d | — | 42d | — | 39d | — | 35d | — | 34d | — | 32d | — | 31d | — | 29d | — |
| | 100% | 62d | — | 54d | — | 48d | — | 45d | — | 40d | — | 38d | — | 37d | — | 35d | — | 34d | — |
| HRB335、HRBF335 | ≤25% | 46d | — | 40d | — | 35d | — | 32d | — | 30d | — | 28d | — | 26d | — | 25d | — | 25d | — |
| | 50% | 53d | — | 46d | — | 41d | — | 38d | — | 35d | — | 32d | — | 31d | — | 29d | — | 29d | — |
| | 100% | — | — | 53d | — | 46d | — | 43d | — | 40d | — | 37d | — | 35d | — | 34d | — | 34d | — |
| HRB400、HRBF400、RRB400 | ≤25% | — | — | 48d | 53d | 42d | 47d | 38d | 42d | 35d | 38d | 34d | 37d | 32d | 36d | 31d | 35d | 30d | 34d |
| | 50% | — | — | 56d | 62d | 49d | 55d | 45d | 49d | 41d | 45d | 39d | 43d | 38d | 42d | 36d | 41d | 35d | 39d |
| | 100% | — | — | 64d | 70d | 56d | 62d | 51d | 56d | 46d | 51d | 45d | 50d | 43d | 48d | 42d | 46d | 40d | 45d |
| HRB500、HRBF500 | ≤25% | — | — | 58d | 64d | 52d | 56d | 47d | 52d | 43d | 48d | 41d | 44d | 38d | 42d | 37d | 41d | 36d | 40d |
| | 50% | — | — | 67d | 74d | 60d | 66d | 55d | 60d | 50d | 56d | 48d | 52d | 45d | 49d | 43d | 48d | 42d | 46d |
| | 100% | — | — | 77d | 85d | 69d | 75d | 62d | 69d | 58d | 64d | 54d | 59d | 51d | 56a | 50d | 54d | 48d | 53d |

表 1-12　纵向受拉钢筋抗震搭接长度 $l_{lE}$　　　　单位：mm

| 抗震等级 | 钢筋种类 | 百分率 | C20 d≤25 | C20 d>25 | C25 d≤25 | C25 d>25 | C30 d≤25 | C30 d>25 | C35 d≤25 | C35 d>25 | C40 d≤25 | C40 d>25 | C45 d≤25 | C45 d>25 | C50 d≤25 | C50 d>25 | C55 d≤25 | C55 d>25 | C60 d≤25 | C60 d>25 |
|---|---|---|---|---|---|---|---|---|---|---|---|---|---|---|---|---|---|---|---|---|---|
| 一、二级抗震等级 | HPB300 | ≤25% | 54d | — | 47d | — | 42d | — | 38d | — | 35d | — | 34d | — | 31d | — | 30d | — | 29d | — |
| | | 50% | 63d | — | 55d | — | 49d | — | 45d | — | 41d | — | 39d | — | 36d | — | 35d | — | 34d | — |
| | HRB335 | ≤25% | 53d | — | 46d | — | 40d | — | 37d | — | 35d | — | 31d | — | 30d | — | 29d | — | 29d | — |
| | | 50% | 62d | — | 53d | — | 46d | — | 43d | — | 41d | — | 36d | — | 35d | — | 34d | — | 34d | — |
| | HRB400、HRBF400 | ≤25% | — | — | 55d | 61d | 48d | 54d | 44d | 48d | 40d | 44d | 38d | 43d | 37d | 42d | 36d | 40d | 35d | 38d |
| | | 50% | — | — | 64d | 71d | 56d | 63d | 52d | 56d | 46d | 52d | 45d | 50d | 43d | 49d | 42d | 46d | 41d | 45d |
| | HRB500、HRBF500 | ≤25% | — | — | 66d | 73d | 59d | 65d | 54d | 59d | 49d | 55d | 47d | 52d | 44d | 48d | 43d | 47d | 42d | 46d |
| | | 50% | — | — | 77d | 85d | 69d | 76d | 63d | 69d | 57d | 64d | 55d | 60d | 52d | 56d | 50d | 55d | 49d | 53d |
| 三级抗震等级 | HPB300 | ≤25% | 49d | — | 43d | — | 38d | — | 35d | — | 31d | — | 30d | — | 29d | — | 28d | — | 26d | — |
| | | 50% | 57d | — | 50d | — | 45d | — | 41d | — | 36d | — | 35d | — | 34d | — | 32d | — | 31d | — |
| | HRB335、HRBF335 | ≤25% | 48d | — | 42d | — | 36d | — | 34d | — | 31d | — | 29d | — | 28d | — | 26d | — | 26d | — |
| | | 50% | 56d | — | 49d | — | 42d | — | 39d | — | 36d | — | 34d | — | 32d | — | 31d | — | 31d | — |
| | HRB400、HRBF400 | ≤25% | — | — | 50d | 55d | 44d | 49d | 41d | 44d | 36d | 41d | 35d | 40d | 34d | 38d | 32d | 36d | 31d | 35d |
| | | 50% | — | — | 59d | 64d | 52d | 57d | 48d | 52d | 42d | 48d | 41d | 46d | 39d | 45d | 38d | 42d | 36d | 41d |
| | HRB500、HRBF500 | ≤25% | — | — | 60d | 67d | 54d | 59d | 49d | 54d | 46d | 50d | 43d | 47d | 41d | 44d | 40d | 43d | 38d | 42d |
| | | 50% | — | — | 70d | 78d | 63d | 69d | 57d | 63d | 53d | 59d | 50d | 55d | 48d | 52d | 46d | 50d | 45d | 49d |

### 1.2.5 钢筋的端部弯钩

#### 1.2.5.1 钢筋端部弯钩增加值

当光圆钢筋即 HPB300 级钢筋为受力筋时，由于钢筋表面光滑，只靠摩阻力锚固，锚固强度很低，一旦发生滑移即被拔出，因此其末端应做 180°弯钩，如图 1-9 所示。钢筋在量取长度时，通常只量到钢筋的外皮，而钢筋的实际长度为钢筋中心线长度，还包括弯曲部分长度和平直段长度。这就导致了实际长度与量取的直段长度有一个差值，需要在确定钢筋长度时将差值考虑进去，即为钢筋的端部弯钩增加值。当受力钢筋为带肋钢筋或光圆钢筋只用作分布筋时，可不设端部弯钩。

图中 180°弯钩长度（$FE'$）＝弧长（$ABC$）$-AF+EC = \pi \times (0.5D+0.5d)-2.25d+3d = 6.25d$

式中，$D = 2.5d$。

#### 1.2.5.2 钢筋端部弯钩增加值的确定

计算钢筋端部弯钩增加值时需要关注三个值：弯折角度、弯弧内直径、平直段长度。

（1）受力钢筋端部 180°弯钩增加值

末端 180°弯钩，其弯后平直段长度不应小于 3d，弯弧内直径 2.5d，180°弯钩需增加长度为 6.25d。

（2）箍筋端部弯钩增加值

《混凝土结构工程施工规范》（GB 50666—2011）中明确规定，箍筋为 HPB300 级钢筋且末端弯钩 135°时，弯弧内直径按 2.5d 取值，如图 1-10 所示。

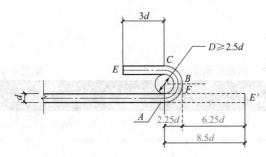

图 1-9 光圆钢筋端部 180°弯钩

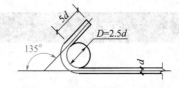

图 1-10 箍筋端部 135°弯钩

箍筋弯钩的弯折角度：对一般结构，不应小于 90°；对有抗震要求的结构，不应小于 135°。

箍筋弯后平直部分长度：对一般结构，不宜小于箍筋直径的 5 倍；对有抗震等级要求的结构，不应小于箍筋直径的 10 倍，且不小于 75mm。

135°弯弧增加值为：

$$L_z = \frac{135°}{360°}\pi(D+d) - \left(\frac{D}{2}+d\right) = 1.87d \approx 1.9d$$

当箍筋直径为 6mm 时，端部弯钩增加值为 1.9d+5d，当箍筋直径大于或等于 8mm 时，端部弯钩增加值为 1.9d+10d（或 75mm）。

### 1.2.6 钢筋的混凝土保护层

#### 1.2.6.1 混凝土保护层的含义

最外层钢筋（包括箍筋、构造筋、分布筋）的外缘到截面边缘的垂直距离，称为混凝土保护层厚度，通常用 c 表示，如图 1-11 所示。

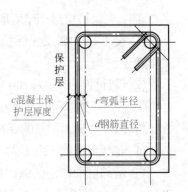

图 1-11 混凝土保护层
厚度示意图

混凝土保护层有梁的保护层、板的保护层以及柱的保护层等，如图 1-12 所示。

(a) 梁的混凝土保护层　　　　　(b) 板的混凝土保护层　　　　　(c) 柱的混凝土保护层

图 1-12　钢筋的混凝土保护层

混凝土保护层厚度的取值受到构件所处的环境类别、构件的类型、设计使用年限、混凝土强度及钢筋直径等因素影响。

### 1.2.6.2　混凝土保护层的作用

混凝土保护层有一定的厚度，这样可以保证构件内的钢筋不会暴露在空气中，从而可以保护钢筋不被锈蚀；同时构件内的钢筋是通过混凝土的握裹而与混凝土共同作用，混凝土保护层可以保证钢筋与混凝土之间有较好的黏结；当建筑物发生火灾时，构件内的钢筋也会由于一定厚度的混凝土保护层而温度上升缓慢，可以保证结构构件的强度。

### 1.2.6.3　混凝土保护层最小厚度

混凝土保护层最小厚度可以按表 1-13 取值。

表 1-13　混凝土保护层的最小厚度　　　　　　　　　　　　　　　单位：mm

| 环境类别 | 板、墙、壳 | 梁、柱、杆 |
| --- | --- | --- |
| 一 | 15 | 20 |
| 二 a | 20 | 25 |
| 二 b | 25 | 35 |
| 三 a | 30 | 40 |
| 三 b | 40 | 50 |

混凝土保护层最小厚度取值说明如下：

① 表 1-13 中混凝土保护层厚度指最外层钢筋外缘至混凝土表面的距离，适用于设计使用年限为 50 年的混凝土结构。

② 设计使用年限为 100 年的混凝土结构，一类环境中，最外层钢筋的保护层厚度不应小于表中数值的 1.4 倍；二、三类环境中，应采取专门的有效措施。

③ 构件中受力钢筋的保护层厚度不应小于钢筋的公称直径。

④ 混凝土强度等级不大于 C25 时，表中保护层厚度数值应增加 5mm。

⑤ 基础底面钢筋的保护层厚度，有垫层时应从垫层顶面算起，且不应小于 40mm；无垫层时不应小于 70mm。承台底面钢筋保护层厚度不应小于桩头嵌入承台内的长度。

混凝土结构的环境类别按表 1-14 确定。

表 1-14 混凝土结构环境类别

| 环境类别 | 条件 |
|---|---|
| 一 | 室内干燥环境；无侵蚀性静水浸没环境 |
| 二 a | 室内潮湿环境；非严寒和非寒冷地区的露天环境；<br>非严寒和非寒冷地区与无侵蚀性的水或土壤直接接触的环境；<br>严寒和寒冷地区的冰冻线以下与无侵蚀性的水或土壤直接接触的环境 |
| 二 b | 干湿交替环境；水位频繁变动环境；严寒和寒冷地区的露天环境；<br>严寒和寒冷地区冰冻线以上与无侵蚀性的水或土壤直接接触的环境 |
| 三 a | 严寒和寒冷地区冬季水位变动区环境；<br>受除冰盐影响环境；海风环境 |
| 三 b | 盐渍土环境；受除冰盐作用环境；海岸环境 |
| 四 | 海水环境 |
| 五 | 受人为或自然的侵蚀性物质影响的环境 |

注：1. 室内潮湿环境是指构件表面经常处于结露或湿润状态的环境。
2. 严寒和寒冷地区的划分应符合现行国家标准《民用建筑热工设计规范》（GB 50176—2016）的有关规定。
3. 海岸环境和海风环境宜根据当地情况，考虑主导风向及结构所处迎风、背风部位等因素的影响，由调查研究和工程经验确定。
4. 受除冰盐影响环境是指受到除冰盐盐雾影响的环境；受除冰盐作用环境是指被除冰盐溶液溅射的环境以及使用除冰盐地区的洗车房、停车楼等建筑。

# 1.3 ▶ 现浇钢筋混凝土结构施工图组成

## 1.3.1 结构施工图的概念与作用

### 1.3.1.1 结构施工图的概念

结构施工图（简称结施图）主要表达建筑工程的结构类型，是在建筑施工图的基础上表达房屋各承重构件或单体（如基础、梁、柱、板、剪力墙和楼梯）的布置材料、截面尺寸、配筋，以及构件间的连接、构造要求的图样。

### 1.3.1.2 结构施工图的作用

结构施工图是设计人员综合考虑建筑的规模、使用功能、业主的要求、当地材料的供应情况、场地周边的现状、抗震设防要求等因素，根据国家及省市有关现行规范、规程规定，以经济合理、技术先进、确保安全为原则而形成的结构工种设计文件。结构施工图是施工放线，挖沟槽，支模板，绑扎钢筋，浇筑混凝土安装梁、板、柱等构件，编制预决算和施工组织设计的依据，是监理单位工程质量检查与验收的依据。

## 1.3.2 结构施工图的组成

结构施工图一般由结构图纸目录、结构设计总说明、基础施工图、上部结构施工图和结构详图组成。

### 1.3.2.1 结构图纸目录

结构图纸目录可以使人们了解图纸的排列、总张数和每张图纸的内容，便于核对图纸的完整性，查找所需要的图纸。

### 1.3.2.2　结构设计总说明

结构设计总说明是结构施工图的纲领性文件，是施工的重要依据。其根据现行的规范要求，结合工程结构的实际情况，将设计的依据、对材料的要求、所选用的标准图和对施工的特殊要求等，以文字表达为主的方式形成的设计文件。

### 1.3.2.3　基础施工图

基础施工图包括基础平面图和基础详图。其主要表达建筑物的地基处理措施与要求、基础形式、位置、所属轴线，以及基础内留洞、构件、管沟、地基变化的台阶、基底标高等平面布置情况。基础详图主要说明基础的具体构造。

### 1.3.2.4　上部结构施工图

上部结构施工图是指标高在±0.000以上的结构。其主要表达梁、柱、板、剪力墙等构件的平面布置，各构件的截面尺寸、配筋等。

### 1.3.2.5　结构详图

结构详图包括楼梯、电梯间、屋架结构详图及梁、柱、板的节点详图。

结构施工图一般按施工顺序排序，依次为结构图纸目录、结构设计总说明、基础平面图、基础详图、柱（剪力墙）平面及配筋图（自下而上按层排列）、梁平面及配筋图（自下而上按层排列）、楼（屋）面结构平面图（自下而上按层排列）、楼梯及构件详图等。

# 【能力训练题】

**一、填空题**

1. 钢筋的基本锚固形式有：_____、_____和_____。

2. 按力学性能分类，钢筋主要有_____、_____、_____和_____。

3. 结构施工图一般由_____、_____、_____、_____和_____组成。

二维码 1.1

**二、简答题**

1. 什么是平法识图？

2. 钢筋混凝土结构中钢筋的连接方式有哪几种？

3. 为了保证钢筋受力可靠，钢筋连接应遵循哪些原则？

4. 钢筋的混凝土保护层厚度有哪些作用？

**三、计算题**

1. 某现浇混凝土框架结构中的梁在柱内的锚固，钢筋锚固区内保护层厚度大于 $5d$，抗震等级为三级，混凝土强度等级为 C30，环氧树脂涂层钢筋级别为 HRB335，受力钢筋直径为 20mm，求受力钢筋的抗震锚固长度 $l_{aE}$。

# 2

# 柱平法识图与钢筋算量

**教学要求**

1. 了解钢筋混凝土框架结构中的柱的分类;
2. 掌握柱平法制图规则;
3. 理解柱配筋构造,重点学习柱配筋中纵筋的连接方式和构造;
4. 掌握柱箍筋设置和加密区范围设定,熟悉柱顶纵向钢筋的构造及柱根钢筋的锚固。

**重点难点**

柱构件的平法表达方式和钢筋构造,柱构件钢筋算量的基本知识与技能。

**素质目标**

平法识图与钢筋算量是一项非常严谨细致的工作,识图与算量工作的细致性直接关系着工程施工质量及成本,因此在学习的过程中应戒骄戒躁、耐心细致,逐渐提高专业技术能力。作为一名造价工作者,要在提高专业技术能力的基础上,提高职业道德素质,严格按照图纸及规范进行算量工作。星光不问赶路人,相信通过全体造价工作人员的努力,一定会为我国造价管理工作水平的提高奠定坚实的基础。

## 2.1 ▶ 认识钢筋混凝土柱

钢筋混凝土柱是框架结构和框架 - 剪力墙结构的重要构件,属于竖向构件。柱内钢筋包括柱纵筋、柱箍筋。柱纵筋分为三个节点,分别为基础节点、中间层节点和顶层节点,如表 2-1 所示。对柱纵筋在各个节点的配筋构造,将在后面重点介绍。

表 2-1　柱构件类型

| 柱内钢筋分类 | 类型 | 构造 |
|---|---|---|
| 纵筋 | 基础节点 | 基础内柱箍筋构造 |
| | | 地下室框架柱 |
| | 中间层节点 | 基本构造 |
| | | 变截面 |
| | | 变钢筋 |
| | 顶层节点 | 中柱 |
| | | 边柱、角柱 |
| 箍筋 | 箍筋的组合方式 | |
| | 箍筋的单根长度 | |
| | 箍筋根数 | |

## 2.2 ▶ 柱平法施工图制图规则

柱平法施工图是指在柱平面布置图上采用列表注写方式或截面注写方式表达钢筋和柱截面信息的施工图。在柱平法施工图中,应按规定注明各结构层的楼面标高、结构层高及相应的结构层号,同时应注明上部结构的嵌固部位位置。

### 2.2.1　柱平法施工图的表示方法

① 柱平法施工图相关信息是在柱平面布置图上采用列表注写方式或截面注写方式表达的。

② 柱平面布置图,可采用适当比例单独绘制,也可与剪力墙平面布置图合并绘制。

③ 在柱平法施工图中,应按规定注明各结构层的楼面标高、结构层高及相应的结构层号,还应注明上部结构嵌固部位位置。

④ 上部结构嵌固部位的注写。

a. 框架柱嵌固部位在基础顶面时,无须注明。

b. 框架柱嵌固部位不在基础顶面时,在层高表嵌固部位标高下使用双细线注明,并在层高表下注明上部结构嵌固部位标高。

c. 框架柱嵌固部位不在地下室顶板,但仍需考虑地下室顶板对上部结构实际存在嵌固作用时,可在层高表地下室顶板标高下使用双虚线注明,此时首层柱端箍筋加密区长度范围及纵筋连接位置均按嵌固部位要求设置。

### 2.2.2　柱平法施工图列表注写方式

#### 2.2.2.1　柱平法施工图列表注写方式的概念

柱平法施工图列表注写是指在柱平面布置图上分别在同一编号的柱中选择一个或多个截面标注几何参数代号,在柱表中注写柱编号、柱段起止标高、几何尺寸、偏心情况及配筋的具体数值,并注明各类型柱截面形状及其箍筋类型图方式,来表达柱平法施工图,如图 2-1 所示。

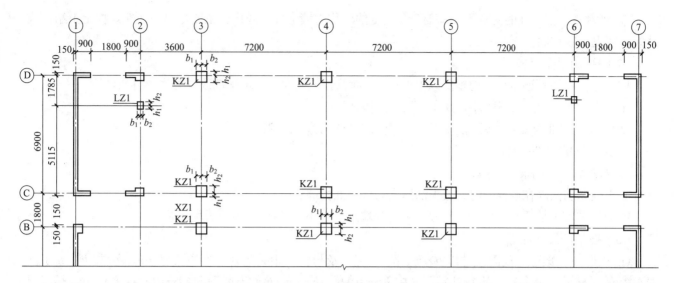

| 柱号 | 标 高 | $b \times h$/mm<br>(圆柱直径$D$) | $b_1$/mm | $b_2$/mm | $h_1$/mm | $h_2$/mm | 全部纵筋 | 角 筋 | $b$边一侧<br>中部筋 | $h$边一侧<br>中部筋 | 箍筋<br>类型号 | 箍 筋 | 备 注 |
|---|---|---|---|---|---|---|---|---|---|---|---|---|---|
| KZ1 | −0.030～19.470 | 750×700 | 375 | 375 | 150 | 550 | 24Φ25 | | | | l(5×4) | Φ10@100/200 | — |
| | 19.470～37.470 | 650×600 | 325 | 325 | 150 | 450 | | 4Φ22 | 5Φ22 | 4Φ20 | l(4×4) | Φ10@100/200 | |
| | 37.470～59.070 | 550×500 | 275 | 275 | 150 | 350 | | 4Φ22 | 5Φ22 | 4Φ20 | l(4×4) | Φ8@100/200 | |
| XZ1 | −0.030～8.670 | | | | | | 8Φ25 | | | | 按标准构造详图 | Φ10@200 | ③×Ⓑ轴KZ1中设置 |

图 2-1　柱平法施工图列表注写方式

## 2.2.2.2　柱平法施工图列表注写方式的规定

（1）柱编号注写

柱编号注写一般由柱类型代号和柱序号组成，具体应符合表 2-2 规定。

表 2-2　柱编号注写

| 柱类型 | 代号 | 序号 |
|---|---|---|
| 框架柱 | KZ | ×× |
| 框支柱 | KZZ | ×× |
| 芯柱 | XZ | ×× |
| 梁上柱 | LZ | ×× |
| 剪力墙上柱 | QZ | ×× |

注：当柱的总高、分段截面尺寸和配筋均对应相同，仅截面与轴线的关系不同时，仍可将其编为同一柱号，但应在图中注明截面与轴线的关系。

① 框架柱：在框架结构中主要承受竖向压力，将来自框架梁的荷载向下传输，是框架结构中承力最大构件。框架柱承受荷载主要有：自身荷载、上部构件荷载、活荷载（设备、家具等位置移动）、流动荷载（人员流动）、外力荷载（风、地震、雨雪等）等。

② 框支柱：出现在框架结构向剪力墙结构转换层，柱的上层变为剪力墙时该柱定义为框支柱。

③ 芯柱：当柱截面较大时，由设计人员计算柱的承力情况，当外侧一圈钢筋不能满足承力要求时，在柱中再设置一圈纵筋，由柱内侧钢筋围成的柱称之为芯柱。

④ 梁上柱：柱的生根不在基础而在梁上的柱称为梁上柱，主要出现在建筑物上下结构或建筑布局发生变化时。

⑤ 剪力墙上柱：柱的生根不在基础而在墙上的柱称为墙上柱。同样，主要是出现在建筑物上下结构或建筑布局发生变化时。

（2）柱起止标高注写

柱起止标高注写通常是自柱根部以上 1/3 变截面位置或截面未变但配筋改变处为界分段注写。

① 框架柱和框支柱的根部标高系指基础顶面标高。

② 芯柱的根部标高系指根据结构实际需要而定的起始位置标高。

③ 梁上柱的根部标高系指梁顶面标高。

④ 剪力墙上柱的根部标高分两种：

a. 当柱纵筋锚固在墙顶部时，其根部标高为墙顶面标高；

b. 当柱与剪力墙重叠一层时，其根部标高为墙顶面往下一层的结构层楼面标高。

（3）柱几何尺寸注写

① 矩形柱。矩形柱截面尺寸以 $b \times h$（长×宽）及与轴线相关的几何参数代号（$b_1$、$b_2$ 和 $h_1$、$h_2$）的具体数值对柱各段截面尺寸进行注写，其中 $b = b_1 + b_2$，$h = h_1 + h_2$。当截面的某一边收缩变化至与轴线重合或偏到轴线的另一侧时，$b_1$、$b_2$、$h_1$、$h_2$ 中的某项为零或为负值。

② 圆形柱。圆形柱截面尺寸表中 "$b \times h$" 一栏改用在圆柱直径数字前加 $D$ 表示。为表达简单，圆柱截面与轴线的关系也用 $b_1$、$b_2$ 和 $h_1$、$h_2$ 表示，并使 $D = b_1 + b_2 = h_1 + h_2$。

③ 对于芯柱，根据结构需要，可以在某些框架柱的一定高度范围内，在其内部的中心位置设置（分别引注其柱编号）。芯柱中心应与柱中心重合，并标注其截面尺寸，按 16G101—1 标准构造详图施工；当设计者采用与本构造详图不同的做法时，应另行注明。芯柱定位随框架柱，不需要注写其与轴线的几何关系。

（4）柱纵筋注写

当柱纵筋直径相同，各边根数也相同时，将纵筋注写在 "全部纵筋" 一栏中；除此之外，柱纵筋分角筋、截面 $b$ 边中部筋和 $h$ 边中部筋三项分别注写（对于采用对称配筋的矩形截面柱，可仅注写一侧中部筋，对称边省略不注；对于采用非对称配筋的矩形截面柱，必须每侧均注写中部筋）。

（5）柱箍筋注写

图 2-2　矩形复合箍筋

柱箍筋类型很多，其中最常见的为矩形复合箍筋，用 $m \times n$ 表示各边肢数。注写柱箍筋，包括钢筋级别、直径与间距。当为抗震设计时，用 "/" 区分柱端箍筋加密区与柱身非加密区长度范围内箍筋的不同间距。当箍筋沿柱全高为一种间距时，则不使用 "/" 线，如图 2-2 所示。施工人员需根据标准构造详图的规定，在规定的几种长度值中取其最大者作为加密区长度。当框架节点核心区内箍筋与柱端箍筋设置不同时，应在括号中注明核心区箍筋直径及间距。

具体工程所设计的各种箍筋类型图以及箍筋复合的具体方式，需画在表的上部或图中的适当位置，并在其上标注与表中相对应的 $b$、$h$ 和类型号。

注：确定箍筋肢数时，要满足对柱纵筋 "隔一拉一" 以及筋肢距的要求。

【例 2-1】Φ10@100/250，表示箍筋为 HPB300 级钢筋，直径为 10mm，加密区间距为 100mm，非加密区间距为 250mm。

当框架节点核心区内箍筋与柱端箍筋设置不同时，应在括号中注明核心区箍筋直径及间距。

【例 2-2】Φ10@100/200（Φ12@100），表示柱中箍筋为 HPB300 级钢筋，直径为 10mm，加密区间距为 100mm，非加密区间距为 200mm。框架节点核心区箍筋为 HPB300 级钢筋，直径为 12mm，间距为 100mm。

【例 2-3】Φ10@100/200，表示采用 HPB335 级钢筋，直径 10mm，加密区间距为 100mm，非加密区间距为 200mm。

## 2.2.3 柱平法施工图截面注写方式

### 2.2.3.1 柱平法施工图截面注写的概念

柱平法施工图截面注写是在柱平面布置图的柱截面上，分别在同一编号的柱中选择一个截面，以直接注写截面尺寸和配筋具体数值的方式来表达，如图 2-3 所示。

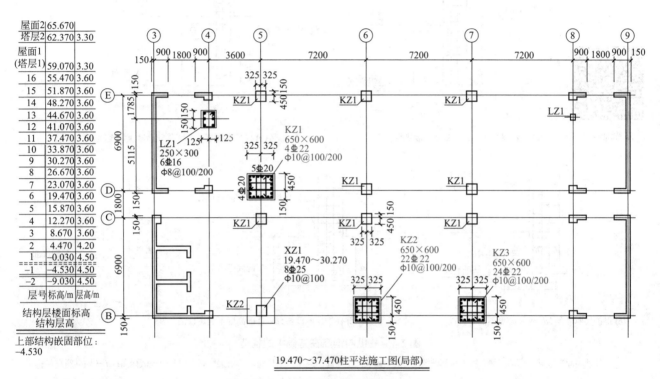

图 2-3　柱平法施工图截面注写

### 2.2.3.2 柱截面注写方式的规定

① 对除芯柱之外的所有柱截面按柱编号的规定进行编号，从相同编号的柱中选择一个截面，按另一种比例原位放大绘制柱截面配筋图，并在各配筋图上继其编号后再注写截面尺寸 $b \times h$，角筋或全部纵筋（当纵筋采用一种直径且能够图示清楚时）、箍筋具体数值以及在柱截面配筋图上标注柱截面与轴线关系 $b_1$、$b_2$、$h_1$、$h_2$ 的具体数值。当纵筋采用两种直径时，需再注写截面各边中部筋的具体数值（对于采用对称配筋的矩形截面柱，可仅在一侧注写中部筋，对称边省略不注）。

② 当在某些框架柱的一定高度范围内，在其内部中心位设置芯柱时，首先按照柱编号的规定进行编号，继其编号之后注写芯柱的起止标高、全部纵筋及箍筋的具体数值（箍筋采用列表注写方式）。芯柱截面尺寸按构造确定，并按标准构造详图施工，设计不注；当设计者采用与本构造详图不同的做法时，应另行注明。芯柱定位随框架柱，不需要注写其与轴线的几何关系。

③ 在截面注写方式中，如柱的分段截面尺寸和配筋均相同，仅截面与轴线的关系不同时，可将其编为同一柱号。但此时应在未画配筋的柱截面上注写该柱截面与轴线关系的具体尺寸。

# 2.3 ▶ 柱配筋构造

## 2.3.1 柱纵向钢筋在基础中的构造

柱纵向钢筋在基础中的构造如图 2-4 所示。

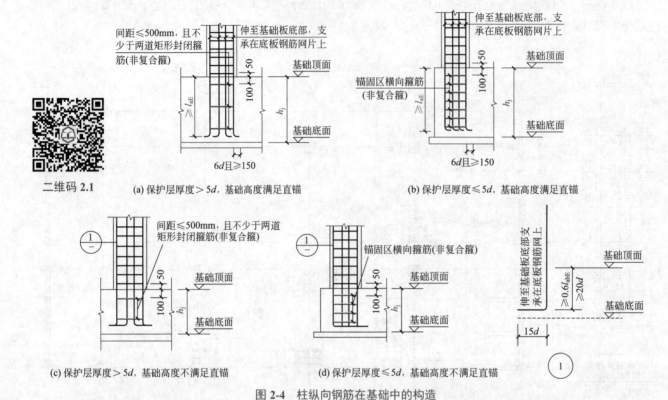

二维码 2.1

(a) 保护层厚度 > 5$d$, 基础高度满足直锚

(b) 保护层厚度 ≤ 5$d$, 基础高度满足直锚

(c) 保护层厚度 > 5$d$, 基础高度不满足直锚

(d) 保护层厚度 ≤ 5$d$, 基础高度不满足直锚

图 2-4 柱纵向钢筋在基础中的构造

$h_j$—基础底面至基础顶面的高度, 柱下为基础梁时, $h_j$ 为梁底面至顶面的高度, 当柱两侧基础梁标高不同时取较低标高; $d$—柱纵筋直径; $l_{abE}$—受拉钢筋抗震基本锚固长度; $l_{aE}$—受拉钢筋抗震锚固长度。

构造图图 2-4 解析:

① 当基础的高度满足锚固长度要求时, 柱纵筋伸至基础底部钢筋网片上并弯折 6$d$ 且不小于 150mm。

② 当基础高度不能满足锚固长度要求时, 柱纵筋伸至基础底部钢筋网片上并弯折 15$d$。

③ 当符合下列条件之一时, 可仅将柱四角纵筋伸至底板钢筋网片上或者筏形基础中间层钢筋网片上( 伸至钢筋网片上的柱纵筋间距不应大于 1000mm ), 其余纵筋锚固在基层顶面以下 $l_{aE}$ 处即可。

a. 柱为轴心受压或小偏心受压, 基础高度或基础顶面至中间层钢筋网片顶面距离不应小于 1200mm;

b. 柱为大偏心受压, 基础高度或基础顶面至中间层钢筋网片顶面距离不应小于 1400mm。

基础内箍筋为非复合箍筋。当柱纵筋在基础中保护层厚度不一致( 如纵筋部分位于梁中, 部分位于板内 ), 保护层厚度不大于 5$d$ 的部分应设置锚固区横向钢筋。在基础内按锚固区设计要求配置箍筋, 锚固区横向箍筋满足直径不小于 $d$/4 ( $d$ 为纵筋最大直径 ), 间距不大于 5$d$ ( $d$ 为纵筋最小直径 ) 且不大于 100mm 的要求。当柱纵筋在基础内的保护层厚度大于 5$d$ 时, 在基础高度范围内设置间距不大于 500mm 且不少于 2 道箍筋。

## 2.3.2 框架梁上起柱钢筋锚固构造

框架梁上起柱是指一般抗震框架梁上的少量起柱, 其构造不适用于结构转换层上的转换大梁起柱。

框架梁上起柱，框架梁是柱的支撑，因此，当梁宽度大于柱宽度时，柱的钢筋能比较可靠地锚固到框架梁中，当梁宽度小于柱宽时，为使柱钢筋在框架梁中锚固可靠，应在框架梁上加侧腋以提高梁对柱钢筋的锚固性能。框架梁上起柱钢筋排布构造见图2-5。

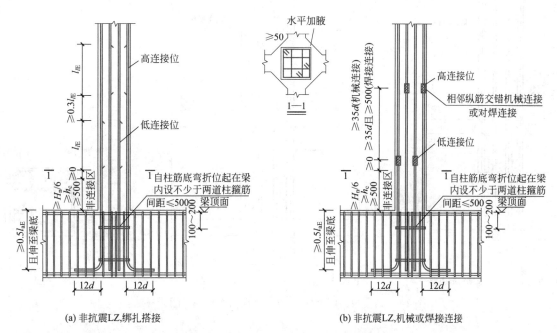

(a) 非抗震LZ, 绑扎搭接　　　　　　　　　　(b) 非抗震LZ, 机械或焊接连接

图 2-5　梁上起柱（LZ）钢筋排布构造详图

$h_c$—柱截面长边尺寸（圆柱为直径）；$H_n$—所在楼层的柱净高；$d$—柱插筋直径；$l_{lE}$—受拉钢筋绑扎搭接长度，抗震设计时锚固长度用 $l_{lE}$ 表示，非抗震设计用 $l_l$ 表示；$l_{aE}$—受拉钢筋锚固长度，抗震设计时锚固长度用 $l_{aE}$ 表示，非抗震设计用 $l_a$ 表示。

构造图图 2-5 解析：

① 柱纵向钢筋连接，相邻接头相互错开，在同一截面内的钢筋接头百分率：对于绑扎搭接和机械连接不宜大于 50%；对于焊接连接不应大于 50%。

② 柱纵向钢筋直径大于 25mm 时，不宜采用绑扎搭接接头。

③ 机械连接和焊接接头的类型及质量应符合国家现行有关标准的规定。

④ 梁上起柱，在梁内设两道柱箍筋。

⑤ 图 2-5（a）、图 2-5（b）中柱的纵筋连接及锚固构造除柱根部外，往上均与框架柱的纵筋连接及锚固构造相同。

⑥ 交叉梁上柱截面尺寸大于所在梁的对应宽度尺寸时，该交叉梁应按设计要求设相应的水平加腋；该柱纵筋在梁内的锚固以设计构造为准。

⑦ 非交叉梁上柱在梁内的锚固以设计构造为准。

## 2.3.3　剪力墙上起柱钢筋锚固构造

抗震剪力墙上起柱指普通剪力墙上个别部位的少量起柱，不包括结构转换层上的剪力墙起柱。剪力墙上起柱按纵筋锚固情况分为柱与墙重叠一层和柱纵筋锚固在墙顶部两种类型。抗震剪力墙上柱钢筋排布构造详图见图 2-6、图 2-7。

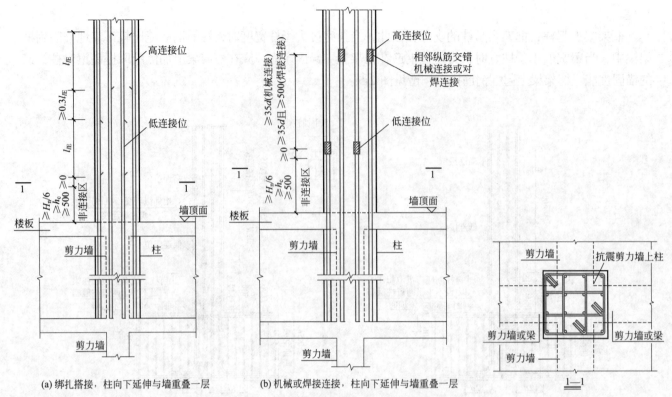

(a) 绑扎搭接，柱向下延伸与墙重叠一层　　　(b) 机械或焊接连接，柱向下延伸与墙重叠一层

图 2-6　抗震剪力墙上柱（QZ）钢筋排布构造详图（一）

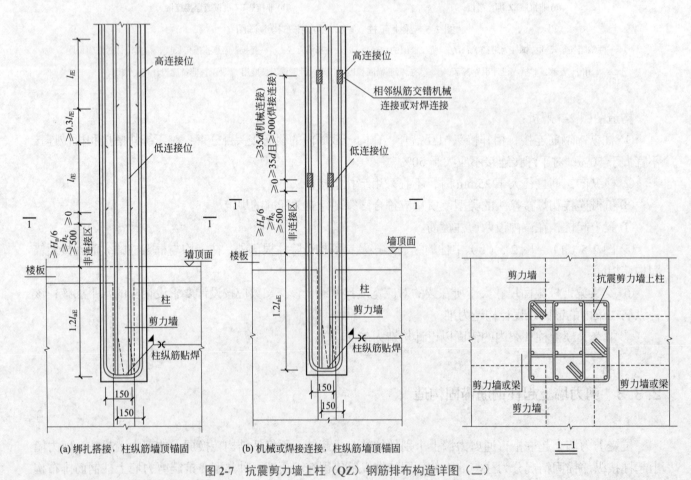

(a) 绑扎搭接，柱纵筋墙顶锚固　　　(b) 机械或焊接连接，柱纵筋墙顶锚固

图 2-7　抗震剪力墙上柱（QZ）钢筋排布构造详图（二）

$h_c$—柱截面长边尺寸（圆柱为直径）；$H_n$—所在楼层的柱净高；$d$—柱插筋直径；$l_{lE}$—纵向受拉钢筋抗震绑扎搭接长度；$l_{aE}$—纵向受拉钢筋抗震锚固长度

构造图图 2-6、图 2-7 解析：

① 柱纵向钢筋连接，相邻接头相互错开，在同一截面内的钢筋接头百分率：对于绑扎搭接和机械连接不宜大于 50%；对于焊接连接不应大于 50%。

② 柱纵向钢筋直径大于 25mm 时，不宜采用绑扎搭接接头。

③ 机械连接和焊接接头的类型及质量应符合国家现行有关标准的规定。

④ 墙上起柱，在墙顶面标高以下锚固范围内的柱箍筋按上柱非加密区箍筋要求配置。

⑤ 图 2-7 中柱的纵筋连接及锚固构造除柱根部外，往上均与框架柱的纵筋连接及锚固构造相同。

## 2.3.4　框架柱和地下框架柱柱身钢筋构造

### 2.3.4.1　框架柱（KZ）纵向钢筋连接构造

平法柱的节点构造图中，16G101—1 图集第 63 页 "KZ 纵向钢筋连接构造" 是平法柱节点构造的核心。如图 2-8、图 2-9 为 KZ 纵向钢筋一般及特殊连接构造。

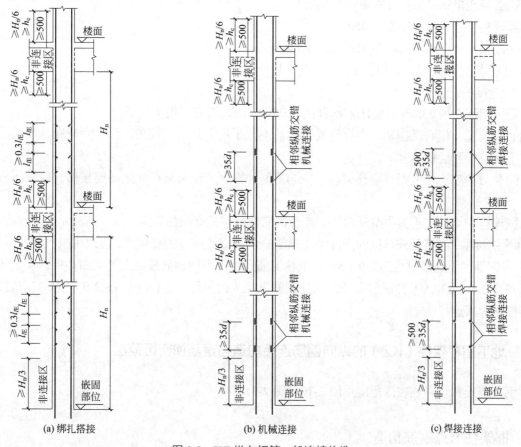

(a) 绑扎搭接　　　　(b) 机械连接　　　　(c) 焊接连接

图 2-8　KZ 纵向钢筋一般连接构造

构造图图 2-8、图 2-9 解析：

① 非连接区是指柱纵筋不允许在这个区域之内进行连接。

② 得知柱纵筋的非连接区的范围，可知柱纵筋切断点的位置。这个切断点可以选在非连接区的边缘。

③ 柱相邻纵向钢筋连接接头要相互错开。在同一截面内钢筋接头面积百分率不宜大于 50%。柱纵向钢筋连接接头相互错开的距离如下：

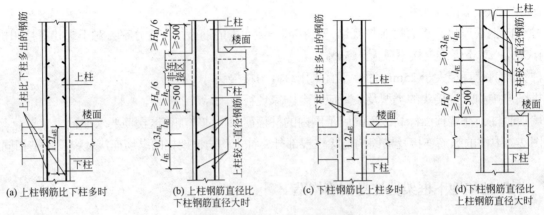

**图 2-9 KZ 纵向钢筋特殊连接构造**

$h_c$—柱截面长边尺寸；$H_n$—所在楼层的柱净高；$d$—框架柱纵向钢筋直径；$l_{lE}$—纵向受拉钢筋抗震绑扎搭接长度；

$l_{aE}$—纵向受拉钢筋抗震锚固长度

a. 绑扎搭接连接：接头错开距离 $\geqslant 0.3l_{lE}$；

b. 机械连接：接头错开距离 $\geqslant 35d$；

c. 焊接连接：接头错开距离 $\geqslant 35d$ 且 $\geqslant 500mm$。

④ 柱纵筋绑扎搭接长度要求见表 1-11、表 1-12。

⑤ 一般连接的连接要求：

a. 当受拉钢筋直径 25mm 及受压钢筋直径 > 28mm 时，不宜采用绑扎搭接。

b. 轴心受拉及小偏心受拉构件中纵向受力钢筋不应采用绑扎搭接接头，设计者应在柱平法结构施工图中注明其平面位置及层数。

c. 纵向受力钢筋连接位置宜避开梁端、柱端箍筋加密区。如必须在此区域连接时，应采用机械连接或焊接。

d. 机械连接和焊接接头的类型及质量应符合国家现行有关标准的规定。

⑥ 绑扎搭接中，当某层连接区的高度小于纵筋分两批搭接所需的高度时，应改用机械连接或焊接连接。

⑦ 上柱钢筋比下柱多时见图 2-9（a），上柱钢筋直径比下柱钢筋直径大时见图 2-9（b），下柱钢筋比上柱多时见图 2-9（c），下柱钢筋直径比上柱钢筋直径大时见图 2-9（d）。图 2-9 中为绑扎搭接，也可采用机械连接和焊接连接。

### 2.3.4.2 地下室框架柱（KZ）的纵向钢筋连接构造与箍筋加密区范围

具体钢筋连接构造和加密区范围见图 2-10、图 2-11。

## 2.3.5 框架柱节点钢筋构造

### 2.3.5.1 框架柱变截面位置纵向钢筋构造

在 16G101—1 图集中，关于框架柱（KZ）变截面位置纵向钢筋构造给出了五个节点构造图（图 2-12）。构造图图 2-12 解析：

① 从图 2-12 中可以看出，楼面以上部分是描述上层柱纵筋与下柱纵筋的连接，与变截面的关系不大，而变截面主要的变化在楼面以下。

② 通过对图形进行简化，描述变截面构造可以分为："$\Delta/h_b > 1/6$"情形下变截面的做法；"$\Delta/h_b \leqslant 1/6$"情形下变截面的做法。

③ 框架柱在变截面处的纵筋做法的影响因素：

a. 与变截面的幅度有关；

b. 与框架柱平面布置的位置有关；

c. 在处理框架柱变截面时，应注意角柱。

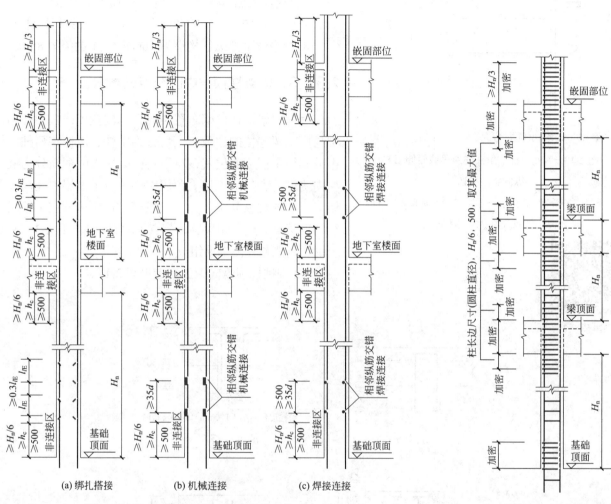

(a) 绑扎搭接　　　(b) 机械连接　　　(c) 焊接连接

图 2-10　地下室 KZ 的纵向钢筋连接结构

图 2-11　箍筋加密区范围

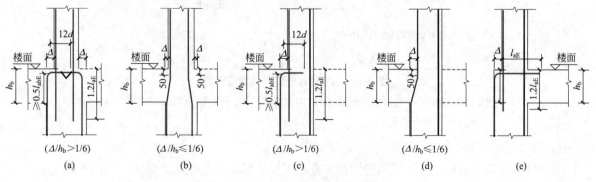

$(\Delta/h_b > 1/6)$　　$(\Delta/h_b \leqslant 1/6)$　　$(\Delta/h_b > 1/6)$　　$(\Delta/h_b \leqslant 1/6)$

(a)　　　　　(b)　　　　　(c)　　　　　(d)　　　　　(e)

图 2-12　KZ 变截面位置纵向钢筋构造

$d$—框架柱纵向钢筋直径；$h_b$—框架梁的截面高度；$\Delta$—上下柱同向侧面错开的宽度；$l_{aE}$—纵向受拉钢筋抗震锚固长度；

$l_{abE}$—纵向受拉钢筋的抗震基本锚固长度

### 2.3.5.2 框架柱边柱、角柱柱顶等截面伸出时纵向钢筋构造

箍筋规格及数量由设计指定,肢距不大于400mm
箍筋间距应满足16G101—1图集第58页注7要求

伸至柱外侧纵筋内侧,≥$0.6l_{abE}$
梁上部纵筋

梁下部纵筋

(当伸出长度自梁顶算起满足直锚长度$l_{aE}$时)

**图2-13 KZ边柱、角柱柱顶等截面伸出时
纵向钢筋构造**

$d$—框架柱纵向钢筋直径;$l_{aE}$—纵向受拉钢筋抗震锚固长度;
$l_{abE}$—纵向受拉钢筋的抗震基本锚固长度

二维码2.2

KZ边柱、角柱柱顶等截面伸出时纵向钢筋构造见图2-13。

构造图图2-13解析:

① 该图所示为顶层边柱、角柱伸出屋面时的柱纵筋做法,设计时应根据具体伸出长度采取相应节点做法。

② 当柱顶伸出屋面的截面发生变化时应另行设计。

③ 图中梁下部纵筋构造见16G101—1图集第85页。

### 2.3.5.3 框架柱顶层中间节点钢筋构造

根据框架柱在柱网布置中的具体位置（或框架柱四边中与框架梁连接的边数），可分为中柱、边柱和角柱。根据框架柱中钢筋的位置,可以将框架柱中的钢筋分为框架柱内侧纵筋和外侧纵筋。顶层中间节点（顶层中柱与顶层梁节点）的柱纵筋全部为内侧纵筋,顶层边节点（顶层边柱与顶层梁节点）和顶层角节点（顶层角柱与顶层梁节点）分别由内侧和外侧钢筋组成。

KZ中柱柱顶纵向钢筋构造见图2-14。

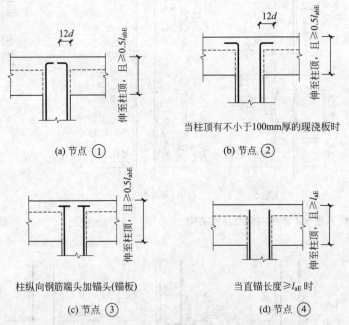

(a) 节点①

当柱顶有不小于100mm厚的现浇板时

(b) 节点②

柱纵向钢筋端头加锚头(锚板)

(c) 节点③

当直锚长度≥$l_{aE}$时

(d) 节点④

**图2-14 KZ中柱柱顶纵向钢筋构造**

$d$—框架柱纵向钢筋直径;$l_{aE}$—纵向受拉钢筋的抗震锚固长度;$l_{abE}$—纵向受拉钢筋的抗震基本锚固长度

构造图图2-14解析:

① 中柱柱头纵向钢筋构造分四种构造做法,施工人员应根据各种做法所要求的条件正确选用。

② 图2-14中节点①和节点②的做法类似,只是一个是柱纵筋的弯钩朝内拐,一个是柱纵筋的弯钩朝外拐,显然,"弯钩朝外拐"的做法更有利些。这里节点②的使用条件为:当柱顶有不小于100mm厚的现浇板,一般工程都能够适用。

## 2.3.5.4 框架柱顶层端节点钢筋构造

KZ 边柱和角柱柱顶纵向钢筋构造见图 2-15。

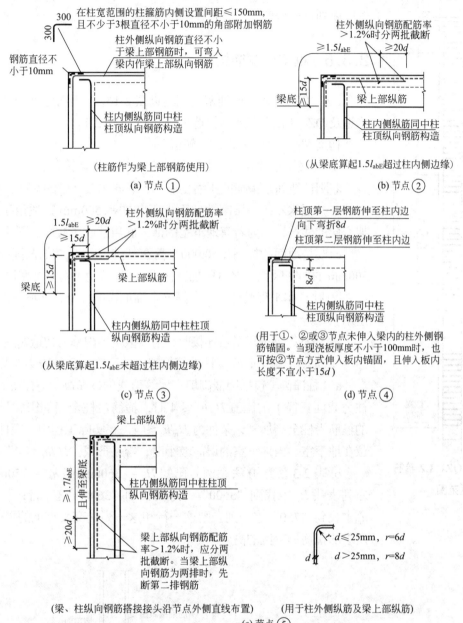

**图 2-15 KZ 边柱和角柱柱顶纵向钢筋构造**

d—框架柱纵向钢筋直径；r—纵向钢筋弯折半径；$l_{aE}$—纵向受拉钢筋的抗震基本锚固长度

构造图图 2-15 解析：

① 节点①、②、③、④应配合使用，节点④不应单独使用（仅用于未伸入梁内的柱外侧纵筋锚固），伸入梁内的柱外侧纵筋不宜少于柱外侧全部纵筋面积的 **65%**。可选择节点②+④或节点③+④或节点①+②+④或节点①+③+④的做法。

② 节点⑤用于梁、柱纵向钢筋接头沿节点柱顶外侧直线布置的情况，可与节点①组合使用。

③ "伸入梁内的柱外侧纵筋不宜少于柱外侧全部纵筋面积的 65%"的深入理解以 16G101—1 图集第 37 页的例子工程为例，KL3 的截面宽度是 **250mm**，而作为梁的支座的 KZ1 的宽度是 **750mm**，也就是说，

充其量只能有 1/3 的柱纵筋有可能伸入梁内,如何能够做到"不少于柱外侧全部纵筋面积的 65%"呢?

此时应采取的做法是:全部柱外侧纵筋伸入现浇梁及板内。这样可以保证:能够伸入现浇梁的柱外侧纵筋伸入梁内;不能伸入现浇梁的柱外侧纵筋就伸入现浇板内。此外,还需要考虑到框架梁两侧是否存在现浇板。

### 2.3.6 框架柱箍筋构造

KZ、QZ、LZ 箍筋加密区范围见图 2-16,底层刚性地面上下的箍筋加密构造及 QZ、LZ 纵向钢筋构造见图 2-17 ~ 图 2-19。

构造图图 2-16 ~ 图 2-19 解析:

① "底层刚性地面,上下各加密 500mm"的理解:

a. 刚性地面是指横向压缩变形小、竖向比较坚硬的地面,例如岩板地面。

b. 抗震 KZ 在底层刚性地面上下各加密 500mm 只适用于没有地下室或架空层的建筑,因为若有地下室的话,底层就成了楼面,而不是地面了。

c. 要是地面的标高(±0.000)落在基础顶面 $H_n/3$ 的范围内,则这个上下 500mm 的加密区就与 $H_n/3$ 的加密区重合了,这两种箍筋加密区不必重复设置。

② 除具体工程设计标注有箍筋全高加密的柱外,柱箍筋加密区按图 2-17 所示。

③ 当柱纵筋采用搭接连接时,搭接区范围内箍筋构造如图 2-20 所示。

④ 为便于施工时确定柱箍筋加密区的高度,可按表 2-3 查用。

a. "柱净高(包括因嵌砌填充墙等形成的柱净高)与柱截面长边尺寸(圆柱为截面直径)的比值 $H_n/h_c \leq 4$ 时,箍筋沿柱全高加密。"可理解为短柱的箍筋沿柱全高加密,条件为 $H_n/h_c \leq 4$,在实际工程中,短柱出现较多的部位在地下室。当地下室的层高较小时,容易形成"$H_n/h_c \leq 4$"的情况。

b. 表 2-3 使用方法举例:已知 $H_n = 3600$mm, $h_c = 750$mm,从表格的左列表头 $H_n$ 中找到"3600",进而找到"3600"这一行;从表格的上表头 $h_c$ 中找到"750"这一列。则这一行和这一列的交叉点上的数值"750"就是所求的箍筋加密区的高度。

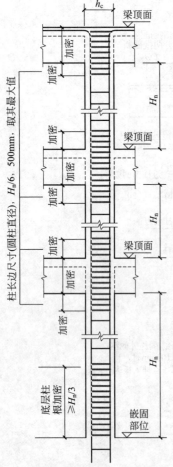

**图 2-16 KZ、QZ、LZ 箍筋加密区范围**

$h_c$—柱截面长边尺寸(圆柱为直径);

$H_n$—所在楼层的柱净高;

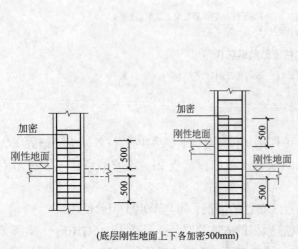

(底层刚性地面上下各加密500mm)

**图 2-17 底层刚性地面上下的箍筋加密构造**

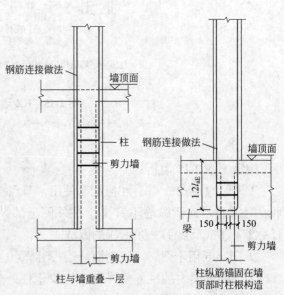

柱与墙重叠一层

柱纵筋锚固在墙顶部时柱根构造

**图 2-18 剪力墙上柱(QZ)纵筋构造**

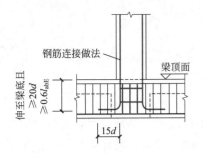

图 2-19　梁上柱（LZ）纵筋构造

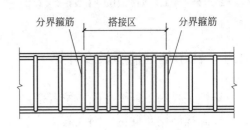

图 2-20　纵向受力钢筋搭接区箍筋构造

⑤ 当柱在某楼层各向均无梁连接时，计算箍筋加密范围采用的 $H_n$ 按该跃层柱的总净高取用，其余情况同普通柱。

⑥ 墙上起柱，在墙顶面标高以下锚固范围内的柱箍筋按上柱非加密区箍筋要求配置。梁上起柱，在梁内设两道柱箍筋。

⑦ 墙上起柱（柱纵筋锚固在墙顶部时）和梁上起柱时，墙体和梁的平面外方向应设梁，以平衡柱脚在该方向的弯矩；当柱宽度大于梁宽时，梁应设水平加腋。

注：1. 图 2-20 用于梁、柱类构件搭接区箍筋设置；

2. 搭接区内箍筋直径不小于 $d/4$（$d$ 为搭接钢筋最大直径），间距不应大于 100mm 及 $5d$（$d$ 为搭接钢筋最小直径）；

3. 当受压钢筋直径大于 25mm 时，尚应在搭接接头两个端面外 100mm 的范围内各设置两道箍筋。

表 2-3　抗震框架柱和小墙肢箍筋加密区高度选用表　　　　　　　　　　　　　　　　单位：mm

| 柱净高 $H_n$/（mm） | 柱截面长边尺寸 $h_c$ 或圆柱直径 $D$ | | | | | | | | | | | | | | | | | | |
|---|---|---|---|---|---|---|---|---|---|---|---|---|---|---|---|---|---|---|
| | 400 | 450 | 500 | 550 | 600 | 650 | 700 | 750 | 800 | 850 | 900 | 950 | 1000 | 1050 | 1100 | 1150 | 1200 | 1250 | 1300 |
| 1500 | | | | | | | | | | | | | | | | | | | |
| 1800 | 500 | | | | | | | | | | | | | | | | | | |
| 2100 | 500 | 500 | 500 | | | | | | | | | | | | | | | | |
| 2400 | 500 | 500 | 500 | 550 | | | | | | | | | | | | | | | |
| 2700 | 500 | 500 | 500 | 550 | 600 | 650 | | | | | | 箍筋全高加密 | | | | | | | |
| 3000 | 500 | 500 | 500 | 550 | 600 | 650 | 700 | | | | | | | | | | | | |
| 3300 | 550 | 550 | 550 | 550 | 600 | 650 | 700 | 750 | 800 | | | | | | | | | | |
| 3600 | 600 | 600 | 600 | 600 | 600 | 650 | 700 | 750 | 800 | 850 | | | | | | | | | |
| 3900 | 650 | 650 | 650 | 650 | 650 | 700 | 750 | 800 | 850 | 900 | 950 | | | | | | | | |
| 4200 | 700 | 700 | 700 | 700 | 700 | 700 | 700 | 750 | 800 | 850 | 900 | 950 | 1000 | | | | | | |
| 4500 | 750 | 750 | 750 | 750 | 750 | 750 | 750 | 750 | 800 | 850 | 900 | 950 | 1000 | 1050 | 1100 | | | | |
| 4800 | 800 | 800 | 800 | 800 | 800 | 800 | 800 | 800 | 800 | 850 | 900 | 950 | 1000 | 1050 | 1100 | 1150 | | | |
| 5100 | 850 | 850 | 850 | 850 | 850 | 850 | 850 | 850 | 850 | 850 | 900 | 950 | 1000 | 1050 | 1100 | 1150 | 1200 | 1250 | |
| 5400 | 900 | 900 | 900 | 900 | 900 | 900 | 900 | 900 | 900 | 900 | 900 | 950 | 1000 | 1050 | 1100 | 1150 | 1200 | 1250 | 1300 |
| 5700 | 950 | 950 | 950 | 950 | 950 | 950 | 950 | 950 | 950 | 950 | 950 | 950 | 1000 | 1050 | 1100 | 1150 | 1200 | 1250 | 1300 |
| 6000 | 1000 | 1000 | 1000 | 1000 | 1000 | 1000 | 1000 | 1000 | 1000 | 1000 | 1000 | 1000 | 1000 | 1050 | 1100 | 1150 | 1200 | 1250 | 1300 |
| 6300 | 1050 | 1050 | 1050 | 1050 | 1050 | 1050 | 1050 | 1050 | 1050 | 1050 | 1050 | 1050 | 1050 | 1050 | 1100 | 1150 | 1200 | 1250 | 1300 |
| 6600 | 1100 | 1100 | 1100 | 1100 | 1100 | 1100 | 1100 | 1100 | 1100 | 1100 | 1100 | 1100 | 1100 | 1100 | 1100 | 1150 | 1200 | 1250 | 1300 |
| 6900 | 1150 | 1150 | 1150 | 1150 | 1150 | 1150 | 1150 | 1150 | 1150 | 1150 | 1150 | 1150 | 1150 | 1150 | 1150 | 1150 | 1200 | 1250 | 1300 |
| 7200 | 1200 | 1200 | 1200 | 1200 | 1200 | 1200 | 1200 | 1200 | 1200 | 1200 | 1200 | 1200 | 1200 | 1200 | 1200 | 1200 | 1200 | 1250 | 1300 |

注：1. 表内数值未包括框架嵌固部位柱根部箍筋加密区范围。

2. 柱净高（包括因嵌砌填充墙等形成的柱净高）与柱截面长边尺寸（圆柱为截面直径）的比值 $H_n/h_c \leqslant 4$ 时，箍筋沿柱全高加密。

3. 小墙肢即墙肢长度不大于墙厚 4 倍的剪力墙。矩形小墙肢的厚度不大于 300mm 时，箍筋全高加密。

## 2.4 ▶ 柱内配筋计算实例

### 2.4.1 柱子基础插筋长度计算

由于柱子纵筋不能够在同一位置搭接，基础插筋又分为较低插筋和较高插筋两种情况，无论是较低插筋还是较高插筋均有弯折，因此基础插筋可以分为插筋弯折长度计算、较低插筋长度计算和较高插筋长度计算三种情况来考虑。

① 插筋弯折长度计算。首先，来看柱纵向钢筋在基础中的构造，如图 2-4 所示。

a. 当 $h_j > l_{aE}$ 时，插筋弯折长度 $a = \max$（$6d$，150mm）；

b. 当 $h_j \leqslant l_{aE}$ 时，插筋弯折长度 $a = 15d$。

② 较低插筋长度计算。KZ 纵向钢筋连接构造如图 2-8 所示。

a. 当基础为嵌固端时：

$$较低插筋长度 = 底层净高 H_{n底}/3 + h_j - c_底 + 弯折长度 a$$

b. 当基础为非嵌固端时：

$$较低插筋长度 = \max（底层净高 H_{n底}/6，柱截面大边尺寸 h_c，500mm）+ h_j - c_底 + 弯折长度 a$$

③ 较高插筋长度计算。

$$较高插筋长度 = 较低插筋长度 + 搭接错开长度 = 35d + \max（500mm，35d）$$

### 2.4.2 柱子底层纵筋长度计算

（1）底层较低纵筋长度计算

$$底层较低纵筋长度 = 底层结构层高 H_底 - 底层非连接区 + 上层非连接区 \max$$
$$（底层净高 H_{n底}/6，柱截面大边尺寸 h_c，500mm）$$

（2）底层较高纵筋长度计算

$$底层较高纵筋长度计算 = 底层较低纵筋长度 - 底层搭接错开长度 + 上层搭接错开长度$$

① 底层搭接错开长度。

$$搭接错开长度（机械连接）= 35d_底$$
$$搭接错开长度（焊接连接）= \max（500mm，35d_底）$$

② 上层搭接错开长度。

$$搭接错开长度（机械连接）= 3d_上$$
$$搭接错开长度（焊接连接）= \max（500mm，35d_上）$$

### 2.4.3 柱子中间层纵筋长度计算

（1）中间层较低纵筋长度计算。

$$中间层较低纵筋长度 = 中间层结构层高 H - 中间层非连接区 \max（H_中/6，h_c，500mm）+$$
$$上层非连接区（H_{n上}/6，h_c，500mm）$$

（2）中间层较高纵筋长度计算

$$中间层较高纵筋长度 = 中间层较低纵筋长度 - 中间层搭接错开长度 + 上层搭接错开长度$$

① 中间层搭接错开长度。

$$搭接错开长度（机械连接）= 35d_中$$
$$搭接错开长度（焊接连接）= \max（500mm，35d_中）$$

② 上层搭接错开长度。

$$搭接错开长度（机械连接）= 35d_上$$
$$搭接错开长度（焊接连接）= \max（500mm，35d_上）$$

## 2.4.4 柱子顶层纵筋长度计算

（1）中柱纵筋弯锚长度计算

① 中柱较低纵筋弯锚长度计算。

中柱较低纵筋弯锚长度 = 顶层结构层高 - 顶层非连接区长度 - 顶层构件高度 $h_b$ + 锚入构件内的长度
$$顶层非连接区长度 = \max（H_顶/6，h_c，500mm）$$
$$锚入构件内的长度 = h_c - 保护层厚度 c + 12d$$

② 中柱较高纵筋弯锚长度计算。

中柱较高纵筋弯锚长度 = 较低纵筋长度 - 顶层搭接错开长度
$$搭接错开长度（机械连接）= 35d_顶$$
$$搭接错开长度（焊接连接）= \max（500mm，35d_顶）$$

（2）中柱纵筋直锚长度计算

① 中柱较低纵筋直锚长度计算。

中柱较低纵筋直锚长度 = 顶层结构层高 - 顶层非连接区长度 - 顶层构件高度 $h_b$ + 上层搭接错开长度
$$顶层非连接区长度 = \max（H_顶/6，h_c，500mm）$$

② 中柱较高纵筋直锚长度计算。

$$中柱较高纵筋直锚长度 = 较低纵筋长度 - 顶层搭接错开长度$$
$$搭接错开长度（机械连接）= 35d_顶$$
$$搭接错开长度（焊接连接）= \max（35d_顶，500mm）$$

（3）边角柱外侧筋长度计算

顶层边角柱纵筋没有直锚情况，只有弯锚情况。

① 边角柱较低纵筋弯锚长度计算。

$$边角柱较低纵筋弯锚长度 = 顶层结构层高 - 顶层非连接区长度 - 顶层构件高度 h_b +$$
$$锚入构件内的长度 1.5l_{abE}$$
$$顶层非连接区长度 = \max（H_顶/6，h_c，500mm）$$

② 边角柱较高纵筋弯锚长度计算。

$$边角柱较高纵筋弯锚长度 = 较低纵筋长度 - 顶层搭接错开长度$$
$$搭接错开长度（机械连接）= 35d_顶$$
$$搭接错开长度（焊接连接）= \max（500mm，35d_顶）$$

## 2.4.5 框架柱构件箍筋计算

封闭箍筋及拉筋弯钩构造如图 2-21 所示。

非框架梁以及不考虑地震作用的悬挑梁，箍筋及拉筋弯钩平直段长度可为 5d；当其受扭时，应为 10d。

① 框架柱复合箍筋的设置。首先应了解一下矩形箍筋的复合方式，如图 2-22 列出了矩形箍筋的复合方式。

根据构造的要求，当柱截面的短边尺寸大于 400mm 且各边纵向钢筋多于 3 根时，或当截面的短边尺寸不大于 400mm，但各边纵向钢筋多于 4 根时，应设置复合箍筋。设置复合箍筋应当遵循下列原则：

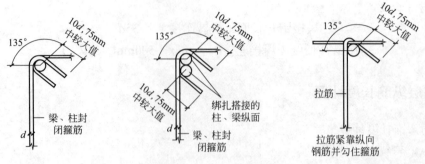

图 2-21 封闭箍筋及拉筋弯钩构造

a. 要满足"大箍套小箍"的原则。矩形柱的箍筋均采用大箍套小箍的方式。如果是偶数肢数，就用几个两肢小箍来组合；如果是奇数肢数，就用几个两肢小箍加上一个拉筋来组合。

b. 内箍或拉筋的设置要满足"隔一拉一"的原则。在设置内箍的肢或拉筋时，要满足对柱纵筋至少"隔一拉一"的要求。也就是说，不允许存在两根相邻的柱纵筋同时没有钩住箍筋的肢或拉筋的现象。

c. 要满足"对称性"的原则。柱 $b$ 边上箍筋的肢或拉筋，均应在 $b$ 边上对称分布。同时，柱 $h$ 边上箍筋的肢或拉筋，均应在 $h$ 边上对称分布。

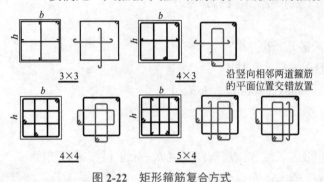

图 2-22 矩形箍筋复合方式

d. 要满足"内箍水平段最短"原则。在考虑内箍布置方案时，要使内箍的水平段尽量最短。其目的是使内箍与外箍重合的长度为最短。

e. 内箍要尽量做成标准格式。当柱复合箍筋存在多个内箍时，只要条件许可，这些内箍都应尽量做成标准的格式，即等宽度的形式，这样便于施工。

② 框架柱复合箍筋长度计算。计算柱箍筋长度通常包括两种方法，按照中心线计算或按照外皮计算。

a. 按照中心线计算箍筋长度。按照 16G101—1 的规定计算箍筋长度，如图 2-23 所示。

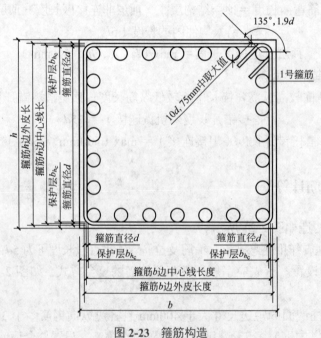

图 2-23 箍筋构造

$$\text{箍筋长度} = (b-2b_{h_c}-d/2\times2)\times2+(h-2b_{h_c}-d/2\times2)\times2+1.9d\times2+\max(10d,75)\times2$$
$$= (b-2b_{h_c}-d)\times2+(h-2b_{h_c}-d)\times2+1.9d\times2+\max(10d,75)\times2$$
$$= 2b-4b_{h_c}+2h-4b_{h_c}-4d+1.9d\times2+\max(10d,75)\times2$$
$$= 2(b+h)-8b_{h_c}-4d+1.9d\times2+\max(10d,75)\times2$$

式中　$b_{h_c}$——保护层厚度，mm；

　　　$d$——箍筋直径，mm。

b. 按照外皮计算箍筋长度。按照 16G101—1 的规定进行计算，如图 2-23 所示。

$$\text{箍筋长度} = (b-2b_{h_c})\times2+(h-2b_{h_c})\times2+1.9d\times2+\max(10d,75)\times2$$
$$= 2\times b-4\times b_{h_c}+2h-4\times b_{h_c}+1.9d\times2+\max(10d,75)\times2$$
$$= 2\times(b+h)-8b_{h_c}+1.9d\times2+\max(10d,75)\times2$$

式中　$b_{h_c}$——保护层厚度，mm；

　　　$d$——箍筋直径，mm。

③ 框架柱复合箍筋根数计算。基础箍筋根数一般是按 2 根（或 3 根）进行计算，如果图中给出则按图计算；如果图中没有给出，一般按下式计算：

$$\text{基础箍筋根数} = (\text{基础高度} - \text{保护层厚度})/\text{间距} -1$$
$$\text{箍筋根数} = \text{加密区根数} + \text{非加密区根数}$$
$$\text{加密区根数} = \text{加密区高度}/\text{加密区间距} +1$$
$$\text{非加密区根数} = \text{层高} - \text{加密区高度}/\text{非加密区间距} -1$$

## 2.4.6　柱构件钢筋工程计算实例

【例 2-4】已知框架柱 KZ2，基础高度为 60mm，基础梁高 $h_j$ 和上部梁高 $h_b$ 均为 600mm，基础保护层厚度 $c_1$ 为 40mm，柱保护层厚度 $c_2$ 为 30mm，梁保护层厚度 $c_3$ 为 25mm；基础、柱、梁混凝土强度等级均为 C30；其他信息见表 2-4，结构抗震等级为二级，计算钢筋工程量（其中，柱截面宽度为 $h_c$）。

表 2-4　钢筋工程量

| 柱号 | 标高 /m | $b\times h/$ $(mm\times mm)$ | 角筋 | $b$ 边 中部筋 | $h$ 边 中部筋 | 箍筋类型 | 箍筋 |
|---|---|---|---|---|---|---|---|
| KZ2 | 基础层～3.800 | 500×500 | 4$\Phi$22 | 3$\Phi$18 | 3$\Phi$18 | l（4×4） | $\Phi$8@100/200 |
| | 3.800～14.400 | 500×500 | 4$\Phi$22 | 3$\Phi$16 | 3$\Phi$16 | l（4×4） | $\Phi$8@100/200 |

### 2.4.6.1　计算角筋 4$\Phi$22（$d$ 为 22mm）

（1）基础节点锚固

$$h_j-c_1 = 600-40 = 560 \text{（mm）} < l_{aE} = 33d = 33\times22 = 726 \text{（mm）}$$

所以纵筋锚固形式为弯锚，弯折长度 15$d$。

纵筋的插入长度为 $h_j-c_1 = 560$（mm）。

基础内锚固长度：$(h_j-c_1+15d) = 560+15\times22 = 890$（mm）$= 0.89$（m）。

（2）顶节点锚固

KZ2 为边柱，4$\Phi$22（2 外 +2 内）

$$l_{abE} = l_{aE} = 33d = 33\times22 = 726 \text{（mm）}$$

① 外侧纵筋锚固长度：

$$1.5l_{abE} = 1.5\times726 = 1089 \text{（mm）} = 1.089 \text{（m）} > (h_c-c_2) + (h_b-c_3) = 500-30+600-25$$

$$= 1045（mm）= 1.045（m）$$

则按图 2-15 所示构造节点②配筋；锚固长度取 1.089m。

② 内侧纵筋锚固长度：

屋面梁高度为 600mm，保护层厚度 $c_3$ 为 25mm，则梁高度范围内直段长度为 $h_b-c_3 = 600-25 = 575（mm）$ $< l_{aE}$，所以纵筋锚固形式为弯锚。要求纵筋伸入梁内的直段长度 $\geqslant 0.5l_{abE}$，弯折长度 12d。

内侧钢筋在顶节点内锚固长度

$$\max（h_b-c_3，0.5l_{abE}）+12d = \max（575，363）+12\times 22 = 839（mm）= 0.839（m）$$

长度：

$$l_1 = \big[（14.4-0.6）-（-1.2）+0.89\big]\times 4+1.089\times 2+0.839\times 2 = 67.416（m）$$

### 2.4.6.2 下柱段中部纵筋 12⊈18（d 为 18mm）

（1）基础节点锚固

$$h_j-c_1 = 600-40 = 560（mm）< l_{aE} = 33d = 33\times 18 = 594（mm）$$

所以纵筋锚固形式为弯锚，弯折长度 15d。

则锚固长度：$\max（560，356.4）+15\times 18 = 830（mm）= 0.83（m）$。

（2）顶节点锚固（标高 3.800m）

其余纵筋 12⊈18 与 12⊈16 在标高 3.800m 处向上过非连接区 $\max（H_n/6，h_c，500mm）$连接。

标高 3.800m 处非连接区长度：

$$\max（H_n/6，H_c，500）=\max\left(\frac{3600-600}{6}，500，500\right)=500（mm）=0.5（m）$$

长度：

$$l_2 = \big[3.8-（-1.2）+0.83+0.5\big]\times 12 = 75.96（m）$$

### 2.4.6.3 上柱段中部纵筋 12⊈16（d 为 16mm）

（1）下部节点锚固（标高 3.800m）：在标高 3.800m 处向上 0.5m 与上柱段钢筋连接。

（2）顶节点锚固（3 外 +9 内）$l_{abE} = l_{aE} = 33d = 33\times 16 = 528（mm）$。

① 外侧钢筋 3⊈16

$$1.5l_{abE} = 1.5\times 528 = 792（mm）<（h_c-c_2）+（h_b-c_3）= 500-30+600-25 = 1045（mm）$$

则按图 3-15 构造节点③配筋，要求柱顶端平直段长度 $\geqslant 15d$。

$1.5l_{abE}-（h_b-c_3）= 792-575 = 217（mm）< 15d = 15\times 16 = 240（mm）$，所以，平直长度为 15d；

则外侧纵筋锚固长度为$（h_b-c_3）+15d = 575+240 = 815（mm）= 0.815（m）$。

② 9⊈16 内侧钢筋

梁高度范围内直段长度为 $h_b-c_3 = 600-25 = 575（mm）> l_{aE} = 528mm$，

所以纵筋锚固形式为直锚。

锚固长度：$h_b-c_3 = 575（mm）= 0.575（m）$。

长度：

$$l_3 = \big[（14.4-0.6-3.8）-0.5\big]\times 12+0.815\times 3+0.575\times 9 = 121.62（m）$$

### 2.4.6.4 箍筋⊄8@100/200（d 为 8mm）

在基础内为 2 根非复合箍筋；基础外为 4×4 复合箍筋，由外箍 $l_①$ 和内箍 $l_②\times 2$ 组成。

（1）箍筋单根长度

由公式 $l_1 = (b+h)×2-8c_2+2×11.9d$ 得

$$l_① = 500×4-8×30+2×11.9×8 = 1950（mm）= 1.95（m）$$

下柱段 $l_②$：由单根长度 $l = (b+h)×2-8c+2×11.9d$ 得

$$\left(\frac{500-2×30-2×8-22}{5-1}×2+18+2×8+500-2×30\right)×2+2×11.9×8$$

$$= 1540.4（mm）= 1.540（m）$$

上柱段 $l'_②$：

$$\left(\frac{500-2×30-2×8-22}{5-1}×2+16+2×8+500-2×30\right)×2+2×11.9×8$$

$$= 1536.4（mm）= 1.536（m）$$

（2）箍筋根数

由加密区范围 $\max(H_n/6, h_c, 500mm)$、根数 $n =$ 配筋长度 / 间距 +1 得：

① 首层柱（-1.200～3.800m）层高 5.0m

加密区范围：$\max\left(\frac{5000-600}{3}, 500, 500\right) = 1470（mm）= 1.47（m）$。

标高至 $-1.2+1.47 = 0.27（m）$，刚性地面上下各 500mm 范围内加密，则标高 $-0.1+0.5 = 0.4（m）$，故首层柱底部加密区高度为 $0.4-(-1.2) = 1.6（m）$，首层柱顶部加密区长度为：

$$\max\left(\frac{5000-600}{6}, 500, 500\right) = 733（mm）= 0.73（m）$$

② 二、三层柱（3.800～7.400m 和 7.400～11.00m）加密区范围：

$$\max\left(\frac{3600-600}{6}, 500, 500\right) = 500（mm）= 0.5（m）$$

③ 四层柱（11.000～14.400）加密区范围：

$$\max\left(\frac{3400-600}{6}, 500, 500\right) = 500（mm）= 0.5（m）$$

④ 基础顶面～3.800m 柱段箍筋根数：

$$\frac{1.6-0.05}{0.1} + \frac{0.73+0.6}{0.1} + \frac{5-0.6-1.6-0.73}{0.2} +1 = 42（根）$$

⑤ 3.800～14.400m 柱段箍筋根数：

$$\frac{0.5}{0.1} + \frac{0.5+0.6+0.5}{0.1}×2+ \frac{0.5+0.6}{0.1} + \frac{3.6-0.6-0.5×2}{0.2}×2+ \frac{3.4-0.6-0.5×2}{0.2} = 77（根）$$

（3）箍筋总长度

配筋长度 = 单根长度 × 根数

$$l = (l_①+l_②×2)×42+ (l_①+l'_②×2)×77+l_①×2 = (1.95+1.540×2)×42+$$

$$(1.95+1.536×2)×77+1.95×2 = 601.854（m）$$

## 【能力训练题】

### 一、填空题

1. 在基础内的第一根柱箍筋到基础顶面的距离是（　　　　）。

2. 柱箍筋在基础内设置不少于（　　　　）根，间距不大于（　　　　）。

二维码 2.3

3. 抗震中柱顶层节点构造，当不能直锚时需要伸到节点顶后弯折，其弯折长度为（　　　　）。

2　柱平法识图与钢筋算量

4. 根据 16G101 图集，对应抗震构件的纵向钢筋，若采用焊接连接，则相邻接头需要相互错开，错开距离为（    ）。

5. 某框架 3 层柱截面尺寸 300mm×600mm，柱净高 3.6m，该柱在楼面处的箍筋加密区高度应为（    ）。

## 二、简答题

1. 框架柱上部结构嵌固部位的注写方式是什么？

2. 说明下列柱箍筋注写形式所代表的含义。

（1）Φ10@100/250

（2）Φ10@100

3. 简述柱纵向钢筋在基础中的构造要求。

# 3

# 梁平法识图与钢筋算量

 **教学要求**

1. 掌握梁的分类、配筋构造及平法制图规则的含义；
2. 了解梁配筋的基本情况；
3. 熟悉箍筋的复合方式；
4. 掌握纵筋连接的构造；
5. 掌握梁箍筋加密区的范围；
6. 掌握梁支座处负筋的截断位置等。

 **重点难点**

梁构件的平法表达方式和钢筋构造，梁构件钢筋算量的基本知识与技能。

 **素质目标**

作为新时代的国家建设者，应该具备与时俱进、争先创优的奋斗意识，在学习的过程中不断树立个人理想与社会使命责任感。本课程通过运用德育的学科思维，提炼专业课程中蕴含的文化基因和价值范式，在课程实施中，将专业知识转化为社会主义核心价值观具体化、生动化的有效载体，在"育人细无声"的学习中实现"知识传授、能力提升和价值引领"的同步提升，做到寓德于教、寓教于乐、立德树人。

## 3.1 ▶ 认识钢筋混凝土梁

钢筋混凝土梁是用钢筋混凝土材料制成的梁。钢筋混凝土梁既可作为独立梁，也可与钢筋混凝土板组成整体的梁 - 板式楼盖，或与钢筋混凝土柱组成整体的单层或多层框架。钢筋混凝土梁形式多种多样，是房屋建筑、桥梁建筑等工程结构中最基本的承重构件，应用范围极广（图3-1）。钢筋混凝土梁按其截面形式，可分为矩形梁、T形梁、工字梁、槽形梁和箱形梁。按其施工方法，可分为现浇梁、预制梁和预制现浇叠合梁。按其配筋类型，可分为钢筋混凝土梁和预应力混凝土梁。按其结构简图，可分为简支梁、连续梁、悬臂梁、主梁和次梁等。

图 3-1　钢筋混凝土梁

常见的钢筋混凝土梁图例见表3-1。

表 3-1　常见的钢筋混凝土梁图例

| 构件名称与编号 | 图例 |
|---|---|
| 框架梁（KL）<br>非框架梁（L）<br>屋面框架梁（WKL） | 屋面框架梁(WKL)<br>非框架梁(L)<br>框架梁(KL) |
| 悬挑梁（XL） | 剪力墙<br>悬挑梁(XL) |
| 转换层框支梁（KZL） | 框支梁<br>框架梁 |

| 构件名称与编号 | 图例 |
|---|---|
| 地下室框架梁（DKL） | <br>地下室框架梁<br>（DKL） |
| 井字梁（JZL） | <br>井字梁(JZL) |
| 基础连梁（JLL） | <br>基础连梁(JLL) |
| 筏形基础主梁（JZL）<br>筏形基础次梁（JCL） | <br>筏形基础次梁(JCL)<br>筏形基础<br>主梁(JZL) |
| 基础连梁（JLL） | <br>基础连梁(JLL) |

3　梁平法识图与钢筋算量

| 构件名称与编号 | 图例 |
|---|---|
| 条形基础梁（JL） | 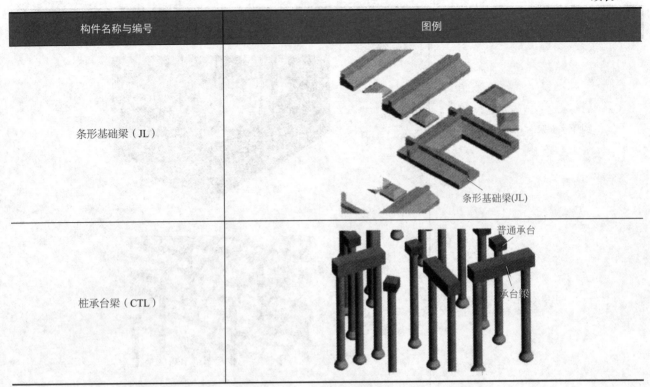 |
| 桩承台梁（CTL） | |

## 3.2 ▶ 梁平法施工图制图规则

梁平法施工图制图中关于梁的注写方式分为平面注写方式和截面注写方式。一般的施工图都采用平面注写方式，这里主要介绍梁的平面注写方式。

平面注写方式，系在梁平面布置图上分别在不同编号的梁中各选一根梁，在其上注写截面尺寸和配筋具体数值的方式来表达梁平法施工图。平面注写包括集中标注和原位标注（图3-2）。集中标注表达梁的通用数值，原位标注表达梁的特殊数值。施工时，原位标注取值优先。

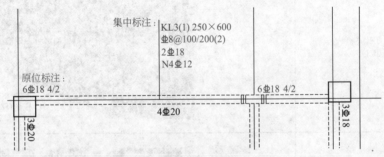

图3-2 集中标注与原位标注

平法设计的梁构件施工图识图方法可以分为两个层次，见表3-2。

表3-2 梁构件平法识图方法

| 层次 | 识图内容 | 识图方法 |
|---|---|---|
| 第一层次 | 在梁平法施工图上，区分哪是一根梁 | 通过梁构件的编号（包括其中注明的跨数）来识别哪是一根梁 |
| 第二层次 | 具体的一根梁，识别其集中标注与原位标注所表达的内容 | 对集中标注和原位标注每个符号的含义进行识别 |

在梁平法施工图上，区分哪是一根梁，见图 3-3，KL3 和 KL4 位于同一轴线，通过它们的编号及跨数，就可以区分开了。然后再进行具体某根梁的数据识别。

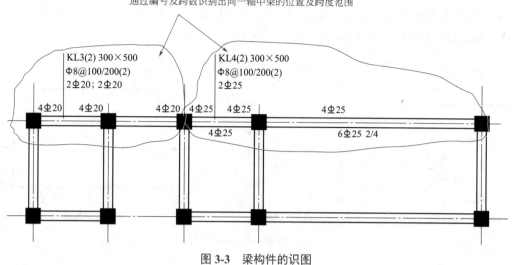

图 3-3　梁构件的识图

## 3.2.1　梁平法施工图集中标注

（1）梁集中标注的必注项和选注项

梁集中标注可参见图 3-2。在梁的集中标注中，可以划分为必注项和选注项两大类。

① 必注项有：梁编号、截面尺寸、箍筋、上部通长筋及架立筋、侧面构造钢筋或受扭钢筋。

② 选注项有：下部通长筋、梁顶面标高高差。

（2）梁编号标注

梁编号标注的一般格式：$BHm(n)$ 或 $BHm(nA)$ 或 $BHm(nB)$。

其中 BH（编号）具体见表 3-1；$m$ 表示梁序号，$n$ 表示梁跨数；A 表示一端有悬挑，B 表示两端有悬挑。

注：楼层框架宽扁梁节点核心区代号 KBH；16G01—1 图集第 89 页、第 98 页中非框架梁（L）、井字梁（JZL）表示端支座为铰接，当非框架梁（L）、井字梁（JZL）端支座上部纵筋为充分利用钢筋的抗拉强度时，在梁代号后加"g"。

【例 3-1】请给出下列梁编号标注的含义。

Lg6（4）表示第 6 号非框架梁，4 跨，端支座上部纵筋为充分利用钢筋的抗拉强度；

KL2（4）表示框架梁第 2 号，4 跨，无悬挑；

WKL1（4）表示屋面框架梁第 1 号，4 跨，无悬挑；

KZL1（1）表示框支梁第 1 号，1 跨，无悬挑；

L3（2）表示非框架梁第 3 号，2 跨，无悬挑；

XL1 表示纯悬挑梁第 1 号。

注：XL 表示纯悬挑梁。如果是框架梁带悬挑端，则按如下方式标注。

KL4（3A）表示框架梁第 4 号，3 跨，一端有悬挑；

KL4（3B）表示框架梁第 4 号，3 跨，两端有悬挑。

（3）梁截面尺寸标注

梁截面尺寸标注的一般格式：$b \times h$ 或 $b \times h \mathrm{GY} c_1 \times c_2$ 或 $b \times h \mathrm{PY} c_1 \times c_2$ 或 $b \times h_1/h_2$。见图 3-4。

其中：$b$ 为梁宽、$h$ 为梁高、$c_1$ 为腋长、$c_2$ 为腋高、$h_1$ 为悬臂梁根部高、$h_2$ 为悬臂梁端部高。

施工图纸上的平面尺寸数据一律采用毫米（mm）为单位。

【例3-2】普通梁截面尺寸标注。

300×700 表示：截面宽度 300mm，截面高度 700mm。

【例3-3】竖向加腋梁截面尺寸标注［图3-4（a）、（b）］。

350×700 Y500×250 表示：腋长 500mm，腋高 250mm。

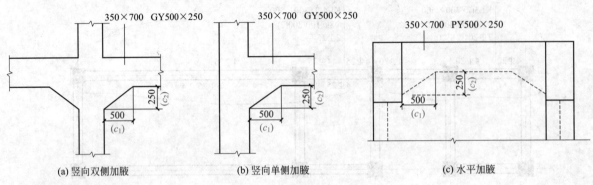

(a) 竖向双侧加腋      (b) 竖向单侧加腋      (c) 水平加腋

图3-4 竖向加腋梁截面尺寸

说明："350×700 Y500×250" 用于集中标注，表示该梁的每一跨都进行竖向加腋。此时，如果某一跨不做加腋，则在该跨原位标注 "350×700"。

【例3-4】水平加腋梁截面尺寸标注［图3-4（c）］。

350×700 PY500×250 表示：腋长 500mm，腋宽 250mm。

【例3-5】悬挑梁截面尺寸标注。

300×700/500 表示：梁根部截面高度 700mm，端部截面高度 500mm。

说明："300×700/500" 的集中标注一般用于纯悬挑梁。若为框架梁带悬挑端，则在悬挑端进行原位标注 "300×700/500"。

（4）梁箍筋标注

梁箍筋标注格式：$\Phi d@n（z）$ 或 $\Phi d@m/n（z）$ 或 $\Phi d@m（z_1）/n（z_2）$ 或 $s\Phi d@m/n（z）$ 或 $s\Phi d@m（z_1）/n（z_2）$。

其中：$d$ 为钢筋直径，$m$、$n$ 为箍筋间距，$z$、$z_1$、$z_2$ 为箍筋肢数，$s$ 为梁两端的箍筋根数。

【例3-6】$\Phi 10@100/200（2）$ 表示箍筋为 HPB300 钢筋，直径为 10mm，加密区间距为 100mm，非加密区间距为 200mm，均为两肢箍。

【例3-7】$\Phi 10@150（2）$ 表示箍筋为 HPB300 钢筋，直径为 10mm，两肢箍，间距为 150mm，不分加密区与非加密区。

【例3-8】$\Phi 8@100（4）/150（2）$ 表示箍筋为 HPB300 钢筋，直径为 8mm，加密区间距为 100mm，四肢箍；非加密区间距为 150mm，两肢箍。

【例3-9】$13\Phi 10@150/200（4）$ 表示箍筋为 HPB300 钢筋，直径为 10mm，梁的两端各有 13 个四肢箍，间距为 150mm；梁跨中部分间距为 200mm，四肢箍。

$18\Phi 12@150（4）/200（2）$ 表示箍筋为 HPB300 钢筋，直径为 12mm，梁的两端各有 18 个四肢箍，间距为 150mm；梁跨中部分间距为 200mm，两肢箍。

本例规定了加密区的箍筋个数，等于规定了加密区的长度。

集中标注箍筋，表示梁的每一跨都按此标注配置箍筋。如果某一跨的箍筋配置与集中标注不同，可以在该跨原位标注箍筋。

梁的箍筋是应该出现在集中标注上的。然而，在实际工作中发现，有的设计人员可能会把箍筋原位标注在梁的每一跨上，不但画图时烦琐，而且也令看图纸的人觉得不清楚。

平法识图与钢筋算量

（5）梁上部通长筋标注

梁上部通长筋标注格式：$s\Phi d$ 或 $s_1\Phi d_1+s_2\Phi d_2$ 或 $s_1\Phi d_1+(s_2\Phi d_2)$ 或 $s_1\Phi d_1；s_2\Phi d_2$。其中：$d$、$d_1$、$d_2$ 为钢筋直径；$s$、$s_1$、$s_2$ 为钢筋根数。

【例3-10】上部通长筋的标注格式。

2⏀22 梁上部通长筋（用于双肢箍）。

2⏀22+2⏀18 梁上部通长筋（两种规格，其中加号前面的钢筋放在箍筋角部）。

6⏀22 4/2 梁上部通长筋（两排钢筋：第一排4根，第二排2根）。

在16G101—1图集中规定，当梁的上部纵筋或下部纵筋多于一排时，用"/"将多排纵筋自上而下分开。

【例3-11】2⏀24+（4⏀12）梁上部钢筋。其中2⏀24为通长筋，4⏀12为架立筋。

本例中，"+"号前面的是上部通长筋。

【例3-12】3⏀24；4⏀22 梁上部通长筋3⏀24，梁下部通长筋4⏀22。

本例中，"；"号前面的是上部通长筋。

（6）梁的架立筋标注

架立筋是梁上部的纵向构造钢筋。

抗震框架梁的架立筋标注格式：$s_1\Phi d_1+(s_2\Phi d_2)$，"+"号后面圆括号里面的是架立筋。

其中：$d_1$、$d_2$ 为钢筋直径；$s_1$、$s_2$ 为钢筋根数。

非抗震框架梁或非框架梁的架立筋标注格式：$s_1\Phi d_1+(s_2\Phi d_2)$ 或 $(s_2\Phi d_2)$

$(s_2\Phi d_2)$ 这种格式，表示这根梁上部纵筋集中标注全部采用架立筋。

【例3-13】抗震框架梁KL1的上部纵筋标注。

2⏀24+（4⏀12）表示：2⏀24为上部通长筋，4⏀12为架立筋。

【例3-14】非框架梁L1的上部纵筋标注。

（4⏀12）表示：梁上部纵筋的集中标注为架立筋4⏀12。

（7）梁下部通长筋标注

梁下部通长筋标注格式：$s_1\Phi d_1；s_2\Phi d_2$。"；"号后面的 $s_2\Phi d_2$ 是下部通长筋。

其中：$d_1$、$d_2$ 为钢筋直径；$s_1$、$s_2$ 为钢筋根数。

【例3-15】3⏀20；4⏀18。指梁上部通长筋3⏀20，梁下部通长筋4⏀18。"；"号后面的是下部通长筋。

（8）梁侧面构造钢筋标注

梁侧面构造钢筋标注格式：$Gs\Phi d$。

其中：$d$ 为钢筋直径，$s$ 为钢筋根数，G表示侧面构造钢筋。

【例3-16】G4⏀12表示梁的两侧共配置4⏀12的纵向构造钢筋，每侧各2⏀12。

说明：

① 梁侧面纵向构造钢筋的规格和根数是由设计师在施工图上明确标注的。梁侧面纵向构造钢筋的构造图见16G101—1图集第90页。梁侧面纵向构造钢筋的搭接和锚固长度可取为15d。

② 但是，梁侧面纵向构造钢筋的拉筋在施工图上是不标注的，施工员和预算员要根据16G101—1图集第90页的规定来布置拉筋：当梁宽≤350mm时，拉筋直径为6mm；当梁宽＞350mm时，拉筋直径为8mm。拉筋间距为非加密区箍筋间距的两倍。当设有多排拉筋时，上下两排拉筋在竖向错开布置。

（9）梁受扭钢筋标注

侧面受扭钢筋也称为侧面抗扭钢筋。

梁侧面抗扭钢筋标注格式：$Ns\Phi d$。

其中：$d$ 为钢筋直径，$s$ 为钢筋根数，N 表示侧面抗扭钢筋。

【例 3-17】N6$\Phi$24 表示梁的两侧共配置 6 根$\Phi$24 的抗扭钢筋，每侧各 3 根$\Phi$24。

梁侧面抗扭纵向钢筋的构造图见 16G101—1 图集第 90 页。

梁侧面抗扭纵向钢筋其搭接长度为 $l_l$（非抗震）或 $l_{lE}$（抗震）。

梁侧面抗扭纵向钢筋的锚固长度为 $l_a$（非抗震）或 $l_{aE}$（抗震），锚固方式同框架梁下部纵筋。

（10）梁顶面标高高差标注

一般楼层顶板结构是梁顶与板顶（楼面标高）为同一标高，就是梁顶与板顶齐平。但是，当梁顶与板顶不齐平的时候，就要在梁标注中注写梁顶面标高高差，注写方法是在圆括号内写上梁顶面与板顶面的标高高差。

当梁顶比板顶低的时候，注写"负标高高差"；当梁顶比板顶高的时候，注写"正标高高差"。例如：（-0.050）表示梁顶面比楼板顶面低 0.050（单位：m）。

说明：如果此项标注缺省，表示梁顶面与楼板顶面齐平。规定中施工图纸上的标高数据必须用米（m）为单位。

## 3.2.2  梁平法施工图原位标注

梁的原位标注包括梁上部纵筋的原位标注（标注位置可以在梁上部的左支座、右支座或跨中）和梁下部纵筋的原位标注（标注位置在梁下部的跨中）。

梁原位标注示例见图 3-5。

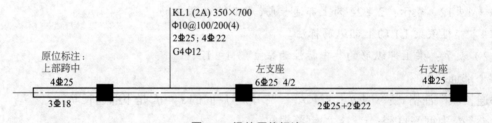

图 3-5  梁的原位标注

（1）梁支座上部纵筋的原位标注

梁支座上部的原位标注就是进行梁上部纵筋的标注，分别设置：左支座标注、右支座标注。钢筋标注格式：$s\Phi d$ 或 $s\Phi d$  $m/n$ 或 $s_1\Phi d_1+s_2\Phi d_2$。

其中：$d$、$d_1$、$d_2$ 为钢筋直径，$s$、$s_1$、$s_2$ 为钢筋根数，$m$、$n$ 为上下排纵筋根数。

【例 3-18】6$\Phi$25   4/2 表示上排纵筋为 4$\Phi$25，下排纵筋为 2$\Phi$25。

　　　　　2$\Phi$25+2$\Phi$22 表示一排纵筋：2$\Phi$25 放在角部，2$\Phi$22 放在中间。

一般地，把上排上部纵筋（即紧贴箍筋水平段的上部纵筋）称为第一排上部纵筋，而把下排上部纵筋（即远离箍筋水平段的上部纵筋）称为第二排上部纵筋。此外，有工程中，还可能出现第三排上部纵筋，例如：9$\Phi$25   4/3/2 中，第三排上部纵筋是 2$\Phi$25。

说明：

① 支座的标注值包含通长筋的配筋值。

【例 3-19】KL1 集中标注的上部通长筋是 2$\Phi$25，而在某跨左支座的原位标注是 6$\Phi$25   4/2，则左支座第一排上部纵筋（即上排纵筋）4$\Phi$25 中的 2$\Phi$25 就是上部通长筋（即处于梁角部的那两根上部纵筋），见图 3-6。

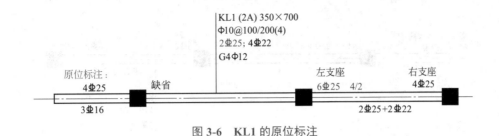

图 3-6　KL1 的原位标注

② 当支座的一边标注了梁的上部纵筋，而支座的另一边没有进行标注的时候，可以认为支座的左右两边配置同样的上部纵筋。

在图 3-6 中，在 KL1 中间支座的右边标注了 6Φ25　4/2，当支座左边缺省原位标注时，则认为支座左边的配筋也是 6Φ25　4/2。为了便于称呼起见，不妨把这个性称为"缺省对称"原则。

③ 当梁中间支座两边的上部纵筋不同时，须在支座两边分别标注。例如，KL1 某中间支座的右边标注为 4Φ25，又在左边标注 6Φ25　4/2，说明该梁中间支座两边的上部纵筋不同（图 3-7）。

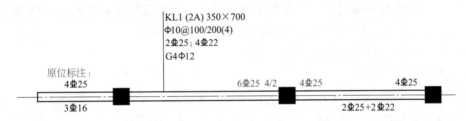

图 3-7　中间支座两边上部纵筋不同

④ 当梁某跨上部没有进行任何原位标注时，表示该跨梁执行集中标注的梁上部纵筋为上部通长筋（和架立筋）。例如图 3-8 中，KL1 悬挑端的上部没有任何原位标注，则认为该跨上部执行集中标注的上部通长筋 4Φ25（同样，缺省标注的下部纵筋采用集中标注的下部通长筋）。

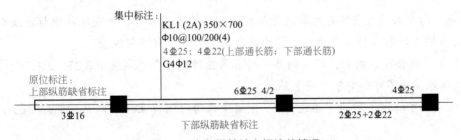

图 3-8　上部纵筋缺省标注的情况

（2）梁跨中上部纵筋的原位标注

在图纸上经常可以看到，在某跨梁的左右支座上没有做原位标注，而在跨中的上部进行了原位标注。下面介绍梁跨中上部纵筋的原位标注，它的格式和左右支座上部纵筋原位标注是一样的。

钢筋标注格式：$s\phi d$ 或 $s\phi d$　$m/n$ 或 $s_1\phi d_1+s_2\phi d_2$

其中：$d$、$d_1$、$d_2$ 为钢筋直径，$s$、$s_1$、$s_2$ 为钢筋根数，$m$、$n$ 为上下排纵筋根数。

【例 3-20】6Φ25　4/2 表示上排纵筋为 4Φ25，下排纵筋为 2Φ25。

2Φ25+2Φ22 表示一排纵筋：2Φ25 放在角部，2Φ22 放在中间。

当梁某跨支座与跨中上部纵筋相同，且其配筋值与集中标注的梁上部纵筋不同时，仅在该跨上部跨中标注，支座省去不标注。换句话说，当某跨梁的跨中上部进行了原位标注时，表示该跨梁的上部纵筋按原位标注的配筋值、从左支座到右支座贯通布置。例如图 3-9 中，KL1 第 1 跨的上部跨中有原位标注 6Φ25　4/2，表明该跨的配筋从左支座到右支座贯通布置 6Φ25　4/2。

45

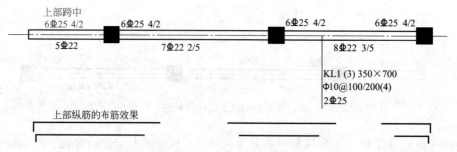

图 3-9　上部纵筋布置效果

（3）梁跨中下部的原位标注

梁跨中下部原位标注所包括的内容较多，常见的有：下部纵筋的原位标注、不伸入支座的下部纵筋原位标注、侧面构造钢筋的原位标注、侧面抗扭钢筋的原位标注、梁截面尺寸和形状的原位标注、箍筋的原位标注等。实际上按照 16G101—1 图集的规定，集中标注的任何内容都可以在原位标注中出现。16G101—1 图集第 30 页指出：当在梁上集中标注的内容（即梁截面尺……）不适用于某跨或某悬挑部分时，则将其不同数值原位标注在该跨或该悬挑部位。施工时应按原位标注数值取用。

接下来分别介绍梁跨中下部原位标注的详细内容。

1）梁下部纵筋的原位标注

钢筋标注格式：$s \Phi d$ 或 $s \Phi d$ _m/n_ 或 $s_1 \Phi d_1 + s_2 \Phi d_2$。其中：$d$、$d_1$、$d_2$ 为钢筋直径，$s$、$s_1$、$s_2$ 为钢筋根数，$m$、$n$ 为上下排纵筋根数。

【例 3-21】6Φ25　2/4 表示上排纵筋为 2Φ25，下排纵筋为 4Φ25。

2Φ25+2Φ22 表示一排纵筋：2Φ25 放在角部，2Φ22 放在中间。

有时候为了描述方便起见，把下排下部纵筋（即紧贴箍筋水平段的下部纵筋）称为第一排下部纵筋，而把上排下部纵筋（即离开箍筋水平段的下部纵筋）称为第二排下部纵筋。

说明：

① 在梁的每一跨都必须进行下部纵筋的原位标注。当阅读图纸时，如发现集中标注没有梁的下部通长筋时，应该在会审图纸时向设计人员指出。因为每跨梁不可能没有下部纵筋。

梁不一定有下部通长筋。例如，某梁的第一跨和第三跨的下部纵筋是 6Φ25　2/4，而第二跨的下部纵筋是 2Φ22，则这根梁是不可能有下部通长筋的。

② 如果某根梁集中标注了梁的下部通长筋，则该梁每跨原位标注的下部纵筋都必须包含"下部通长筋"的配筋值。

例如：某根梁集中标注的下部通长筋是 4Φ25，而在某梁下部纵筋的原位标注是 7Φ25　2/5，该跨下部纵筋的第一排钢筋为 5Φ25，即包含下部通长筋的配筋值。

③ 当某跨梁的下部纵筋没有进行原位标注时，表示该跨梁执行集中标注的梁下部通长筋。

2）梁不伸入支座的下部纵筋原位标注

钢筋标注格式：$s \Phi d$　_m_ (−_k_) /_n_ 或 $s_1 \Phi d_1 + s_2 \Phi d_2$ (−_k_) /$s \Phi d$。其中：$d$、$d_1$、$d_2$ 为钢筋直径，$s$、$s_1$、$s_2$ 为钢筋根数，$m$、$n$ 为上下排纵筋根数，$k$ 为不伸入支座的钢筋根数。

【例 3-22】6Φ25　2（−2）/4 表示上排纵筋为 2Φ25 且不伸入支座；下排钢筋为 4Φ25 全部伸入支座。

2Φ25+3Φ22（−3）/5Φ25 表示上排纵筋为 2Φ25 和 3Φ22，其中 3Φ22 不伸入支座；下排钢筋为 5Φ25 全部伸入支座。

说明：

① 不伸入支座的纵筋仅限于梁下部纵筋的上排钢筋。

这一点可以参考 16G101—1 第 90 页的例子。我们还可以注意到，在 16G101—1 第 90 页中"不伸入支

平法识图与钢筋算量

座的梁下部纵向钢筋断点位置"的图中，不伸入支座的梁下部纵向钢筋用红色钢筋表示，位于梁下部的上排钢筋（第二排下部纵筋）；而下排钢筋（第一排下部纵筋）用黑色钢筋表示，全部伸入支座。

② 不伸入支座的纵筋仅限于"（-k）"前面所定义规格的钢筋。

从例 3-22 中可以看到，"（-3）"前面的钢筋规格是 $\Phi22$，所以不伸入支座的纵筋是 $\Phi22$ 而不是 $\Phi25$。

③ 16G101—1 规定，不伸入支座的纵筋在距支座 1/10 跨度处截断，所以，不伸入支座的纵筋长度是本跨跨度的 4/5（图 3-10）。

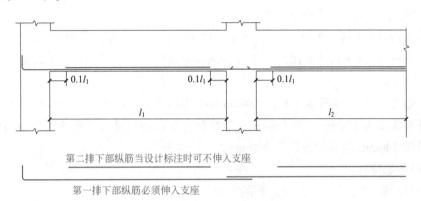

图 3-10　下部纵筋布置效果

3）梁侧面构造钢筋的原位标注

钢筋标注格式同集中标注时一样：$Gs\Phi d$（G 表示侧面构造钢筋）。

但其意义与集中标注是不一样的：

当在集中标注中进行注写时，为全梁设置。

当在原位标注中进行注写时，为当前跨设置。

【例 3-23】G4$\Phi$12 在梁的第三跨上进行原位标注侧面构造钢筋。

对于例 3-23 的原位标注可能有以下两种解释：

① 如果集中标注的侧面构造钢筋是 G4$\Phi$10，则在第三跨上配置的构造钢筋是 G4$\Phi$12，而在其他跨的构造钢筋依然是 G4$\Phi$10。

② 如果集中标注的侧面钢筋（通常把梁的侧面钢筋叫做"腰筋"）是侧面抗扭钢筋 N4$\Phi$16，但是现在到了第三跨则变为侧面构造钢筋 G4$\Phi$12。

无论上面的哪一种解释，都可以体会到"原位标注取值优先"的原则。

4）梁侧面抗扭钢筋的原位标注

钢筋标注格式同集中标注时一样：$Ns\Phi d$（N 表示侧面抗扭钢筋）。

但其意义与集中标注是不一样的：

当在集中标注中进行注写时，为全梁设置。

当在原位标注中进行注写时，为当前跨设置。

【例 3-24】N4$\Phi$16 在梁的第三跨上进行原位标注侧面抗扭钢筋，见图 3-11。

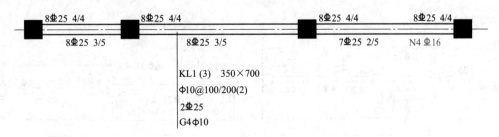

图 3-11　在第 3 跨抗扭钢筋的原位标注

例 3-24 可以说明在梁的腰筋定义中"原位标注取值优先"的原则。

在例 3-24 中，KL1（3）集中标注了构造钢筋 G4Φ10，表示 KL1 一共有 3 跨，每跨都设置构造钢筋 4Φ10；然而，KL1 的第 3 跨原位标注抗扭钢筋 N4Φ16，表示在第 3 跨设置抗扭钢筋 4Φ16。

5）梁箍筋的原位标注

梁箍筋原位标注的格式同集中标注。

① 当某跨梁原位标注的箍筋规格或间距与集中标注不同的时候，以原位标注的数值为准。

② 梁箍筋应该在集中标注中进行定义。

【例 3-25】当 KL1（4）的箍筋集中标注为 Φ8@100/200（2），而在第 3 跨原位标注为 Φ10@100/200（2），则表示第 3 跨的箍筋规格由 Φ8 改为 Φ10，间距与其他各跨相同；而该梁的其余各跨的箍筋仍然执行集中标注的 Φ8@100/200（2）。

【例 3-26】当 KL2（3）的箍筋集中标注为 Φ8@100/200（2），而在第 1 跨原位标注 Φ8@150（2），则表示第 1 跨的箍筋间距改为 150mm，不分加密区和非加密区；而该梁的其余各跨的箍筋仍然执行集中标注所规定的加密区间距 100mm 和非加密区间 200mm。

6）梁加腋信息的原位标注

关于梁加腋信息的原位标注，有两个方面的内容。

第一方面的内容：当梁截面尺寸的集中标注为竖向加腋 $b \times h$ Y$c_1 \times c_2$ 时，如果在某跨梁对矩形截面进行等尺寸的原位标注：$b \times h$（$b$、$h$ 为等截面的宽、高），表示在该跨梁取消加腋。

【例 3-27】当 KL1（4）截面尺寸的集中标注为 300×700 Y500×250，而在第 3 跨原位标注为 300×700 时，则表示在第 3 跨取消加腋，而该梁的其余各跨仍然竖向加腋。

第二方面的内容：当梁截面尺寸的集中标注为为矩形截面 $b \times h$ 时，如果在某跨梁进行水平加腋的原位标注：$b \times h$ PY$c_1 \times c_2$（$c_1$ 为腋长，$c_2$ 为腋高），则表示该跨进行水平加腋。

【例 3-28】当 KL2（3）截面尺寸的集中标注为 300×700，而在第 1 跨原位标注为 300×700 PY500×250 时，则表示在第 1 跨进行水平加腋（腋长 500，腋宽 250），而该梁的其余各跨仍然不加腋。

① 竖向加腋钢筋的标注。

当梁设置竖向加腋时，加腋部位下部纵筋在该支座下以 Y 打头注写在括号里，见图 3-12（16G101—1 第 30 页图 4.2.4-2）。

在图 3-12 中，KL7（3）的集中标注有"300×700 Y500×250"，表示 KL7 设置了竖向加腋，同时，在第 1 跨的左右支座下部，以及第 3 跨的左右支座下部均进行了原位标注"Y4Φ25"，这表示 KL7 的第 1 跨和第 3 跨进行竖向加腋，每个支座的加腋钢筋为 4Φ25。还可以看到 KL7 的第 2 跨下部没有"括号内 Y 打头的钢筋标注"，表示第 2 跨不进行加腋。

② 水平加腋钢筋标注。

当梁设置水平加腋时，水平加腋内的上下部斜纵筋的标注方法为：在加腋支座上部以 Y 打头注写在括号内，上部斜纵筋、下部斜纵筋之间用"/"分隔，见（图 3-13）（16G101—1 第 31 页的图 4.2.4-3）。

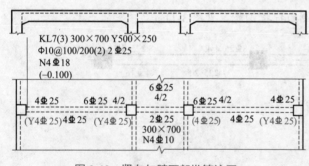

图 3-12 竖向加腋下部纵筋注写

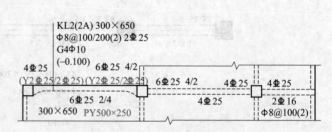

图 3-13 水平加腋上下部斜纵筋注写

平法识图与钢筋算量

在图 3-13 中，KL2 的集中标注为"KL2（2A）300×650"，而在第 1 跨的下部进行了原位标注"300×650 PY500×250"，表示 KL2 的第 1 跨设置水平加腋，而第 2 跨没有加腋。同时，在第 1 跨的左右支座上部，均进行了原位标注"Y2 $\Phi$ 25/2 $\Phi$ 25"，这表示 KL2 第 1 跨左右支座水平加腋的上部斜纵筋、下部斜纵筋均为 2 $\Phi$ 25。

③ 加腋钢筋的计算。

【例 3-29】当竖向加腋的标注为 300×700 Y500×250 时，计算加腋钢筋的斜段长度。加腋钢筋为 C25，混凝土强度等级为 C30，二级抗震等级。

【分析】加腋钢筋的斜段长度只与"腋长"和"腋高"的尺寸有关。大家可以参看 16G101—1 图集第 87 页的下图（图 3-14），以腋长 $c_1$ 和腋高 $c_2$ 为直角边构成一个直角三角形，这个直角三角形的斜边构成加腋钢筋斜段的一部分，加腋钢筋斜段的另一部分就是插入梁内的 $l_{aE}$ 这段长度。所以，双侧加腋钢筋斜段长度的计算公式为：

$$加腋钢筋斜段长度 = sqrt（c_1 \times c_1 + c_2 \times c_2）+ l_{aE}$$

其中，sqrt（）表示求平方根。

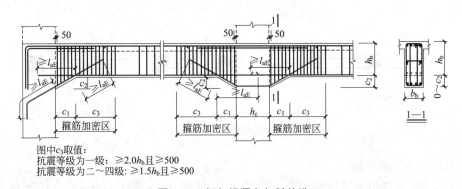

图中 $c_3$ 取值：
抗震等级为一级：≥2.0$h_b$ 且≥500
抗震等级为二～四级：≥1.5$h_b$ 且≥500

图 3-14　框架梁竖向加腋构造

【解】框架梁竖向加腋构造见图 3-15。

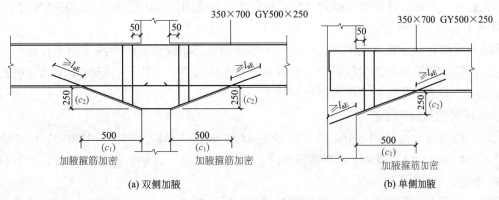

(a) 双侧加腋　　　　　　　　　　(b) 单侧加腋

图 3-15　框架梁竖向加腋构造

"腋长" $c_1$ 为 500mm，"腋高" $c_2$ 为 250mm。

根据混凝土强度等级为 C30、钢筋为 C25、二级抗震等级，查 16G101—1 图集第 58 页的"受拉钢筋抗震锚固长度 $l_{aE}$"表格，查出 $l_{aE}$ 为 40$d$。

所以，双侧加腋的加腋钢筋斜段长度 = sqrt（500×500+250×250）+1×40×25 = 559+1000 = 1559（mm）
单侧加腋的钢筋长度 = 559+2×1000 = 2559（mm）

7）梁变截面信息的原位标注

当梁截面尺寸的集中标注为矩形截面 $b \times h$ 时，如果在某跨梁对矩形截面进行改变尺寸的原位标注：

$b_1 \times h_1$（梁截面宽度改变或截面高度改变），表示在该跨梁截面改变。

【例3-30】当KL1（4）截面尺寸的集中标注为300×700，而在第3跨原位标注为300×500时，则表示在第3跨把梁截面高度由700mm改为500mm，而该梁的其余各跨仍然保持300×700的梁截面尺寸。

比较常见的梁变截面形式是两跨梁的顶面标高一致而底面标高不一致的情况。例如例3-30 KL1的4跨梁的顶面标高一致，这有利于梁的上部通长筋贯穿整道梁。而第3跨梁截面高度变为500mm，梁底面标高比其他各跨提高了200mm，这对于梁的下部纵筋影响不大，因为梁的下部纵筋本来就是按跨锚固的。

8）梁悬挑端的原位标注

在实际工程中，经常看到框架梁或非框架梁的悬挑端要进行众多内容的原位标注，框架梁的悬挑端与一般的"跨"不同，也可以说它是特殊的"跨"，因为悬挑端的力学特征和工程做法与框架梁内部各跨截然不同。所以，在设计图纸时，要保证在梁的悬挑端有足够信息的原位标注。在根据施工图进行钢筋计算时，也要注意分析梁的悬挑端上的各种原位标注（图3-16）。

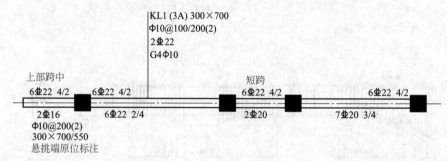

图3-16 梁悬挑端各种原位标注

① 悬挑端上部纵筋的原位标注。

悬挑端部纵筋原位标注的格式同前面介绍过的梁上部纵筋标注格式完全一致。需要注意的是，应该在悬挑端的"上部跨中"的位置进行上部纵筋的原位标注。筋是全跨贯通的，而原位标注在"上部跨中"正好实现了这一功能。在楼层框架梁中，当悬挑端上部纵筋和相邻跨上部纵筋的钢筋规格相同的时候，应该把这些上部纵筋贯通布置。这样可以避免众多钢筋在支座处锚固而造成支座节点钢筋密度过大的现象。

② 悬挑端下部纵筋的原位标注。

在悬挑端一定要进行下部钢筋的原位标注，不能认为框架梁或非框架梁的下部通长筋一直延伸到悬挑端上。因为悬挑端的下部纵筋为受压钢筋，它只需要较小的配筋就可以了。悬挑端下部纵筋原位标注的格式同前面介绍过的梁下部纵筋标注格式完全一致。

③ 悬挑端箍筋的原位标注。

在悬挑端一般要进行箍筋的原位标注，而不是执行框架梁或非框架梁箍筋的集中标注。悬挑端箍筋原位标注的格式：$\Phi d@n$（$z$）。其中：$d$为钢筋直径、$n$为箍筋间距、$z$为箍筋肢数。例如：$\Phi 10@200$（2）。

④ 悬挑端截面尺寸的原位标注。

梁悬挑端一般为变截面构造，因此需要在悬挑端上进行截面尺寸的原位标注。梁悬挑端截面尺寸原位标注的格式：$b \times h_1/h_2$。其中：$b$为梁宽、$h_1$为悬臂梁根部高、$h_2$为悬臂梁端部高。

（4）梁附加钢筋的原位标注

1）附加箍筋

附加箍筋原位标注的格式：直接画在平面图的主梁上，用线引注总配筋值。

如：8$\Phi$8（2），见16G101—1图集第31页的图4.2.4-4（图3-17），其构造见16G101—1图集第88页。

两根梁相交，主梁是次梁的支座，附加箍筋就设置在主梁上，附加箍筋的作用是为了抵抗集中荷载引起的剪力。附加箍筋原位标注的配筋值是"总的配筋值"。例如，附加箍筋的标注值"8$\Phi$10（2）"就是指主次梁的交叉节点上附加箍筋的总根数，附加箍筋分布在次梁梁口的两侧，每侧布置4$\Phi$10（2）。

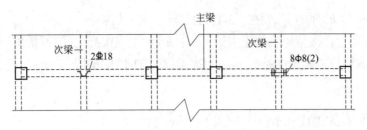

图 3-17  附加箍筋及吊筋原位标注

注意：16G101—1 图集第 88 页 "附加箍筋范围" 图，在次梁的梁口两侧各布置了 3 个附加箍筋，因此有的人就认为附加箍筋的设置标准就是在主次梁交叉节点上 "一侧 3 个，两侧一共 6 个"，这种看法是错误的。关于附加箍筋的根数，16G101—1 图集第 88 页的 "附加箍筋范围" 图仅仅是一个示意图，实际工程附加箍筋的设置，要根据施工图上具体的原位标注来决定。例如，在图 3-18 中的附加箍筋原位标注，就是 "8Φ10（2）"。

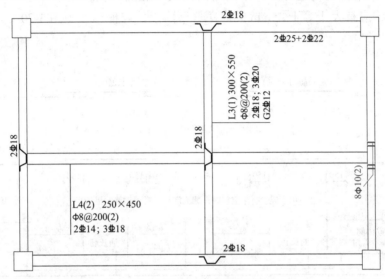

图 3-18  附加箍筋原位标注

2）吊筋

吊筋原位标注的格式：直接画在平面图的主梁上，用线引注总配筋值（如：2Φ18），见 16G101—1 图集中图 4.2.4-4（图 3-17），其构造见 16G101—1 图集第 88 页。

两根梁相交，主梁是次梁的支座，吊筋就设置在主梁上，吊筋的下底托住次梁的下部纵筋，吊筋的斜筋是为了抵抗集中荷载引起的剪力。由此，得出下列吊筋的参考尺寸（图 3-19 给出了三种不同情况下吊筋的设置方式）。

吊筋的参考尺寸：上部水平边长度 = $20d$

下底边长度 = 次梁梁宽 +100mm

斜边水平夹角 $\alpha$：主梁梁高 ≤ 800mm 时为 45°；主梁梁高 > 800mm 时为 60°［图 3-19（a）、（b）］。

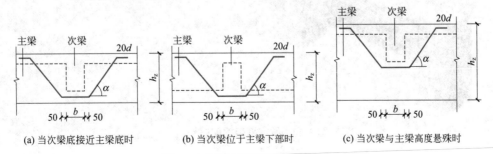

(a) 当次梁底接近主梁底时          (b) 当次梁位于主梁下部时          (c) 当次梁与主梁高度悬殊时

图 3-19  三种不同情况下吊筋设置

关于斜边垂直投影高度 $h_{斜}$ 的计算，按图 3-19 的三种情况分析：
① 图 3-19（a）、（b），次梁梁底位于主梁下部：$h_{斜}$＝主梁梁高 −2 倍保护层
② 图 3-19（c），次梁与主梁高度悬殊：$h_{斜}$＝次梁梁高 −1 倍保护层

# 3.3 ▸ 抗震框架梁配筋构造及钢筋算量

梁内钢筋有上部纵筋、中部纵筋、下部纵筋、箍筋及其他附加筋。上部纵筋根据钢筋的作用和位置不同可分为通长筋、支座负筋和架立筋；中部筋根据钢筋的受力性能分为构造钢筋和受扭钢筋。对于楼层框架梁端支座纵筋应首先直锚，只有当直锚不能满足锚固长度要求时才选择弯锚或者锚板锚固。图 3-20 所示为抗震框架梁配筋构造详图，弯锚的锚钩段与柱的外侧纵筋以及弯钩段之间不能平行接触（交叉时可以接触），应有大于等于 25mm 的净距。下面以抗震框架梁（图 3-20）为例对梁内配筋进行介绍。

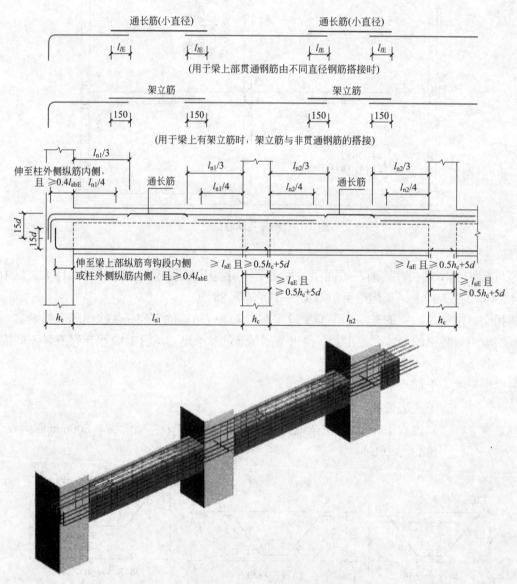

图 3-20  抗震框架梁配筋构造

### 3.3.1 抗震楼层框架梁纵向配筋构造及算量

二维码 3.1

#### 3.3.1.1 抗震框架梁上部通长筋配筋构造及钢筋算量

（1）抗震框架梁上部通长筋配筋构造

① 通长筋端支座配筋构造。

当梁上部通长筋伸入框架柱内的长度减去保护层厚度的值，即（$h_c-c$）$\geq l_{aE}$ 时，梁上部通长筋在端支座直锚，其伸入柱内的长度同时满足 $\geq$（$0.5h_c+5d$）的要求，如图 3-21（a）。当梁上部通长筋伸入柱内的长度减去保护层厚度的值，即（$h_c-c$）$< l_{aE}$ 时，梁上部通长筋既可以采取在纵筋端部加锚（或锚板）的方式锚固，如图 3-21（b），也可以采取在端支座弯锚的方式锚固，要求钢筋伸至柱外侧纵筋内侧，且 $\geq 0.4l_{abE}$ 并弯折 $15d$。本节以弯锚方式为主进行讲解。

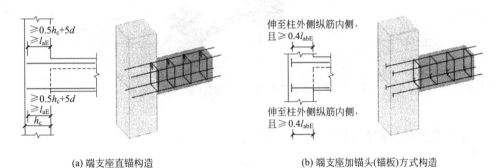

(a) 端支座直锚构造　　　　(b) 端支座加锚头(锚板)方式构造

图 3-21　抗震框架梁端支座配筋构造

② 通长筋中间支座配筋构造。

如图 3-22 所示，上部通长筋在中间支座内连续通过。

（2）震框架梁上部通长筋钢筋算量

当梁内上部通长筋直径大于或等于支座负筋直径时，则通长筋布置如图 3-22 所示，通长筋的长度计算公式为：

通长筋的长度＝（梁通跨净长 + 左右两端支座锚固长度）× 根数

其中：端支座锚固长度与钢筋的锚固形式有关，当支座宽度满足钢筋直锚要求时，采用直锚形式，锚固长度为 $l_{aE}$ 且 $\geq$（$0.5h_c+5d$）；当支座宽度不满足直锚要求时，采用弯锚形式，锚固长度＝支座宽度 $h_c$-柱保护层厚度 $c$-箍筋直径 $d_{箍}$-柱外侧纵筋直径 $d_{柱}+15d$。

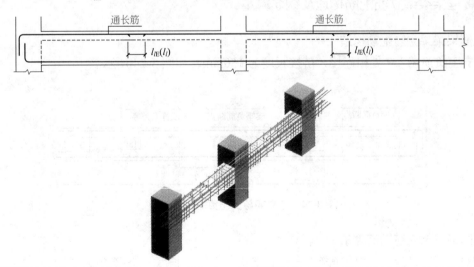

图 3-22　通长筋直径大于或等于支座负筋直径时配筋构造（弯锚形式）

53

3　梁平法识图与钢筋算量

当梁内上部通长筋直径小于支座负筋直径时，则通长筋布置如图3-23所示，通长筋的计算长度为：

$$通长筋的长度＝每跨净长 - 左右两端负筋外伸长度 +2 \times 搭接长度 \, l_{lE}$$

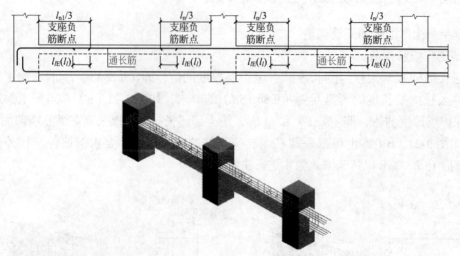

图 3-23　通长筋直径小于支座负筋直径时配筋构造（弯锚形式）

### 3.3.1.2　抗震框架梁支座负筋配筋构造及钢筋算量

（1）抗震框架梁支座负筋配筋构造

支座负筋在端支座处配筋构造如图3-20、图3-21所示。负筋在端支座内锚固形式及锚固长度同上部通长筋。负筋伸出支座的长度与钢筋所在位置有关，端支座第一排支座负筋，伸出支座的长度取 $l_{n1}/3$，第二排负筋伸出支座的长度取 $l_{n1}/4$，其中 $l_{n1}$ 为端跨净长；中间支座第一排支座负筋，伸出支座的长度取 $l_n/3$，第二排负筋伸出支座的长度取 $l_n/4$，$l_n$ 为支座相邻两跨的净跨的较大值。

（2）抗震框架梁支座负筋钢筋算量

支座负筋有两种：端支座负筋、中间支座负筋。支座负筋的长度根据不同形式、支座位置和钢筋位置分别计算，其计算式如下：

$$端支座负筋长度＝［端支座锚固长度 + 伸出支座长度 \, l_{n1}/3（或 \, l_{n1}/4）］\times 根数$$
$$中间支座负筋长度＝［中间支座宽度 + 左右两侧伸出支座长度 \, l_n/3（或 \, l_n/4）］\times 根数$$

### 3.3.1.3　抗震框架梁架立筋配筋构造及钢筋算量

（1）抗震框架梁架立筋配筋构造

架立筋与支座负筋在 $l_n/3$ 处相连接，搭接长度为 150mm，如图3-24所示。

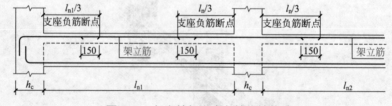

图 3-24　架立筋与支座负筋连接构造

（2）抗震框架梁架立筋钢筋算量

$$架立筋的长度＝（每跨净跨长 - 左右支座负筋伸出长度 + 搭接长度 \times 2）\times 根数$$

#### 3.3.1.4 抗震框架梁下部纵筋配筋构造及钢筋算量

（1）抗震框架梁下部纵筋配筋构造

① 梁下部纵筋端支座配筋构造。

梁下部纵筋端支座钢筋直锚、加锚头（或锚板）的配筋构造同梁上部纵筋端支座配筋构造，如图 3-21（a）、图 3-21（b）所示；下部纵筋弯锚构造如图 3-20 所示，钢筋伸至梁上部纵筋内侧或柱外侧纵筋内侧，且 ≥ $0.4l_{abE}$ 并弯折 $15d$。

② 梁下部纵筋中间支座配筋构造。

梁下部纵向受力钢筋锚固在节点核心区内，伸入支座内长度不小于 $l_{lE}$，抗震设计时尚应伸过柱中心线 $5d$，见图 3-21，梁下部受力钢筋在支座内的锚固长度为 max（$0.5h_c+5d$，$l_{aE}$）。

若梁下部钢筋不能在柱内锚固时，可在节点外搭接，相邻跨钢筋直径不同时，搭接位置位于较小直径一跨，如图 3-25 所示。

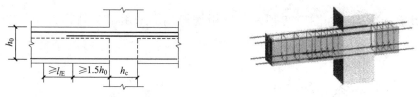

图 3-25　中间层中间节点梁下部筋在节点外搭接

（2）抗震框架梁下部纵筋钢筋算量

梁下部钢筋有通长布置和分跨布置两种情况，在端支座处根据支座的情况可以采取直锚、弯锚等形式或设锚头（或锚板），如图 3-20、图 3-21 所示。由于支座处钢筋较多，所以当每跨下部钢筋布置相同时，在中间支座能通则通，连续布置；当钢筋需要接长时，可在节点外搭接，如图 3-25 所示。梁下部钢筋主要承受跨中内力作用，当支座处钢筋较多时，部分钢筋可以不伸入支座，如图 3-26 所示，下部钢筋在距支座 $0.1l_{n1}$ 或 $0.1l_{n2}$ 处断开。下部纵筋长度计算公式如下：

① 通长布置时。

$$钢筋长度＝通长筋的长度＝（梁通跨净长＋左右两端支座锚固长度）× 根数$$

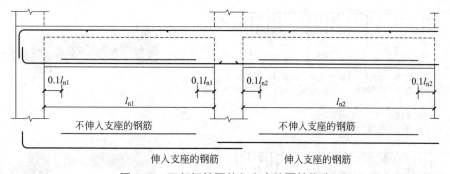

图 3-26　下部钢筋不伸入支座的配筋构造

其中，端支座锚固长度与钢筋的锚固形式有关，当支座宽度满足直锚要求时，采用直锚形式，锚固长度为 $l_{abE}$；当支座宽度不满足直锚要求时，采用弯锚形式，锚固长度为：支座宽度 $h_c$ - 混凝土保护厚度 $c$ - 箍筋直径 $d_{箍}$ - 柱外侧纵筋直径 $d_{柱}$ -25- 梁上部纵筋直径 $d_{梁}$ +15$d$。

② 分跨布置时。

$$钢筋长度＝（每跨净长＋两端支座的锚固长度）× 根数$$

③ 钢筋不伸入支座时。

$$钢筋长度＝（每跨净长－钢筋端部到支座的距离 ×2）× 根数＝0.8× 每跨净长 l_{n1} 或 l_{n2}× 根数$$

### 3.3.1.5 抗震框架梁侧面纵向钢筋配筋构造

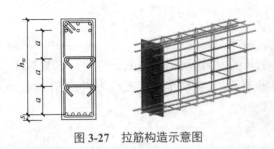

图 3-27 拉筋构造示意图

侧面纵向钢筋包括构造钢筋和受扭钢筋。当 $h_w \geqslant 450\text{mm}$ 时，在梁的两个侧面应沿高度方向配置纵向构造钢筋（拉筋），纵向构造钢筋间距 $a \leqslant 200\text{mm}$，如图 3-27 所示。当梁侧面配有直径不小于构造纵筋直径的受扭纵筋时，受扭钢筋可以代替构造钢筋。梁侧面构造纵筋的搭接和锚固长度可取 $15d$；梁侧面受扭纵筋的搭接长度为 $l_{lE}$ 或 $l_l$，其锚固长度为 $l_{aE}$ 或 $l_{abE}$，锚固形式同框架梁下部纵筋。

### 3.3.1.6 抗震框架梁箍筋、拉筋配筋构造及钢筋算量

（1）抗震框架梁箍筋、拉筋配筋构造

① 箍筋配筋构造。

抗震框架梁箍筋配筋构造如图 3-28 所示。常用箍筋端部采用 135°弯钩封闭，平直段长度为 $10d$ 和 75mm 之间较大值。

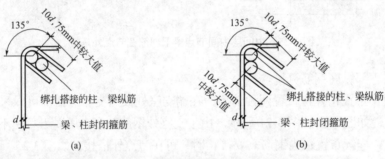

图 3-28 抗震框架梁箍筋配筋构造

抗震框架梁箍筋的布置范围如图 3-29 所示，两端部为加密区，抗震等级为一级，加密区长度 $\geqslant 2h_b$ 且 $\geqslant 500\text{mm}$；抗震等级为二~四级时，加密区长度 $\geqslant 1.5h_b$ 且 $\geqslant 500\text{mm}$。第一根箍筋的起步距离为 50mm。

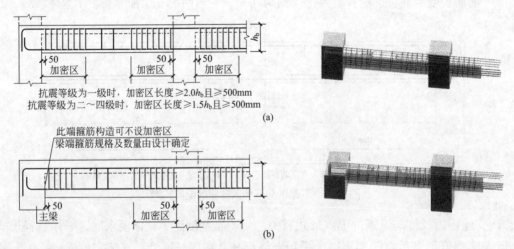

图 3-29 抗震框架梁箍筋加密区范围

② 拉筋配筋构造。

当梁宽不大于 350mm 时，拉筋直径为 6mm；梁宽大于 350mm 时，拉筋直径为 8mm。拉筋间距为非加密区箍筋间距的 2 倍。拉筋的形状如图 3-27 所示。拉筋的端部构造见图 3-30。当设有多排拉筋时，上下两排拉筋竖向错开设置，如图 3-31 所示。

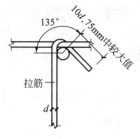
(a) 拉筋同时勾住纵筋和箍筋

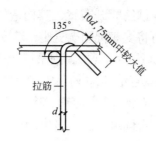
(b) 拉筋紧靠纵筋并勾住箍筋

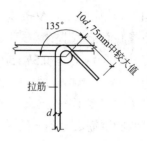
(c) 拉筋紧靠箍筋并勾住纵筋

图 3-30　拉筋端部构造示意图

（2）抗震框架梁箍筋及拉筋的钢筋算量

① 梁箍筋钢筋算量。

箍筋的长度：$L$＝单根长度 $l_i$×根数 $n_1$

单根长度：

$l_i$＝梁断面周长－保护层厚度×8+端部弯钩增加值×2

　＝（$b+h$）×2-8$c$+2×11.9$d$（或 1.9$d$+75）

每跨梁箍筋根数：

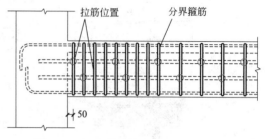
图 3-31　设有多排拉筋时的拉筋布置图

　　$n_1$＝（加密区长度-50）/加密区间距+（梁跨净长-加密区长度×2）/非加密区间距+1

计算箍筋根数时，如果出现小数，向上取整数或四舍五入取整后再进行汇总计算。

② 拉筋钢筋算量。

梁拉筋长度：$L$＝单根长度 $l_i$×根数 $n_1$

单根长度：

　　$l_i$＝梁宽－保护层厚度×2+端部弯钩增加值×2＝$b-2c$+2×11.9$d$（或 1.9$d$+75）

每跨梁根数：$n_1$＝（梁跨净长-50×2）/拉筋间距+1

### 3.3.1.7　梁内吊筋及附加箍筋

梁内吊筋和附加箍筋主要在非框架梁与框架梁相交处，是框架梁内配筋。吊筋构造如图 3-32 所示。其中，单根吊筋弯起角度与框架梁的高度有关，当梁高在 800mm 以内时，吊筋的弯起角度为 45°；当梁高在 800mm 以上时，吊筋的弯起角度为 60°。吊筋的根数由设计给出。单根吊筋的长度按下式计算：

单根吊筋的长度＝次梁宽度 $b$+50×2+20$d$×2+斜长×2

其中，斜长可以利用三角关系确定。

附加箍筋是指在非框架梁及框架梁相交处，主梁内次梁两侧附加箍筋范围内另外增加的箍筋，其箍筋值由设计人员给出，构造如图 3-33 所示。

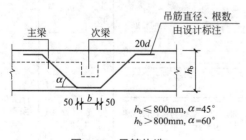
图 3-32　吊筋构造

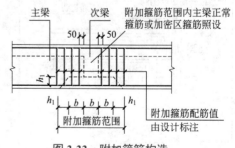
图 3-33　附加箍筋构造

### 3.3.1.8　抗震框架梁截面标高变化处配筋构造

当支座左右两边梁顶面或底面标高不一致，高差 $\Delta h$ 满足：$\Delta h/h_c$ ≤ 1/6 时，钢筋连续布置，其构造如

图 3-34（a）所示；当 $\Delta h/h_c > 1/6$ 时，钢筋断开布置，其构造如图 3-34（b）所示。顶面标高大的梁的上部纵筋或底面标高小的梁的下部纵筋可将支座视同端支座，若支座宽度能满足直锚要求，则采用直锚，直锚长度满足 $\geq l_{aE}$ 且 $\geq 0.5h_c+5d$；若不满足直锚要求，则采用弯锚，弯锚要求平直段长度 $\geq 0.4l_{abE}$，弯折长度为 $15d$。另一侧相应部位的钢筋则采用直锚伸入支座内，直锚长度满足 $\geq l_{abE}$。

当梁的宽度不一致或错开布置时，若钢筋不能直通，将该支座视同端支座，钢筋采用弯锚伸入支座内；当支座两侧钢筋数量不一致时，将支座视同端支座，多出的钢筋采用弯锚伸入支座内。弯锚要求平直段长度 $\geq 0.4l_{abE}$，弯折长度为 $15d$，其配筋构造如图 3-34（c）所示。

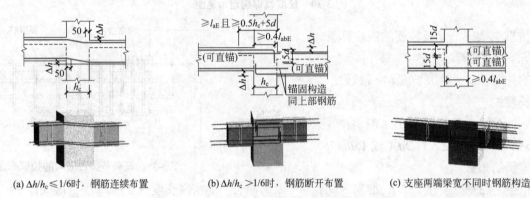

(a) $\Delta h/h_c \leq 1/6$ 时，钢筋连续布置　　(b) $\Delta h/h_c > 1/6$ 时，钢筋断开布置　　(c) 支座两端梁宽不同时钢筋构造

图 3-34　抗震框架梁中间支座特殊配筋构造

### 3.3.2　其他类型梁配筋构造

其他类型的梁包括屋面框架梁、非框架梁、悬臂梁等。

#### 3.3.2.1　屋面框架梁配筋构造

为了更直观地掌握屋面框架梁的配筋构造，可通过楼层框架梁与屋面框架梁配筋构造对比进行总结归纳，见表 3-3。

表 3-3　楼层框架梁与屋面框架梁对比

| 楼层框架梁 | | 屋面框架梁 | | 说明结论 |
|---|---|---|---|---|
| 配筋构造图 | 配筋构造 | 配筋构造图 | 配筋构造 | |
| 端支座弯锚 | 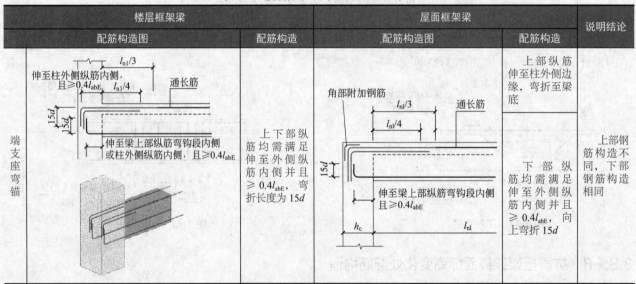 | 上下部纵筋均需满足伸入外侧纵筋内侧并且 $\geq 0.4l_{abE}$，弯折长度为 $15d$ | | 上部纵筋伸至柱外侧边缘，弯折至梁底 |
| | | | 下部纵筋均需满足伸入外侧纵筋内侧并且 $\geq 0.4l_{abE}$，向上弯折 $15d$ | 上部钢筋构造不同，下部钢筋构造相同 |

| 楼层框架梁 | | | 屋面框架梁 | | 说明结论 |
|---|---|---|---|---|---|
| | 配筋构造图 | 配筋构造 | 配筋构造图 | 配筋构造 | |
| 端支座直锚 | | 直锚时 ≥0.5$h_c$+5$d$ 且 ≥$l_{aE}$ | | 上部纵筋伸至柱外侧并弯折至梁底；下部纵筋伸至上部梁筋弯钩段内，并满足 ≥0.5$h_c$+5$d$ 且 ≥$l_{aE}$ | 上部钢筋构造不同，下部钢筋构造相同 |
| 中间支座高度变截面处 | | ①楼层框架梁在变截面处，上下部纵筋是否需要断开锚固，根据具体情况而定；②若钢筋断开锚固，则上部低位或下部低位钢筋按弯锚处理 | | 屋面框架梁上部出现变截面，上部纵筋在变截面处断开锚固；上部低位钢筋按直锚处理，上部高位钢筋则在边柱向下弯锚，弯折长度为 $l_{aE}$+高差 $\Delta h$；屋面框架梁下部出现变截面，下部变截面处钢筋构造同楼层框架梁变截面处配筋构造 | 上部钢筋构造不同，尺寸变化无论多少均要断开锚固。下部钢筋构造相同 |
| 中间支座宽度不同或钢筋数量变化时 | | 宽度不同或钢筋的数量有变化时，上部钢筋向下锚固 15$d$ | | 宽度不同或钢筋的数量有变化时，上部钢筋向下锚固 $l_{aE}$ | 上部钢筋构造不同，下部钢筋构造相同 |

### 3.3.2.2 非框架梁配筋构造

（1）非框架梁上部纵筋配筋构造

① 端支座配筋构造。

非框架梁端支座配筋构造如图3-35所示。

图3-35 非框架梁端支座配筋构造

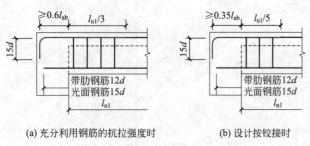

(a) 充分利用钢筋的抗拉强度时    (b) 设计按铰接时

图3-36 非框架梁端支座配筋构造

按照支座处受力情况，非框架梁支座配筋构造分为如下两种形式：

"充分利用钢筋的抗拉强度时"指支座上部非贯通钢筋按计算配置，承受支座负弯矩。如图3-36（a）所示，此时支座上部非贯通钢筋伸至主梁外侧纵筋内侧后向下弯折，直段长度 $\geqslant 0.6l_{ab}$，弯折段长度 $15d$；当伸入支座内长度 $\geqslant l_a$ 时，可不弯折。支座负筋伸出支座的长度 $l_{n1}/3$。

"设计按铰接时"指理论上支座无负弯矩，但实际上仍受到部分约束，故在支座区上部设置纵向构造钢筋。如图3-36（b）所示，此时支座上部非贯通钢筋伸至主梁外侧纵筋内侧后向下弯折，直段长度 $\geqslant 0.35l_{ab}$，弯折段长度 $15d$；当伸入支座内长度 $\geqslant l_a$ 时，可不弯折。支座负筋伸出支座的长度为 $l_{n1}/5$。

② 中间支座配筋构造。

中间支座上部钢筋连续通过，通长筋或架立筋在支座外 $l_n/3$ 处进行连接，如图3-37所示。

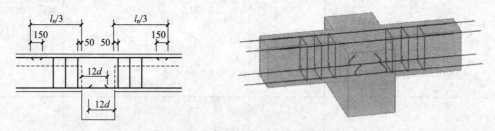

图3-37 非框架梁中间支座配筋构造

（2）非框架梁下部纵筋配筋构造

非框架梁不受扭时，下部纵向带肋钢筋伸入端支座 $12d$（若为光面钢筋，则伸入端支座 $15d$，$d$ 为下部纵向钢筋直径），如图3-35所示。实际工程中也会遇到支座宽度较小，不能满足上述要求的情况，此时可采取措施处理，见图3-38所示。

（3）非框架梁受扭时配筋构造

一般情况下，受扭的梁在侧面都配有受扭纵向钢筋，该钢筋在标注时以大写字母"N"打头。受扭的梁构造要求不同于普通梁，其受扭纵向钢筋应遵循"沿周边布置"及"受拉钢筋锚固在支座内"的原则，具体要求如下：

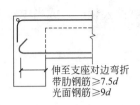 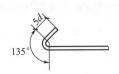 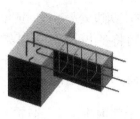

伸至支座对边弯折
带肋钢筋≥7.5d
光面钢筋≥9d

**图 3-38　非框架梁端支座下部纵筋弯锚构造**

① 梁上部纵向钢筋，按"充分利用钢筋的抗拉强度"的原则锚固在端支座内。伸至主梁外侧纵筋内侧后向下弯折，直段长度 ≥ $0.6l_{ab}$，弯折段长度 15d。当伸入支座内长度 ≥ $l_a$ 时，可不弯折。需要连接时，可在跨中 1/3 净跨范围内连接；采用搭接时，搭接长度 $l_l$，搭接长度范围内箍筋应加密。

② 梁下部纵向钢筋，伸至端支座主梁对边向上弯折，直段长度 ≥ $0.6l_{ab}$，弯折段长度 15d。当伸入支座内长度 ≥ $l_a$ 时，可不弯折，见图 3-39（a）。

③ 中间支座下部纵筋宜贯通，不能贯通时锚入支座长度 ≥ $l_a$，见图 3-39（b）。

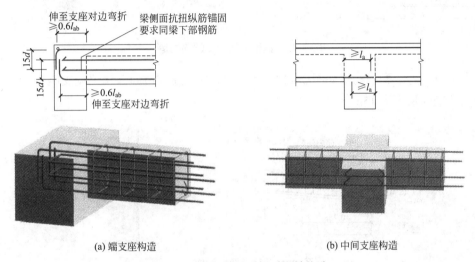

(a) 端支座构造　　　　　　　　　　　　(b) 中间支座构造

**图 3-39　非框架梁受扭时纵筋构造**

④ 梁侧面受扭纵筋沿截面周边均匀对称布置，间距不大于 200mm，其锚固形式同下部纵筋。

（4）非框架梁中间节点特殊构造

① 当上部标高不一致时，高位梁上部纵筋伸至支座边缘后弯折，弯折长度从低位梁顶面向下 $l_a$；低位梁上部纵筋直锚，锚固长度为 $l_a$，如图 3-40（a）所示。

② 当下部标高不一致时，梁下部纵筋的构造见图 3-40（a）。

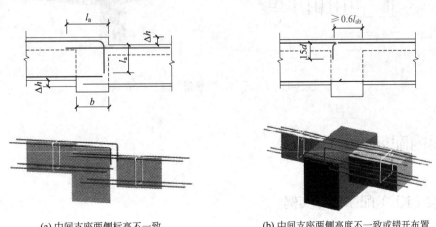

(a) 中间支座两侧标高不一致　　　　(b) 中间支座两侧高度不一致或错开布置

**图 3-40　非框架梁中间节点特殊构造**

③ 当支座两边梁宽不同时或错开布置时，将无法直锚的纵筋采用弯锚伸入梁内。或当支座两边纵筋根数不同时，可将多出的纵筋采用弯锚伸入梁内，锚固要求见图 3-40（b）。

### 3.3.2.3 悬臂梁配筋构造

悬臂梁上部钢筋为受力钢筋，一般情况下，上部钢筋不少于第一排纵筋数量的 1/2 且至少 2 根角筋伸至端部弯折 90°至梁底，弯折长度要求 ≥ 12$d$；第一排其余纵筋在端部弯折 45°至梁底，且端部有 10$d$ 的平直长度。第二排纵筋在 0.75$l$ 处向下弯折 45°至梁底，且端部有 10$d$ 的平直长度，如图 3-41 所示。

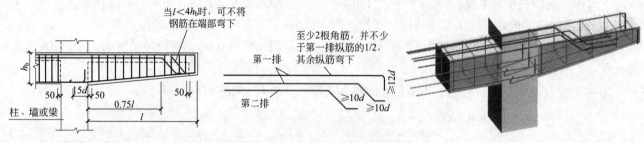

图 3-41 框架梁悬臂端配筋构造

纯悬臂梁在端支座处的配筋构造如图 3-42 所示，上部受力筋构造同框架梁端支座构造，下部纵筋为构造筋，在支座内的锚固长度为 15$d$。

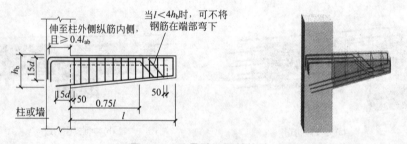

图 3-42 纯悬臂梁配筋构造

当悬臂梁的净长 $l < 4h_b$ 时，第一排钢筋可以不在端部弯折 45°，而是在梁端弯折 90°到梁底，如图 3-43 所示。

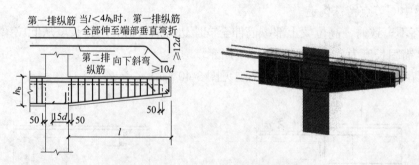

图 3-43 $l$ 小于 $4h_b$ 时悬臂梁配筋构造

# 3.4 ▶ 梁内配筋计算实例

## 3.4.1 框架梁（KL）配筋计算实例

【例 3-31】框架梁 KL1 的平法施工图见图 3-44，该构件混凝土强度等级为 C30，一级抗震结构，梁的

平法识图与钢筋算量

混凝土保护层厚度为25mm，第一跨轴线尺寸为7m，第二跨轴线尺寸为5m，第三跨轴线尺寸为6m。请计算KL1关键部位的配筋长度。

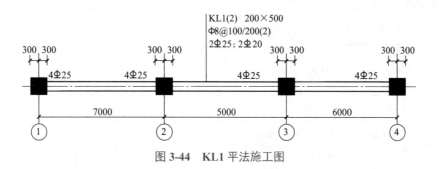

图 3-44　KL1 平法施工图

说明：本案例计算过程中，纵筋在支座内锚固的平直端长度按 $h_c-c$ 考虑。

【解】根据已知条件，框架梁 KL1 的具体配筋计算过程见表 3-4。

表 3-4　KL1 配筋计算表

| 钢筋 | 计算过程 |
| --- | --- |
| 上部通长筋<br>2⨱25 | 确定左右端支座锚固形式及锚固长度：<br>$h_{c左}-c = 600-25 = 575$（mm）$< l_{aE} = 33d = 33×25 = 825$（mm）<br>故左支座采用弯锚方式。<br>左锚固长度：max（575，330）$+15×25 = 950$（mm）<br><br>$h_{c右}-c = 900-25 = 875$（mm）$< l_{aE} = 825$（mm）<br>故右支座采用直锚方式。<br>右锚固长度：max（33d，$0.5h_c+5d$）= max（33×25，450+5×25）= 825（mm）<br><br>上部通长筋长度 = 7000+5000+6000-300-450+950+825 = 19025（mm） |
| 支座负筋 | 左端支座锚固同上部通长筋；跨内延伸长度为 $l_n/3$。<br>$l_n$：端支座为该跨净跨值，中间支座为支座两边较大的净跨值 |
| ①轴支座负筋 2⨱25 | 支座 1 负筋长度 = 600-25+15d+（7000-600）/3 = 575+15×25+6400/3 = 3083（mm） |
| ②轴支座负筋 2⨱25 | 计算公式：两端延伸长度 $+h_c$<br>支座 2 负筋长度 = 2×（7000-600）/3+600 = 4867（mm） |
| ③轴支座负筋 2⨱25 | 计算公式 = 两端延伸长度 $+h_c$<br>支座 3 负筋长度 = 2×（6000-750）/3+600 = 4100（mm） |
| ④轴支座负筋 2⨱25 | 右端支座锚固同上部通长筋；跨内延伸长度为 $l_n/3$。<br>支座 4 负筋长度 = max（33d，300+5d）+（6000-750）/3 = 825+1750 = 2575（mm） |
| 下部通长筋<br>2⨱20 | 判断两端支座锚固方式：左端支座 $h_c-c = 575 < l_{aE}$，因此左端支座内弯锚；右端支座 $h_c-c = 875 < l_{aE}$，因此右端支座内直锚。<br><br>下部通长筋长度 = 7000+5000+6000-300-450+（600-25+15d）+max（33d，450+5d）<br>= 18000-750+（575+15×20）+max（33×20，450+5×20）<br>= 18785（mm） |
| 箍筋长度 | 双肢箍长度 =（b+h）×2-8c+2×（1.9d+10d）<br>箍筋长度 =（200+500）×2-8×25+2×11.9×8 = 1390（mm）<br>注：此处双肢箍长度计算，未按箍筋中心线考虑长度计算。若按箍筋中心线长度计算，双肢箍长度 =（b-2c-d）×2+（h-2c-d）×2+（1.9d+10d）×2 |
| 各跨箍筋根数 | 箍筋加密区长度 = 2×500 = 1000（mm）　注：一级抗震箍筋加密区为 2 倍梁高 |
|  | 第一跨 = 21+21 = 42（根）<br>加密区根数 = 2×［（1000-50）/100+1］= 21（根）<br>非加密区根数 =（7000-600-2000）/200-1 = 21（根） |

| 钢筋 | 计算过程 |
|---|---|
| 各跨箍筋根数 | 第二跨＝21+11＝32（根）<br>加密区根数＝2×[（1000-50）/100+1]＝21（根）<br>非加密区根数＝（5000-600-2000）/200-1＝11（根） |
| | 第三跨＝21+16＝37（根）<br>加密区根数＝2×[（1000-50）/100+1]＝21（根）<br>非加密区根数＝（6000-750-2000）/200-1＝16（根） |
| 箍筋总数 | 总根数＝42+32+37＝111（根） |
| 拉筋<br>$\Phi$6@400 | 梁宽 $b$＝200mm，非加密区间距为200mm，则拉筋配筋情况如下：<br>单根长度：$l$＝$b-2c+2$（1.9$d$+75）＝200-2×25+2×（1.9×6+75）＝323（mm）<br>根　数＝[（7000-25×2-50×2）/400+1]+[（5000-25×2-50×2）/400+1]+[（6000-25×2-50×2）/400+1]＝18+13+15＝46（根） |

## 3.4.2　屋面框架梁（WKL）配筋计算实例

【例3-32】屋面框架梁构件混凝土强度等级C30，一级抗震结构，梁的混凝土保护层厚度为20mm；支座尺寸如图3-45所示。请计算该屋面框架梁的配筋。

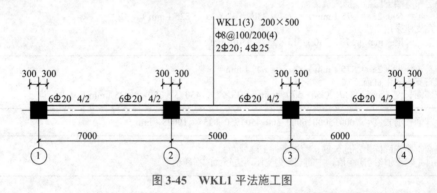

图3-45　WKL1平法施工图

说明：在本案例中，采用"梁包柱"的锚固方式。

【解】根据已知条件，屋面框架梁WKL1的具体配筋计算过程见表3-5。

表3-5　WKL1关键部位钢筋长度计算

| 钢筋 | 计算过程 |
|---|---|
| 上部通长筋<br>2$\Phi$20 | 按梁包柱锚固方式，两端均伸至端部下弯 1.7$l_{abE}$ |
| | 上部通长筋长度＝7000+5000+6000+300+450-40+2×1.7$l_{abE}$＝7000+5000+6000+300+450-40+2×1.7×33×20＝20954（mm） |
| ①轴支座负筋<br>上排2$\Phi$20<br>下排2$\Phi$20 | 左端支座锚固同上部通长筋。跨内延伸长度：上排 $l_{n1}$/3，下排 $l_{n1}$/4。$l_{n1}$：端支座为该跨净跨值，中间支座为支座两边较大的净跨值 |
| | 上排支座负筋长度＝1.7$l_{abE}$+（7000-600）/3+600-20＝1.7×33×20+（7000-600）/3+600-20＝3835（mm）<br>下排支座负筋长度＝1.7$l_{abE}$+（7000-600）/4+600-20＝1.7×33×20+（7000-600）/4+600-20＝3302（mm） |
| ②轴支座负筋<br>上排2$\Phi$20<br>下排2$\Phi$20 | 计算公式：两端延伸长度 +$h_c$ |
| | 上排支座负筋长度＝2×（7000-600）/3+600＝4867（mm）<br>上排支座负筋长度＝2×（7000-600）/4+600＝4867（mm） |
| ③轴支座负筋<br>上排2$\Phi$20<br>下排2$\Phi$20 | 计算公式：两端延伸长度 +$h_c$ |
| | 上排支座负筋长度＝2×（6000-750）/3+600＝4100（mm）<br>上排支座负筋长度＝2×（6000-750）/4+600＝3225（mm） |
| ④轴支座负筋<br>上排2$\Phi$20<br>下排2$\Phi$20 | 右端支座锚固同上部通长筋；跨内延伸长度：上排 $l_{n1}$/3，下排 $l_{n1}$/4 |
| | 上排支座负筋长度＝1.7$l_{abE}$+（6000-750）/3+900-20＝1.7×33×20+（6000-750）/3+900-20＝3752（mm）<br>下排支座负筋长度＝1.7$l_{abE}$+（6000-750）/4+900-20＝1.7×33×20+（6000-750）/4+900-20＝3315（mm） |

| 钢筋 | 计算过程 |
|---|---|
| 下部通长筋<br>4 Φ 25 | 左端支座弯锚：伸至对边弯折15$d$；右端支座直锚：max（$l_{aE}$，0.5$h_c$+5$d$） |
| | 下部通长筋长度 = 7000+5000+6000-300-450+（600-20）+15$d$+max（34$d$，450+5$d$）<br>= 7000+5000+6000-300-450+（600-20）+15×25+max（34×25，450+5×25）= 19055（mm） |
| 箍筋长度<br>（4肢箍） | 双肢箍长度 =（$b$-2$c$-$d$）×2+（$h$-2$c$-$d$）×2+2×（1.9$d$+10$d$）<br>注：此处双肢箍长度按箍筋中心线长度计算 |
| | 外大箍筋长度 =（200-2×20-8）×2+（500-2×20-8）×2+2×11.9×8 = 1398（mm）<br>里小箍筋长度 = 2×{［200-40-16-25）/3+25+8］+（500-50-8）}+2×11.9×8 = 1240（mm） |
| 各跨箍筋根数 | 箍筋加密区长度 = 2×500 = 1000（mm）　注：一级抗震箍筋加密区为2倍梁高 |
| | 第一跨 = 21+21 = 42（根）<br>加密区根数 = 2×［（1000-50）/100+1］= 21（根）<br>非加密区根数 =（7000-600-2000）/200-1 = 21（根） |
| | 第二跨 = 21+11 = 32（根）<br>加密区根数 = 2×［（1000-50）/100+1］= 21（根）<br>非加密区根数 =（5000-600-2000）/200-1 = 11（根） |
| | 第三跨 = 21+16 = 37（根）<br>加密区根数 = 2×［（1000-50）/100+1］= 21（根）<br>非加密区根数 =（6000-750-2000）/200-1 = 16（根） |
| 箍筋总数 | 总根数 = 42+32+37 = 111（根） |
| 拉筋<br>Φ 6@400 | 梁宽 $b$ = 200mm，非加密区间距为200mm，则拉筋配筋情况如下：<br>单根长度：$l$ = $b$-2$c$+2（1.9$d$+75）= 200-2×25+2×（1.9×6+75）= 323（mm）<br>根数 =［（7000-25×2-50×2）/400+1］+［（5000-25×2-50×2）/400+1］+［（6000-25×2-50×2）/400+1］= 18+13+15 = 46(根) |

## 3.4.3　非框架梁（L）配筋计算实例

【例3-33】非框架梁构件混凝土强度等级为C30，一级抗震结构，其平法施工图见图3-46；梁的混凝土保护层厚度为20mm；箍筋起步距离50mm。请计算非框架梁配筋。

【解】　根据已知条件，非框架梁L的具体配筋计算过程见表3-6。

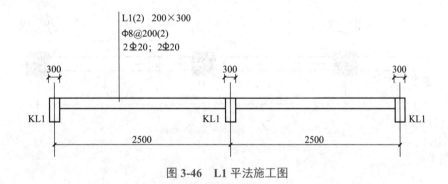

图 3-46　L1 平法施工图

表 3-6　L1 关键部位钢筋长度计算

| 钢筋 | 计算过程 |
|---|---|
| 上部钢筋<br>2 Φ 20 | 两端支座锚固，伸至主梁外边弯折15$d$ |
| | 上部通长筋长度 = 5000+300-40+2×15$d$ = 5000+300-40+2×15×20 = 5860（mm） |
| 下部钢筋<br>2 Φ 20 | 两端支座锚固：12$d$ |
| | 下部钢筋长度 = 5000-300+2×12$d$ = 5000-300+24×20 = 5180（mm） |
| 箍筋长度<br>（2肢箍） | 双肢箍长度 =（$b$-2$c$-$d$）×2+（$h$-2$c$-$d$）×2+2×（1.9$d$+10$d$）<br>注：此处双肢箍长度计算，按箍筋中心线长度计算 |
| | 箍筋长度 =（200-2×20-8）×2+（300-2×20-8）×2+2×11.9×8 = 998（mm） |

| 钢筋 | 计算过程 |
|---|---|
| | 箍筋加密区长度＝2×500＝1000（mm） 注：一级抗震箍筋加密区为2倍梁高 |
| 各跨箍筋根数 | 第一跨根数＝（2500-300-50）/200-1＝12（根） |
| | 第二跨根数＝（2500-300-50）/200-1＝12（根） |
| 箍筋总数 | 总根数＝12+12＝24（根） |

# 【能力训练题】

1. 计算图 3-47 中 KL2（3）的钢筋工程量。

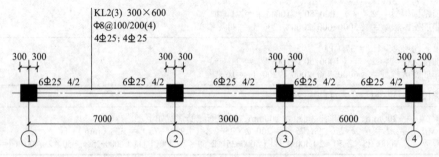

KL2(3)  300×600
Φ8@100/200(4)
4Φ25；4Φ25

300 300    300 300    300 300    300 300
6Φ25  4/2    6Φ25  4/2    6Φ25  4/2    6Φ25  4/2    6Φ25  4/2

7000    3000    6000
① ② ③ ④

图 3-47　KL2 平法施工图

2. 计算图 3-48 中 KL5（2A）的钢筋工程量。

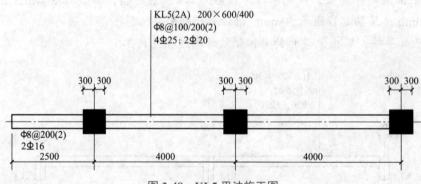

KL5(2A)  200×600/400
Φ8@100/200(2)
4Φ25；2Φ20

300 300    300 300    300 300

Φ8@200(2)
2Φ16
2500    4000    4000

图 3-48　KL5 平法施工图

# 4

# 剪力墙平法识图与钢筋算量

**教学要求**

1. 了解剪力墙概念及其构件组成；
2. 掌握剪力墙平法施工图表示方法；
3. 理解剪力墙墙身、墙柱、墙梁钢筋构造；
4. 掌握剪力墙墙身、墙柱、墙梁钢筋计算。

**重点难点**

1. 剪力墙构件的平法表达方式和钢筋构造；
2. 剪力墙钢筋算量技能。

**素质目标**

同学们，算量工作是非常细致的，需要大家有一个严谨的态度，所以在学习过程中，就要养成细心、耐心、不怕麻烦的习惯，这样在以后工作中，才能逐渐积累解决问题的能力。一名成功的造价师，除了必须具备精湛的专业能力之外，更重要的还是要有自己的职业素养，在工作当中，一定要记住自己的立场，严格遵守计算规则，按照规范进行计量计价。

## 4.1 ▶ 剪力墙基本概念

### 4.1.1 剪力墙概念

剪力墙是高层和超高层混凝土结构的重要组成构件，它属于竖向构件。剪力墙又称结构墙、抗震墙或抗风墙，是房屋或构筑物中主要承受风荷载或地震作用引起的水平荷载和竖向荷载（重力）的墙体，防止结构剪切（受剪）破坏。

## 4.1.2 剪力墙构件的组成

剪力墙不是一个独立的构件，剪力墙主要有墙身、墙柱、墙梁、洞口、地下室外墙等构件。其组成及编号见表4-1。

表 4-1　剪力墙构件类型及代号表

| 分类 | 类型 | 代号 | 序号 |
|---|---|---|---|
| 墙柱 | 约束边缘构件 | YBZ | ×× |
| | 构造边缘构件 | GBZ | ×× |
| | 非边缘暗柱 | AZ | ×× |
| | 扶壁柱 | FBZ | ×× |
| 墙身 | 墙身 | Q | ×× |
| 墙梁 | 连梁 | LL | ×× |
| | 连梁（对角暗撑配筋） | LL（JC） | ×× |
| | 连梁（交叉斜筋配筋） | LL（JX） | ×× |
| | 连梁（集中对角斜筋配筋） | LL（DX） | ×× |
| | 连梁（跨高比不小于5） | LLk | ×× |
| | 暗梁 | AL | ×× |
| | 边框梁 | BKL | ×× |
| 洞口 | 圆形洞口 | YD | ×× |
| | 矩形洞口 | JD | ×× |
| 地下室外墙 | 地下室外墙 | DWQ | ×× |

### 4.1.2.1 墙柱

（1）约束边缘构件

它包括约束边缘暗柱、约束边缘端柱、约束边缘翼墙、约束边缘转角墙四种。如图4-1所示。

（2）构造边缘构件

它包括构造边缘暗柱、构造边缘端柱、构造边缘翼墙、构造边缘转角墙四种。如图4-2所示。

①暗柱，其横截面宽度与剪力墙厚度相同，从外观看与墙面平齐，一般位于墙肢平面的端部（即边缘），按照受力状况分为约束边缘暗柱（YAZ）和构造边缘暗柱（GAZ）。

②端柱，其横截面宽度比剪力墙厚度大，从外观看凸出剪力墙面，一般位于墙肢平面的端部（即边缘），按照受力状况分为约束边缘端柱（YDZ）和构造边缘端柱（GDZ）。

③翼墙，也称翼柱，其横截面宽度与剪力墙厚度相同，从外观看与墙面平齐，一般设在纵横墙相交处，按照受力状况分为约束边缘翼墙（YYZ）和构造边缘翼墙（GYZ）。

④转角墙，也称转角柱，其横截面宽度与剪力墙厚度相同，从外观看与墙面平齐，一般设在纵横墙转角处，按照受力状况分为约束边缘转角柱（YJZ）和构造边缘转角柱（GJZ）。

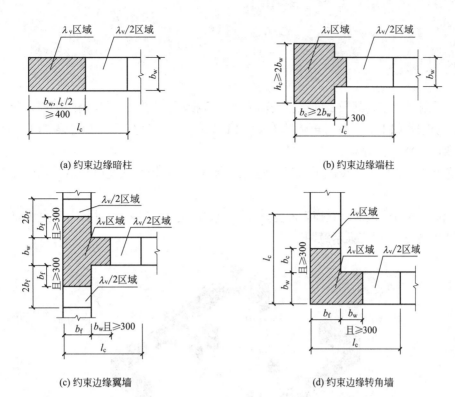

(a) 约束边缘暗柱

(b) 约束边缘端柱

(c) 约束边缘翼墙

(d) 约束边缘转角墙

图 4-1  约束边缘构件

$\lambda_v$—剪力墙约束边缘构件配箍特征值；$l_c$—剪力墙约束边缘构件沿墙肢的长度；$b_f$—剪力墙水平方向的厚度；

$b_c$—剪力墙约束边缘端柱垂直方向的长度；$b_w$—剪力墙垂直方向的厚度

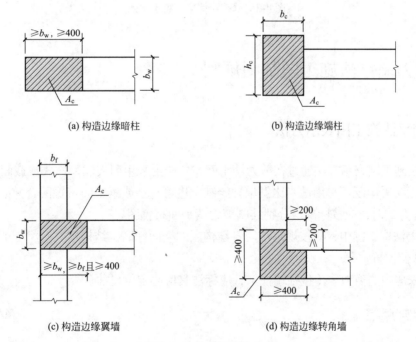

(a) 构造边缘暗柱

(b) 构造边缘端柱

(c) 构造边缘翼墙

(d) 构造边缘转角墙

图 4-2  构造边缘构件

$b_f$—剪力墙水平方向的厚度；$b_c$—剪力墙构造边缘端柱垂直方向的长度；$b_w$—剪力墙垂直方向的厚度；$A_c$—剪力墙的构造边缘构件区；

$h_c$—柱截面长边尺寸

（3）扶壁柱

其横截面宽度比剪力墙厚度大，从外观看凸出剪力墙面，一般在墙体长度较长时，按设计要求每隔一定距离设置一个。

### 4.1.2.2 墙梁

① 连梁，位于洞口上方，其横截面宽度与剪力墙厚度相同，从外观看与墙面平齐，分为无交叉暗撑连梁及无交叉钢筋的连梁（LL）、有对角暗撑连梁［LL（JC）］、有交叉斜筋连梁［LL（JX）］和有集中对角斜筋连梁［LL（DX）］等。

② 暗梁，位于剪力墙顶部（类似于砌体结构中的圈梁），其横截面宽度与剪力墙厚度相同，从外观看与墙面平齐。

③ 边框梁，位于剪力墙顶部，其横截面宽度比剪力墙厚度大，从外观看凸出剪力墙面。

图 4-3 所示为墙柱、墙梁三维示意图。

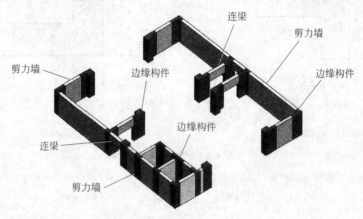

图 4-3　墙柱、墙梁三维示意图

## 4.2 ▶ 剪力墙平法施工图制图规则

### 4.2.1　剪力墙平法施工图表示方法

① 剪力墙平法施工图表示方法通过在剪力墙平面布置图上采用列表注写方式或截面注写方式表达。

② 剪力墙平面布置图既可采用适当比例单独绘制，也可与柱或梁平面布置图合并绘制。当剪力墙较复杂或采用截面注写方式时，应按标准层分别绘制剪力墙平面布置图。

③ 在剪力墙平法施工图中，应按规定注明各结构层的楼面标高、结构层高及相应的结构层号，尚应注明上部结构嵌固部位位置。

④ 对于轴线未居中的剪力墙（包括端柱），应标注其偏心定位尺寸。

### 4.2.1.1　列表注写方式

剪力墙平法施工图列表注写方式，是指分别在剪力墙柱表、剪力墙身表和剪力墙梁表中，对应于剪力墙平面布置图上的编号，用绘制截面配筋图并注写几何尺寸及配筋具体数值的方式，来表达剪力墙平法施工图。

（1）剪力墙柱表

对剪力墙柱表中（图 4-4）表达的内容规定如下：

① 注写墙柱编号（表 4-1），绘制该墙柱的截面配筋图，标注墙柱几何尺寸。

a. 约束边缘构件（图4-1）需注明阴影部分尺寸。

注：剪力墙平面布置图中应注明约束边缘构件沿墙肢长度 $l_c$（约束边缘翼墙中沿墙肢长度尺寸为 $2b_f$ 时可不注）。

b. 构造边缘构件（图4-2）需注明阴影部分尺寸。

c. 扶壁柱及非边缘暗柱需标注几何尺寸。

② 注写各段墙柱起止标高（图4-4），自墙柱根部往上以变截面位置或截面未变但配筋改变处为界分段注写。墙柱根部标高一般是指基础顶面标高（部分框支剪力墙结构则为框支梁顶面标高）。

③ 注写各段墙柱的纵向钢筋和箍筋（图4-4），注写值应与在表中绘制的截面配筋图对应一致。纵向钢筋注总配筋值，墙柱箍筋的注写方式与柱箍筋相同。

约束边缘构件除注写阴影部位的箍筋外，尚需在剪力墙平面布置图中注写非阴影区内布置的拉筋或箍筋。

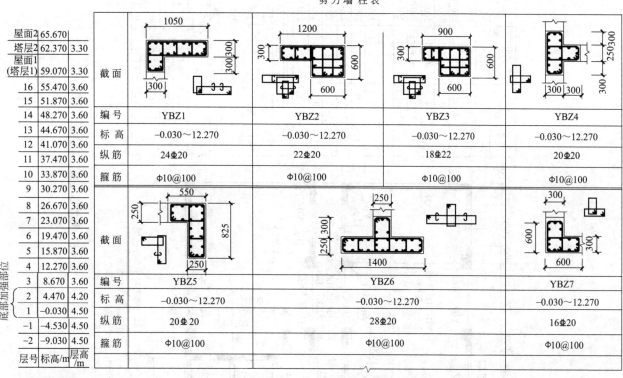

图4-4　剪力墙柱表

（2）剪力墙墙身、墙梁表

对剪力墙墙身、墙梁表中（图4-5）表达的内容规定如下：

① 注写墙身编号，由墙身类型代号（表4-1）、序号以及墙身所配置的水平与竖向分布钢筋的排数组成，其中排数注写在括号内，表达形式为：Q××（×排），当排数为2时可不注。

a. 如若干墙身的厚度尺寸和配筋均相同，仅墙厚与轴线关系不同或墙身长度不同时，也可将其编为同一墙身号，但应在平面图中注明与轴线的关系。

b. 对于分布钢筋网的排数规定：当剪力墙厚度不大于400mm时，应配置双排；当剪力墙厚度大于400mm，但应不大于700mm时，宜配置三排；当剪力墙厚度大于700mm时，宜配置四排（图4-6）。

4　剪力墙平法识图与钢筋算量

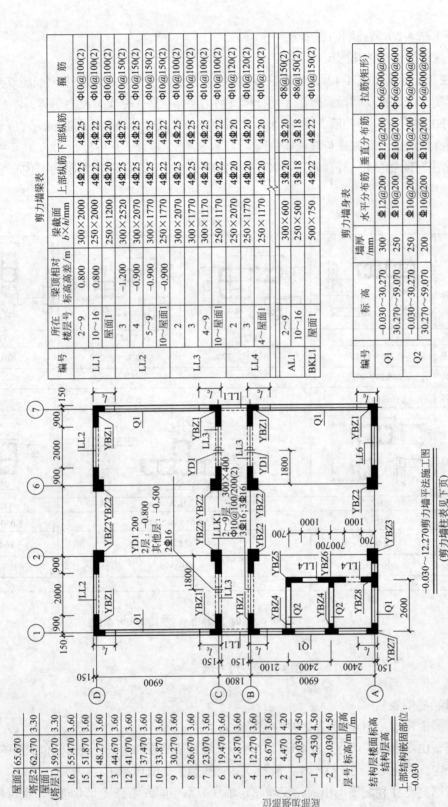

剪力墙梁表

| 编号 | 所在楼层号 | 梁顶相对标高高差/m | 梁截面 $b \times h$/mm | 上部纵筋 | 下部纵筋 | 箍筋 |
|---|---|---|---|---|---|---|
| LL1 | 2~9 | 0.800 | 300×2000 | 4Φ25 | 4Φ25 | Φ10@100(2) |
|  | 10~16 | 0.800 | 250×2000 | 4Φ22 | 4Φ22 | Φ10@100(2) |
|  | 屋面1 |  | 250×1200 | 4Φ20 | 4Φ20 | Φ10@100(2) |
| LL2 | 3 | -1.200 | 300×2520 | 4Φ25 | 4Φ25 | Φ10@150(2) |
|  | 4 | -0.900 | 300×2070 | 4Φ25 | 4Φ25 | Φ10@150(2) |
|  | 5~9 | -0.900 | 300×1770 | 4Φ25 | 4Φ25 | Φ10@150(2) |
|  | 10~屋面1 | -0.900 | 250×1770 | 4Φ22 | 4Φ22 | Φ10@100(2) |
| LL3 | 2 |  | 300×2070 | 4Φ25 | 4Φ25 | Φ10@100(2) |
|  | 3 |  | 300×1770 | 4Φ25 | 4Φ25 | Φ10@100(2) |
|  | 4~9 |  | 300×1170 | 4Φ25 | 4Φ25 | Φ10@100(2) |
|  | 10~屋面1 |  | 250×1170 | 4Φ22 | 4Φ22 | Φ10@120(2) |
| LL4 | 2 |  | 250×2070 | 4Φ20 | 4Φ20 | Φ10@120(2) |
|  | 3 |  | 250×1770 | 4Φ20 | 4Φ20 | Φ10@120(2) |
|  | 4~屋面1 |  | 250×1170 | 4Φ20 | 4Φ20 | Φ10@120(2) |
| AL1 | 2~9 |  | 300×600 | 3Φ20 | 3Φ20 | Φ8@150(2) |
|  | 10~16 |  | 250×500 | 3Φ18 | 3Φ18 | Φ8@150(2) |
| BKL1 | 屋面1 |  | 500×750 | 4Φ22 | 4Φ22 | Φ10@150(2) |

剪力墙身表

| 编号 | 标高 | 墙厚/mm | 水平分布筋 | 垂直分布筋 | 拉筋(矩形) |
|---|---|---|---|---|---|
| Q1 | -0.030~30.270 | 300 | Φ12@200 | Φ12@200 | Φ6@600@600 |
|  | 30.270~59.070 | 250 | Φ10@200 | Φ10@200 | Φ6@600@600 |
| Q2 | -0.030~30.270 | 250 | Φ10@200 | Φ10@200 | Φ6@600@600 |
|  | 30.270~59.070 | 200 | Φ10@200 | Φ10@200 | Φ6@600@600 |

-0.030~12.270剪力墙平法施工图
(剪力墙柱表见下页)

图4-5 剪力墙墙身、墙梁表

注: 1.可在"结构层楼面标高、结构层高"中增加混凝土强度等级等栏目。
2.本示例中$L_c$为约束边缘构件沿墙肢的长度(实际工程中应注明具体值)。

| 层号 | 标高/m | 层高/m |
|---|---|---|
| 屋面2 | 65.670 |  |
| 塔层2 | 62.370 | 3.30 |
| 塔层1(屋面1) | 59.070 | 3.30 |
| 16 | 55.470 | 3.60 |
| 15 | 51.870 | 3.60 |
| 14 | 48.270 | 3.60 |
| 13 | 44.670 | 3.60 |
| 12 | 41.070 | 3.60 |
| 11 | 37.470 | 3.60 |
| 10 | 33.870 | 3.60 |
| 9 | 30.270 | 3.60 |
| 8 | 26.670 | 3.60 |
| 7 | 23.070 | 3.60 |
| 6 | 19.470 | 3.60 |
| 5 | 15.870 | 3.60 |
| 4 | 12.270 | 3.60 |
| 3 | 8.670 | 3.60 |
| 2 | 4.470 | 4.20 |
| 1 | -0.030 | 4.50 |
| -1 | -4.530 | 4.50 |
| -2 | -9.030 | 4.50 |

结构层楼面标高
结构层高

上部结构嵌固部位: -0.030

平法识图与钢筋算量

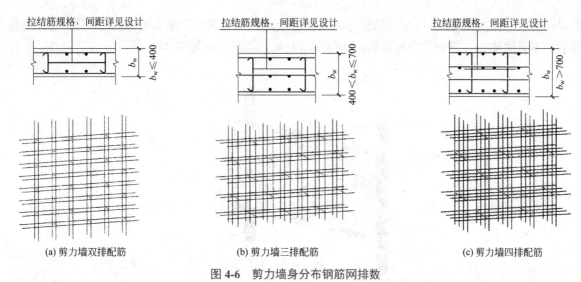

(a) 剪力墙双排配筋　　　　(b) 剪力墙三排配筋　　　　(c) 剪力墙四排配筋

图 4-6　剪力墙身分布钢筋网排数

c. 当剪力墙配置的分布筋多于两排时,剪力墙拉筋两端应同时钩住外排水平纵筋和竖向纵筋,还应与剪力墙内排水平纵筋和竖向纵筋绑扎在一起。

② 注写各段墙身起止标高,自墙身根部往上以变截面位置或截面未变但配筋改变处为界分段注写。墙身根部标高一般是指基础顶面标高(部分框支剪力墙结构则为框支梁的顶面标高)。

③ 注写水平分布钢筋、竖向分布钢筋和拉结筋的具体数值。注写数值为一排水平分布钢筋和竖向分布钢筋的规格和间距。拉结筋应注明布置方式为矩形或梅花布置,用于剪力墙分布钢筋的拉结,见图 4-7。

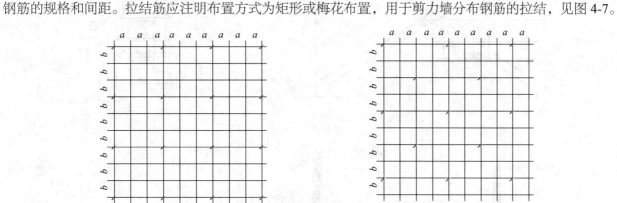

(a) 拉结筋@3a3b矩形($a \leqslant 200mm$, $b \leqslant 200mm$)　　　(b) 拉结筋@4a4b梅花($a \leqslant 150mm$, $b \leqslant 150mm$)

图 4-7　拉结筋设置示意

$a$—竖向分布钢筋间距;$b$—水平分布钢筋间距

（3）剪力墙梁表

对剪力墙梁表中（图 4-5）表达的内容规定如下:

① 注写墙梁编号,见表 4-2。

表 4-2　剪力墙构件类型及代号表

| 墙梁类型 | 代号 | 序号 |
|---|---|---|
| 连梁 | LL | ×× |
| 连梁（对角暗撑配筋） | LL（JC） | ×× |
| 连梁（交叉斜筋配筋） | LL（JX） | ×× |
| 连梁（集中对角斜筋配筋） | LL（DX） | ×× |
| 连梁（跨高比不小于5） | LLk | ×× |
| 暗梁 | AL | ×× |
| 边框梁 | BKL | ×× |

连梁三维示意图见图 4-8，连梁对角暗撑配筋构造及其三维示意图见图 4-9，连梁交叉斜筋配筋构造及其三维示意图见图 4-10，连梁集中对角斜筋配筋构造及其三维示意图见图 4-11。

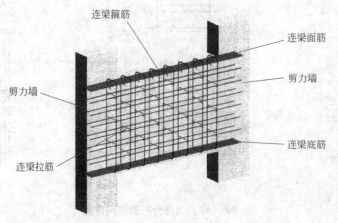

**图 4-8　连梁三维示意图**

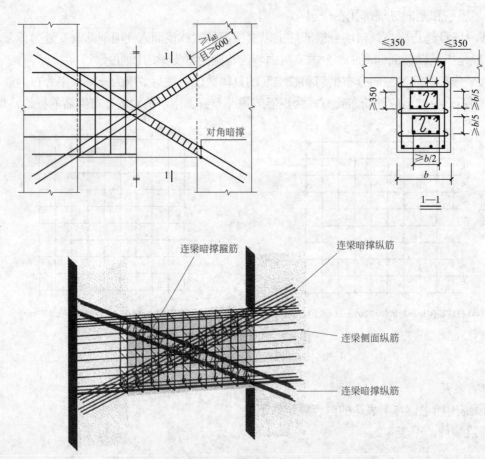

**图 4-9　连梁对角暗撑配筋构造及其三维示意图**

② 注写墙梁所在楼层号。

③ 注写墙梁顶面相对标高高差，系指相对于墙梁所在结构层楼面标高的高差值，高于者为正值，低于者为负值，无高差时不注。

④ 注写墙梁截面尺寸 $b \times h$，上部纵筋、下部纵筋和箍筋的具体数值。

⑤ 当连梁设有对角暗撑时（图 4-9），注写暗撑的截面尺寸（箍筋外皮尺寸）；注写一根暗撑的全部纵筋，并标注"×2"表明两根暗撑相互交叉；注写暗撑箍筋的具体数值。

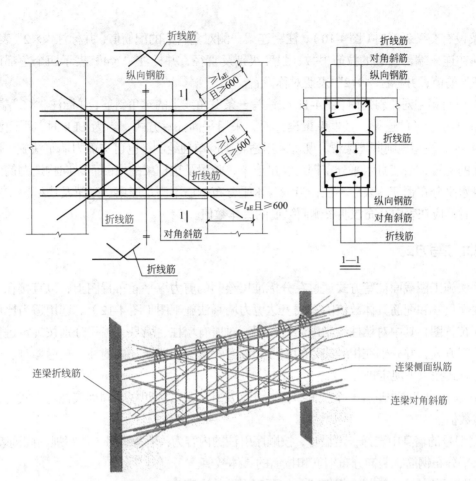

图 4-10 连梁交叉斜筋配筋构造及其三维示意图

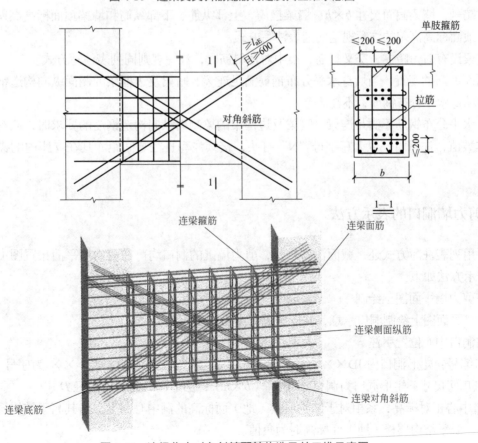

图 4-11 连梁集中对角斜筋配筋构造及其三维示意图

⑥ 当连梁设有交叉斜筋时（图4-10），注写连梁一侧对角斜筋的配筋值，并标注"×2"表明对称设置；注写对角斜筋在连梁端部设置的拉筋根数、强度级别及直径，并标注"×4"表示四个角都设置；注写连梁一侧折线筋配筋值，并标注"×2"表明对称设置。

⑦ 当连梁设有集中对角斜筋时（图4-11），注写一条对角线上的对角斜筋，并标注"×2"表明对称设置。

⑧ 跨高比不小于5的连梁，按框架梁设计时，采用平面注写方式，当为LLk时，平面注写方式以大写字母"N"打头，注写规则同框架梁，既可采用适当比例单独绘制，也可与剪力墙平法施工图合并绘制。墙梁侧面纵筋的配置，当墙身水平分布钢筋满足连梁、暗梁及边框梁的梁侧面纵向构造钢筋的要求时，该筋配置同墙身水平分布钢筋，表中不注；当墙身水平分布钢筋不满足连梁、暗梁及边框梁的梁侧面纵向构造钢筋的要求时，应在表中补充注明梁侧面纵筋的具体数值。

## 4.2.1.2 截面注写方式

剪力墙平法施工图截面注写方式通过在分标准层绘制的剪力墙平面布置图上，以直接在墙柱、墙身、墙梁上注写截面尺寸和配筋具体数值的方式表达剪力墙平法施工图（图4-12）。选用适当比例原位放大绘制剪力墙平面布置图，其中对墙柱绘制配筋截面图；对所有墙柱、墙身、墙梁分别按规定进行编号，编号原则同列表注写方式，并分别在相同编号的墙柱、墙身、墙梁中选择一根墙柱、一道墙身、一根墙梁进行注写，其注写方式按以下规定进行：

① 从相同编号的墙柱中选择一个截面，注明几何尺寸（尺寸注明规则同列表注写方式），标注全部纵筋及箍筋具体数值。

② 从相同编号的墙身中选择一道墙身，按顺序引注的内容为：墙身编号（注写规则同列表注写方式）、墙厚尺寸、水平分布钢筋、竖向分布钢筋和拉筋的具体数值。

③ 从相同编号的墙梁中选择一根墙梁，按顺序引注的内容为：

a. 墙梁编号、墙梁截面尺寸 $b×h$、墙梁箍筋、上部纵筋、下部纵筋和墙梁顶面标高高差的具体数值。其中，墙梁顶面标高高差的注写规定同列表注写方式。

b. 当连梁设有对角暗撑、交叉斜筋、集中对角斜筋时，注写规则同列表注写方式。

墙梁侧面纵筋的配置，当墙身水平分布钢筋满足连梁、暗梁及边框梁的侧面纵向构造钢筋的要求时，该筋配置同墙身水平分布钢筋，不注。

当墙身水平分布钢筋不满足连梁、暗梁及边框梁的梁侧面纵向构造钢筋的要求时，应补充注明梁侧面纵筋的具体数值，注写时，以大写字母"N"打头，接续注写直径与间距。其在支座内的锚固要求同连梁中受力钢筋。

## 4.2.2 剪力墙洞口的表示方法

无论采用列表注写方式还是截面注写方式，剪力墙上的洞口均可在剪力墙平面布置图上原位标注。洞口的具体表示方法如下：

（1）在剪力墙平面图上绘制

在剪力墙平面图上绘制洞口示意，并标注洞口中心的平面定位尺寸。

（2）在洞口中心位置引注

① 洞口编号：矩形洞口为JD××（××为序号），圆形洞口为YD××（××为序号）。

② 洞口几何尺寸：矩形洞口为洞宽×洞高（$b×h$），圆形洞口为洞口直径 $D$。

③ 洞口中心相对标高，系相对于结构层楼（地）面标高的洞中心高度。当其高于结构层楼（地）面标高时为正值，低于结构层楼（地）面标高时为负值。

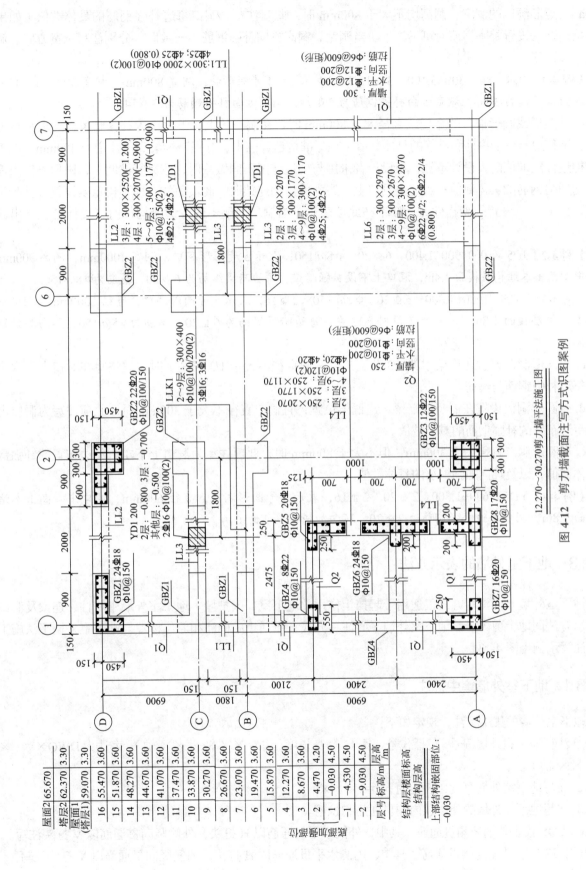

图 4-12　剪力墙截面注写方式识图案例

12.270～30.270剪力墙平法施工图

④ 洞口每边补强钢筋分以下几种情况：

a. 当矩形洞口的洞宽、洞高均不大于 800mm 时，此项注写为洞口每边补强钢筋的具体数值（如果按标准构造详图设置补强钢筋时可不注）。当洞宽、洞高方向补强钢筋不一致时，分别注写洞宽方向、洞高方向补强钢筋，以 "/" 分隔。

【例 4-1】JD4　800×300+3.100　3Φ18/3Φ14，表示 4 号矩形洞，洞宽 800mm，洞高 300mm，洞中心高出本结构层楼面 3.1m，洞宽方向补强钢筋为 3Φ18，洞高方向补强钢筋为 3Φ14。

b. 当矩形或圆形洞口的宽度或直径大于 800mm 时，在洞口的上、下需设置补强暗梁。此项注写为洞口上、下每边暗梁的纵筋和箍筋的具体数值（在标准构造详图中，补强暗梁梁高一律定为 400mm，施工按标准构造详图取值时，设计不注；当设计者采用与构造详图不同做法时，应另行注明），圆形洞口尚需注明环向加强钢筋的具体数值；当这类洞口上下边为剪力墙连梁时，此项免注，即不再重复设置补强暗梁；当洞口竖向两侧设置边缘构件时，亦不在此项表达（当洞口两侧不设置边缘构件时，设计者应给出具体做法）。

【例 4-2】JD5　1000×900+1.400　6Φ20　Φ8@150，表示 5 号矩形洞口，洞宽 1000mm，洞高 900mm，洞口中心高出本结构层楼面 1.4m，洞口上下设补强暗梁，每边暗梁纵筋为 6Φ20，箍筋为Φ8@150。

【例 4-3】YD5　1000+1.800　6Φ20　Φ8@150　2Φ16，表示 5 号圆形洞口，直径 1000mm，洞口中心高出本结构层楼面 1.8m，洞口上下设补强暗梁，每边暗梁纵筋为 6Φ20，箍筋为Φ8@150，环向加强钢筋 2Φ16。

c. 当圆形洞口设置在连梁中部 1/3 范围（且圆洞直径不大于 1/3 梁高）时，需注写在洞口上下水平设置的每边补强钢筋与箍筋。

d. 当圆形洞口设置在墙身或暗梁、边框梁位置，且洞口直径不大于 300mm 时，此项注写为洞口上下左右每边布置的补强钢筋的具体数值。

e. 当圆形洞口直径大于 300mm，但不大于 800mm 时，此项注写为洞口上下左右每边布置的补强钢筋的具体数值，以及环向加强钢筋的具体数值。

【例 4-4】YD5　600+1.800　2Φ20　2Φ16，表示 5 号圆形洞口，直径 600mm，洞口中心高出本结构层楼面 1.8m，洞口每边补强钢筋为 2Φ20，环向加强钢筋 2Φ16。

## 4.2.3　地下室外墙的表示方法

地下室外墙平面注写方式仅适用于起挡土作用的地下室外围护墙。地下室外墙中墙柱、连梁及洞口等的表示方法同地上剪力墙。地下室外墙平面注写方式，包括集中标注和原位标注。地下室外墙平法施工图平面注写示例见图 4-13。

### 4.2.3.1　地下室外墙集中标注

地下室外墙的集中标注，规定如下：

① 注写地下室外墙编号，包括代号、序号、墙身长度（注为 ××轴~××轴）；表达为 DWQ××（××轴~××轴）。

② 注写地下室外墙厚度，表达为 $b_w = ×××$。

③ 注写地下室外墙的外侧、内侧贯通筋和拉筋。

a. 以 OS 代表外墙外侧贯通筋。其中，外侧水平贯通筋以 H 打头，外侧竖向贯通筋以 V 打头注写。

b. 以 IS 代表外墙内侧贯通筋。其中，内侧水平贯通筋以 H 打头，内侧竖向贯通筋以 V 打头注写。

c. 以 tb 打头注写拉筋直径、强度等级及间距，并注明 "矩形（双向）" 或 "梅花"（图 4-7）。

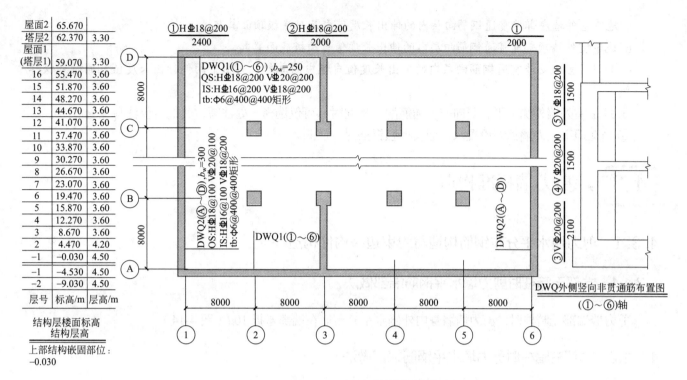

| 层号 | 标高/m | 层高/m |
|---|---|---|
| 屋面2 | 65.670 | |
| 塔层2 | 62.370 | 3.30 |
| 屋面1（塔层1） | 59.070 | 3.30 |
| 16 | 55.470 | 3.60 |
| 15 | 51.870 | 3.60 |
| 14 | 48.270 | 3.60 |
| 13 | 44.670 | 3.60 |
| 12 | 41.070 | 3.60 |
| 11 | 37.470 | 3.60 |
| 10 | 33.870 | 3.60 |
| 9 | 30.270 | 3.60 |
| 8 | 26.670 | 3.60 |
| 7 | 23.070 | 3.60 |
| 6 | 19.470 | 3.60 |
| 5 | 15.870 | 3.60 |
| 4 | 12.270 | 3.60 |
| 3 | 8.670 | 3.60 |
| 2 | 4.470 | 4.20 |
| 1 | -0.030 | 4.50 |
| -1 | -4.530 | 4.50 |
| -2 | -9.030 | 4.50 |

结构层楼面标高
结构层高

上部结构嵌固部位：
−0.030

①H⊕18@200
2400
②H⊕18@200
2000
①
2000

DWQ1(①～⑥)，$b_w$=250
QS:H⊕18@200 V⊕20@200
IS:H⊕16@200 V⊕18@200
tb:Φ6@400@400 矩形

DWQ2(Ⓐ～Ⓓ)，$b_w$=300
QS:H⊕18@100 V⊕20@100
IS:H⊕16@100 V⊕18@200
tb:Φ6@400@400矩形

DWQ1(①～⑥)

DWQ2(Ⓐ～Ⓓ)

⑤V⊕18@200 1500
④V⊕20@200 1500
③V⊕20@200 2100

DWQ外侧竖向非贯通筋布置图
(①～⑥)轴

−9.030～−4.500地下室外墙平法施工图

**图4-13　地下室外墙平法施工图平面注写示例**

**【例4-5】** 地下室外墙集中标注举例。

DWQ2（①～⑥），$b_w = 300$

OS：H⊕18@200　V⊕20@200

IS：H⊕16@200　V⊕18@200

tb：Φ6@400@400 矩形（双向）

表示2号外墙，长度范围为①～⑥轴之间，墙厚300mm；外侧水平贯通筋为⊕18@200；外侧竖向贯通筋为⊕20@200；内侧水平贯通筋为⊕16@200，内侧竖向贯通筋为⊕18@200；拉筋为Φ6，矩形布置，水平间距400mm，竖向间距400mm。

#### 4.2.3.2　地下室外墙原位标注

地下室外墙的原位标注主要表示在外墙外侧配置的水平非贯通筋或竖向非贯通筋。

① 当配置水平非贯通筋时，在地下室墙体平面图上原位标注。在地下室外墙外侧绘制粗实线段代表水平非贯通筋，在其上注写钢筋编号并以H打头注写钢筋强度等级、直径、分布间距；在其下注写自支座中线向两边跨内伸出长度值。当自支座中线向两侧对称伸出时，可仅在单侧标注跨内伸出长度，另一侧不注。此种情况下非贯通筋总长度为标注长度的2倍。边支座处非贯通钢筋的伸出长度值自支座外边缘算起。

② 地下室外墙外侧非贯通筋通常采用隔一布一的方式与集中标注的贯通筋间隔布置，其标注间距应与贯通筋相同，两者组合后的实际分布间距为各自标注间距的1/2。

③ 当在地下室外墙外侧底部、顶部、中层楼板位置配置竖向非贯通筋时，应补充绘制地下室外墙竖向剖面图并在其上原位标注。表示方法为在地下室外墙竖向剖面图外侧绘制粗实线段代表竖向非贯通筋，在其上注写钢筋编号并以V打头注写钢筋强度等级、直径、分布间距；在其下注写向上（下）层的伸出长度值，并在外墙竖向剖面图名下注明分布范围（××轴～××轴）。

注：竖向非贯通钢筋向层内的伸出长度值注写方式如下。

a. 地下室外墙底部非贯通钢筋向层内的伸出长度值自基础底板顶面算起。

b. 地下室外墙顶部非贯通钢筋向层内的伸出长度值自顶板底面算起。

c. 中间层楼板处非贯通钢筋向层内的伸出长度值自板中间算起，当上下两侧伸出长度值相同时可仅标注一侧。

④ 地下室外墙外侧水平、竖向非贯通筋配置相同时，可仅选择一处注写，其他可仅注写编号。

⑤ 当在地下室外墙顶部设置水平通长加强钢筋时应注明。

# 4.3 ▶ 剪力墙标准构造

## 4.3.1 剪力墙水平分布钢筋构造与约束边缘构件构造

### 4.3.1.1 端部无暗柱时剪力墙水平钢筋端部做法

剪力墙端部无暗柱时，剪力墙墙身内外侧水平分布筋在端部弯折 10d（图 4-14）。

### 4.3.1.2 端部有暗柱时剪力墙水平钢筋端部做法

剪力墙端部为一字形暗柱时，剪力墙墙身内外侧水平分布筋在暗柱角筋内侧弯折 10d，如图 4-15（a）；剪力墙端部为 L 形暗柱时，剪力墙墙身内外侧水平分布筋伸至尽端暗柱外侧纵筋内侧弯折 10d，如图 4-15（b）。

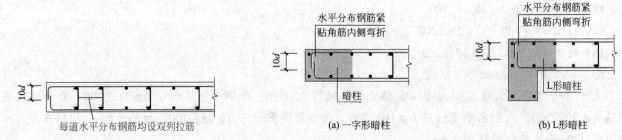

图 4-14 端部无暗柱时剪力墙水平钢筋端部构造

(a) 一字形暗柱 (b) L形暗柱

图 4-15 端部有暗柱时剪力墙水平分布钢筋端部构造

### 4.3.1.3 端部有约束边缘转角墙时剪力墙水平钢筋端部做法

水平分布钢筋在转角墙中的构造共有三种情况，如图 4-16。

图 4-16（a）：上下相邻两排水平分布筋在转角一侧交错搭接连接，搭接长度 $\geqslant 1.2l_{aE}$，搭接范围错开间距 500mm；墙外侧水平分布筋连续通过转角，在转角墙核心部位以外与另一片剪力墙的外侧水平分布筋连接；墙内侧水平分布筋伸至转角墙核心部位的外侧钢筋内侧，水平弯折 15d。

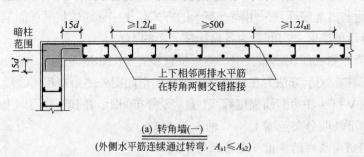

(a) 转角墙（一）

（外侧水平筋连续通过转弯，$A_{s1} \leqslant A_{s2}$）

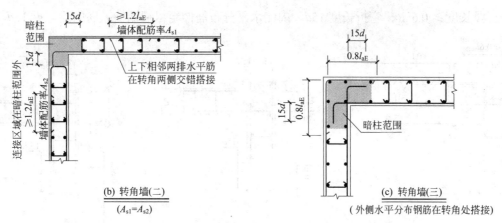

图 4-16 端部有约束边缘转角墙时剪力墙水平钢筋端部构造

图 4-16（b）：上下相邻两排水平分布筋在转角两侧交错搭接连接，搭接长度 ≥ 1.2$l_{aE}$；墙外侧水平分布筋连续通过转角，在转角墙核心部位以外与另一片剪力墙的外侧水平分布筋连接；墙内侧水平分布筋伸至转角墙核心部位的外侧钢筋内侧，水平弯折 15$d$。

图 4-16（c）：墙外侧水平分布筋在转角处搭接，搭接长度为 1.6$l_{aE}$，墙内侧水平分布筋伸至转角墙核心部位的外侧钢筋内侧，水平弯折 15$d$。

### 4.3.1.4 端部有约束边缘翼墙时剪力墙水平钢筋端部做法

① 在翼墙处，垂直相交的墙身水平筋伸至对边墙柱纵筋内侧弯折 15$d$，如图 4-17。

② 端部有不等厚翼墙时剪力墙水平钢筋端部做法。

对翼墙两侧剪力墙墙厚有变化的情况，如截面变化值与垂直相交墙厚比 ≥ 1/6 时，如图 4-18（a），翼墙两侧剪力墙内侧水平筋连续通过，不做断开处理。当变化比 < 1/6 时，如图 4-18（b），做断开处理，墙厚一层的内侧水平分布筋伸至对边弯折 15$d$，墙厚较小一侧的内侧水平分布筋自进入垂直相交的剪力墙后，插入较厚的墙内 1.2$l_{aE}$。

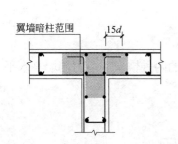

图 4-17 端部有约束边缘翼墙时剪力墙水平钢筋端部构造

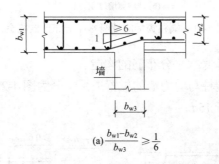 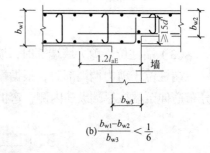

图 4-18 端部有不等厚翼墙时剪力墙水平钢筋端部构造

③ 端部有约束斜交翼墙时剪力墙水平钢筋端部做法。

斜交翼墙处，墙身水平分布筋伸至墙柱对边纵筋内侧弯折 15$d$，如图 4-19。

### 4.3.1.5 端部有端柱时剪力墙水平分布筋构造

（1）端柱转角墙时，墙身水平分布筋的构造

位于两道 L 形相交的剪力墙转角处的端柱，根据其与两道剪力墙的位置关系分为图 4-20 中的三种情况。位于与端柱边部的墙身外侧水平分布筋插

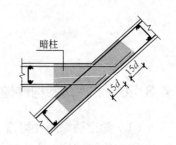

图 4-19 端部有约束斜交翼墙时剪力墙水平钢筋端部构造

入端柱内平直段长度 $\geqslant 0.6l_{abE}$，弯折长度 15$d$。内侧水平分布筋伸至尽端端柱纵筋内侧弯折 15$d$。

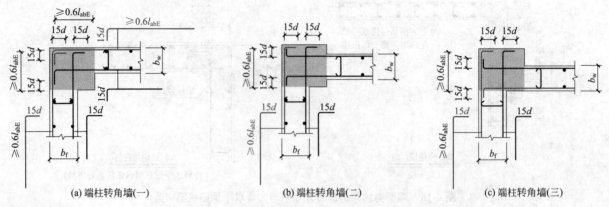

(a) 端柱转角墙(一)　　　(b) 端柱转角墙(二)　　　(c) 端柱转角墙(三)

图 4-20　端柱转角墙时，墙身水平分布筋的构造

二维码 4.1

（2）端柱翼墙时，墙身水平分布筋的构造

位于两道丁形相交的剪力墙处的端柱，根据其与两道剪力墙的位置关系分为图 4-21 中的三种情况。垂直相交的剪力墙水平分布筋伸至尽端端柱纵筋内侧弯折 15$d$。另一方向的墙身水平分布筋可贯通通过端柱，也可分别锚固于端柱内，直锚长度 $\geqslant l_{aE}$。

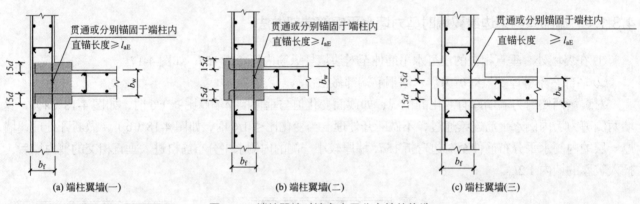

(a) 端柱翼墙(一)　　　(b) 端柱翼墙(二)　　　(c) 端柱翼墙(三)

图 4-21　端柱翼墙时墙身水平分布筋的构造

（3）端柱位于剪力墙端部时，墙身水平分布筋的构造

端柱位于剪力墙端部时，根据端柱与剪力墙的位置关系，分为图 4-22 中的两种情况。剪力墙墙身水平分布筋伸至端柱尽端纵筋内侧，弯折 15$d$。

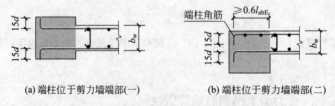

(a) 端柱位于剪力墙端部(一)　　　(b) 端柱位于剪力墙端部(二)

图 4-22　端柱位于剪力墙端部时墙身水平分布筋的构造

### 4.3.1.6　约束边缘构件构造

（1）约束边缘暗柱构造

约束边缘暗柱非阴影区内有设置拉筋和箍筋两种形式（图 4-23），可根据图纸规定或施工现场实际情况选择其中一种。

平法识图与钢筋算量

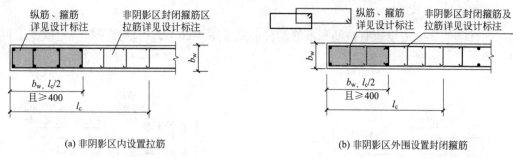

(a) 非阴影区内设置拉筋          (b) 非阴影区外围设置封闭箍筋

图 4-23　约束边缘暗柱构造

（2）约束边缘转角墙构造

约束边缘转角墙非阴影区内设置有拉筋和箍筋两种形式（图 4-24），可根据图纸规定或施工现场实际情况选择其中一种。

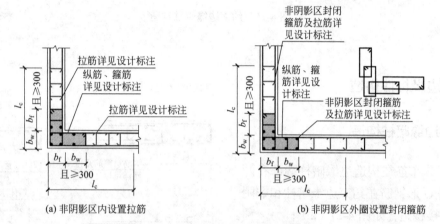

(a) 非阴影区内设置拉筋          (b) 非阴影区外圈设置封闭箍筋

图 4-24　约束边缘转角墙构造

（3）约束边缘翼墙构造

约束边缘翼墙非阴影区内设置有拉筋和箍筋两种形式（图 4-25），可根据图纸规定或施工现场实际情况选择其中一种。

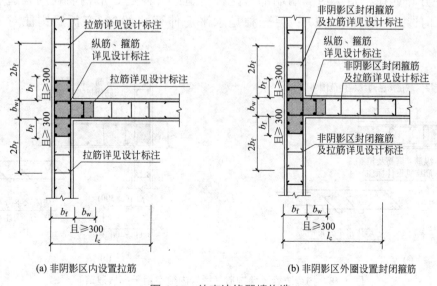

(a) 非阴影区内设置拉筋          (b) 非阴影区外圈设置封闭箍筋

图 4-25　约束边缘翼墙构造

（4）约束边缘端柱构造

约束边缘端柱非阴影区内设置有拉筋和箍筋两种形式（图4-26），可根据图纸规定或施工现场实际情况选择其中一种。

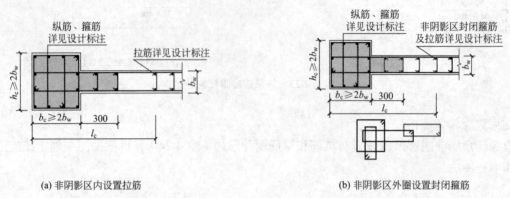

(a) 非阴影区内设置拉筋      (b) 非阴影区外圈设置封闭箍筋

图4-26 约束边缘端柱构造

## 4.3.2 构造边缘构件构造

### 4.3.2.1 构造边缘暗柱构造

剪力墙水平分布筋在构造边缘暗柱端部有两种构造：一种是U形钢筋在约束边缘暗柱和非阴影区外100%搭接构造，如图4-27（a）；另一种是水平筋伸至端部90°弯折后钩住对边竖向钢筋，如图4-27（b）。

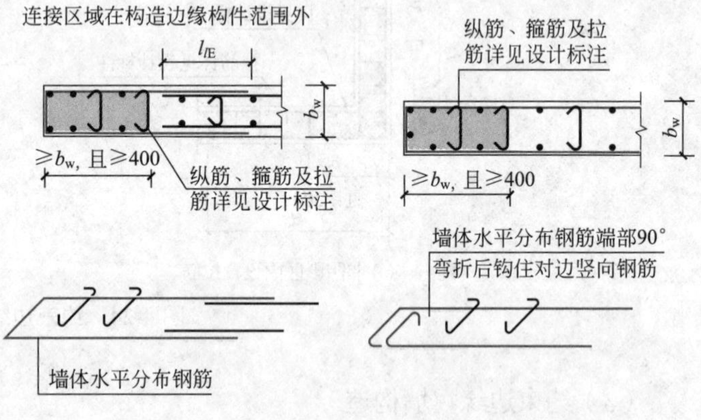

图4-27 构造边缘暗柱构造

### 4.3.2.2 构造边缘翼墙构造

剪力墙水平分布筋在构造边缘翼墙端部有两种构造：一种是U形钢筋在约束边缘暗柱和非阴影区外100%搭接构造，如图4-28（a）；另一种是水平筋伸至端部90°弯折后钩住对边竖向钢筋，如图4-28（b）。

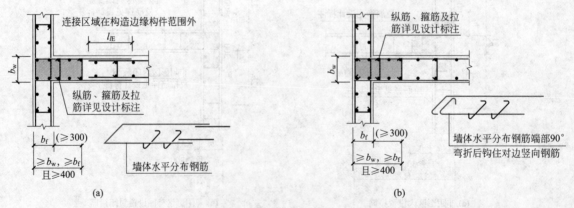

(a)      (b)

图4-28 构造边缘翼墙构造（括号内数字用于高层建筑）

### 4.3.2.3 构造边缘转角墙构造

剪力墙水平分布筋在构造边缘转角端部构造：水平筋伸至端部90°弯折后钩住对边竖向钢筋（如图4-29）。

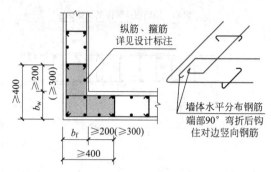

图4-29 构造边缘转角墙构造（括号内数字用于高层建筑）

### 4.3.2.4 构造边缘端柱、扶壁柱、非边缘暗柱构造

构造边缘端柱（图4-30）、扶壁柱（图4-31）、非边缘暗柱（图4-32）通常在图纸平面布置图上不说明，而是在图纸总说明或平面布置图的备注说明中以文字的形式说明。当墙长度长于某个值时，在墙内设置，易遗漏。

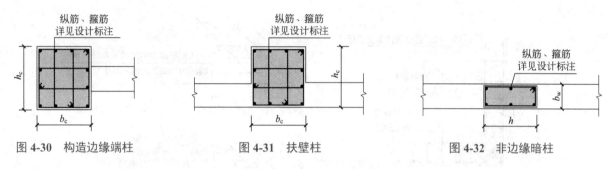

图4-30 构造边缘端柱　　　图4-31 扶壁柱　　　图4-32 非边缘暗柱

## 4.3.3 剪力墙水平分布筋计入约束边缘构件体积配箍率的构造做法

体积配箍率（$\rho_v$）指箍筋体积与相应的混凝土构件体积的比率，体现了柱端加密区箍筋对混凝土的约束作用。计算体积配箍率时，计入的墙水平分布钢筋的体积配箍率不应大于总体积配箍率的30%。

### 4.3.3.1 约束边缘暗柱

剪力墙水平分布筋在约束边缘暗柱端部有两种构造，一种是U形钢筋在约束边缘暗柱非阴影区外100%搭接构造，如图4-33（a）；另一种是水平筋伸至端部90°弯折后钩住对边竖向钢筋，如图4-33（b）。

### 4.3.3.2 约束边缘转角墙

剪力墙水平分布筋在约束边缘转角墙端部构造，水平筋伸至端部90°弯折后钩住对边竖向钢筋（图4-34）。

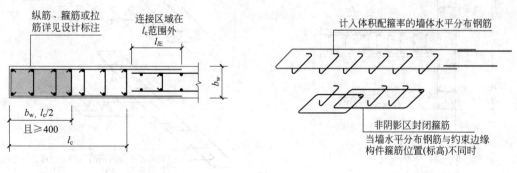

(a)

图 4-33

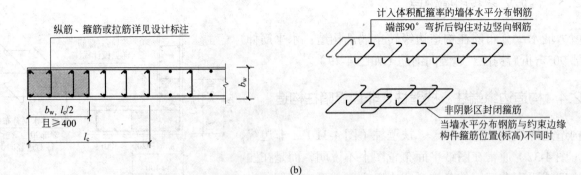

图 4-33 约束边缘暗柱构造

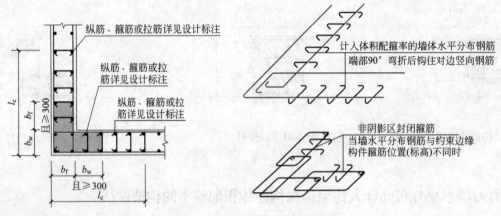

图 4-34 约束边缘转角墙构造

### 4.3.3.3 约束边缘翼墙

剪力墙水平分布筋在约束边缘翼墙端部有两种构造，一种是 U 形钢筋在约束边缘翼墙非阴影区外 100% 搭接构造，如图 4-35（a）；另一种是水平筋伸至端部 90°弯折后钩住对边竖向钢筋，如图 4-35（b）。

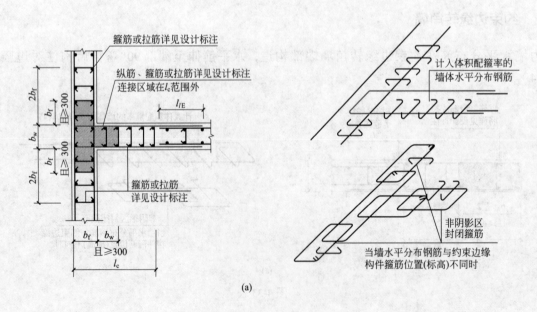

(a)

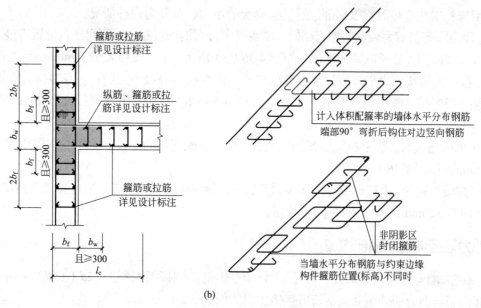

图 4-35 约束边缘翼墙构造

## 4.3.4 剪力墙竖向钢筋构造

### 4.3.4.1 剪力墙墙身竖向钢筋连接构造

剪力墙竖向分布钢筋通常采用绑扎搭接、机械连接、焊接连接三种形式，如图 4-36 所示。

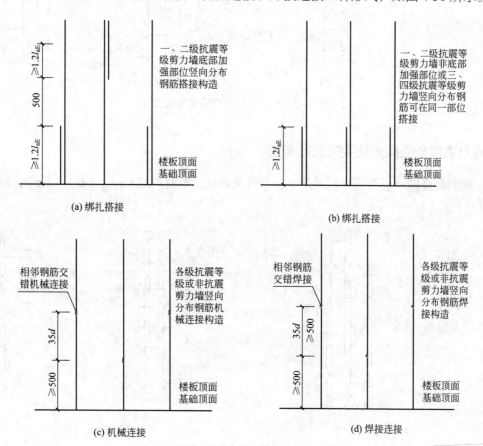

图 4-36 剪力墙墙身竖向分布钢筋连接构造

① 当采用绑扎搭接连接时，根据部位及抗震等级的不同，可分为两种情况。

a. 一、二级抗震等级剪力墙底部加强部位：墙身竖向分布钢筋可在楼层层间任意位置搭接连接，搭接长度不小于 $1.2l_{aE}$，搭接接头错开距离 500mm，如图 4-36（a）所示。钢筋直径大于 28mm 时不宜采用搭接连接。

b. 一、二级抗震等级剪力墙非底部加强部位或三、四级抗震等级剪力墙：墙身竖向分布钢筋可在楼层层间同一位置搭接连接，搭接长度不小于 $1.2l_{aE}$，如图 4-36（b）所示。钢筋直径大于 28mm 时不宜采用搭接连接。

② 当采用机械连接时，纵筋机械连接接头错开 $35d$；机械连接的连接点距离结构层顶面（基础顶面）或底面 ≥ 500mm，如图 4-36（c）所示。

③ 当采用焊接连接时，纵筋焊接连接接头错开 $35d$ 且 ≥ 500mm；焊接连接的连接点距离结构层顶面（基础顶面）或底面 ≥ 500mm，如图 4-36（d）所示。

### 4.3.4.2 剪力墙竖向钢筋顶部构造

① 当一侧剪力墙有楼板时，如图 4-37（a），墙柱钢筋均向楼板内弯折 $12d$（$15d$）（括号内数值是考虑屋面板上部钢筋与剪力墙外侧竖向钢筋搭接传力时的做法）。

② 当剪力墙两侧均有楼板时，如图 4-37（b），竖向钢筋可分别向两侧楼板内弯折 $12d$。

③ 当剪力墙竖向钢筋在边框梁中锚固时，如梁高能满足墙身竖向钢筋直锚时，深入边框梁内一个 $l_{aE}$，如图 4-37（c）；当边框梁不满足直锚时，伸至边框梁顶部弯折 $12d$，如图 4-37（d）。

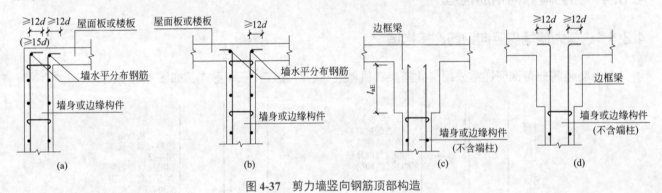

图 4-37 剪力墙竖向钢筋顶部构造

### 4.3.4.3 剪力墙墙身变截面处竖向钢筋构造

剪力墙变截面处竖向钢筋有两种构造形式：非贯通连接，如图 4-38（a）、（b）、（c）；斜锚贯通连接，如图 4-38（d）。

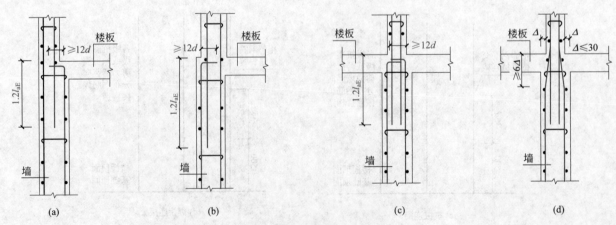

图 4-38 剪力墙变截面处竖向钢筋构造

① 当采用纵筋非贯通连接时，下层墙柱纵筋伸至变截面处向内弯折 $12d$，至对面竖向钢筋处截断，上层纵筋垂直锚入下柱 $1.2l_{aE}$。

② 当采用斜弯贯通连接时，墙柱纵筋不切断，而是以 1/6 钢筋斜率的方式弯曲伸到上一楼层。

#### 4.3.4.4　剪力墙竖向分布钢筋锚入连梁构造

连梁上部起剪力墙时，剪力墙竖向分布钢筋在连梁内生根，自楼板顶面算起下插长度为 $l_{aE}$（图 4-39）。

#### 4.3.4.5　剪力墙上起边缘构件纵筋构造

剪力墙上部起墙柱时，墙柱竖向钢筋在剪力墙内生根，自楼板顶面算起下插 $1.2l_{aE}$（图 4-40）。

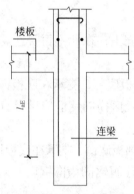

图 4-39　剪力墙竖向分布钢筋锚入连梁构造

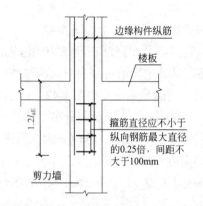

图 4-40　剪力墙上起边缘构件纵筋构造

#### 4.3.4.6　剪力墙墙身竖向钢筋在基础中的构造

剪力墙墙身竖向分布钢筋在基础中共有三种构造。

（1）保护层厚度＞ $5d$（图 4-41）

墙身两侧竖向分布钢筋在基础中构造可分为下列两种情况：

① 基础高度满足直锚，如图 4-41（a）：墙身竖向分布钢筋"隔二下一"伸至基础板底部，支承在底板钢筋网片上，也可支承在筏形基础的中间层钢筋网片上，弯折 $6d$ 且 $\geqslant 150$mm；墙身横向分布钢筋在柱内设置间距 $\leqslant 500$mm，且不小于两道水平分布钢筋与拉结筋。

② 基础高度不满足直锚，如图 4-41（b）：墙身竖向分布钢筋伸至基础板底部，支承在底板钢筋网片上，且锚固垂直段 $\geqslant 0.6l_{abE}$，且 $\geqslant 20d$，弯折 $15d$；墙身横向分布钢筋在柱内设置间距 $\leqslant 500$mm，且不小于两道水平分布钢筋与拉结筋。

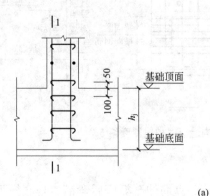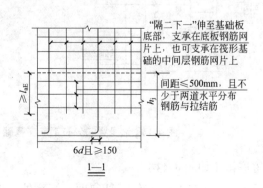

(a)

图 4-41

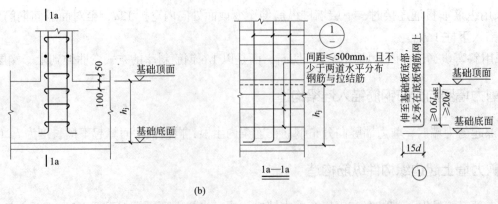

图 4-41 墙身竖向分布钢筋在基础中构造（保护层厚度 > 5d）

（2）保护层厚度≤ 5d（如图 4-42）

墙身内侧竖向分布钢筋在基础中构造见图 4-41 中 1—1 剖面，情况同上，在此不再赘述。墙身外侧竖向分布钢筋在基础中构造可分为下列两种情况：

① 基础高度满足直锚，如图 4-42（a）：墙身竖向分布钢筋伸至基础板底部，支承在底板钢筋网片上，弯折 6d 且 ≥ 150mm；墙身竖向分布钢筋在柱内设置锚固横向钢筋，锚固区横向钢筋应满足直径 ≥ d/4（d 为纵筋最大直径），间距 ≤ 10d（d 为纵筋最小直径）且 ≤ 100mm 的要求。

② 基础高度不满足直锚，如图 4-42（b）：墙身竖向分布钢筋伸至基础板底部，支承在底板钢筋网片上，且锚固垂直段 ≥ 0.6l_{abE}，且 ≥ 20d，弯折 15d；墙身竖向分布钢筋在柱内设置锚固横向钢筋，锚固区横向钢筋要求同上。

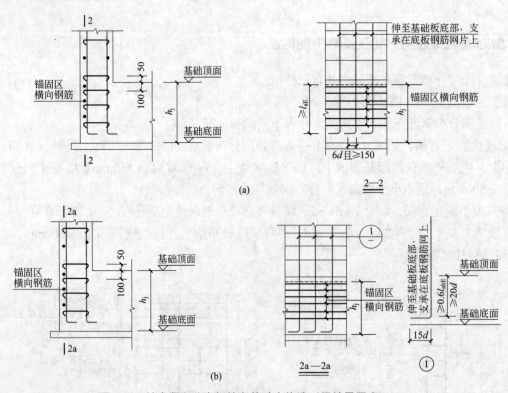

图 4-42 墙身竖向分布钢筋在基础中构造（保护层厚度≤ 5d）

（3）搭接连接（如图 4-43）

基础底板下部钢筋弯折段应伸至基础顶面标高处，墙外侧纵筋伸至板底后弯锚、与底板下部纵筋搭接 "l_{lE}"，且弯钩水平段 ≥ 15d；墙身竖向分布钢筋在基础内设置间距 ≤ 500mm 且不少于两道水平分布钢筋

平法识图与钢筋算量

与拉结筋。墙内侧纵筋在基础中的构造同上。

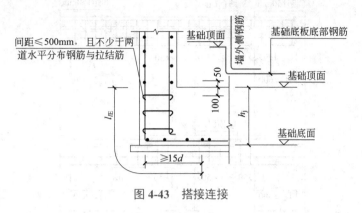

图 4-43 搭接连接

## 4.3.5 连梁、暗梁和边框梁配筋构造

### 4.3.5.1 连梁纵筋及箍筋构造

连梁以暗柱或端柱为支座，连梁主筋锚固起点应从暗柱或端柱的边缘算起。

（1）连梁纵筋锚入暗柱或端柱的锚固方式和锚固长度

① 小墙垛处洞口连梁，如图 4-44（a）：当小墙垛处洞口连梁的纵向钢筋在端支座（暗柱或端柱）的直锚长度 ≥ $l_{aE}$ 时，可不必向上（下）弯锚，连梁纵筋在中间支座的直锚长度为 $l_{aE}$ 且 ≥ 600mm；当暗柱或端柱的长度小于钢筋的锚固长度时，连梁纵筋伸至暗柱或端柱外侧纵筋的内侧弯钩 15$d$。

② 单洞口连梁，如图 4-44（b）：连梁纵筋在洞口两端支座的直锚长度为 $l_{aE}$ 且 ≥ 600mm。

③ 双洞口连梁，如图 4-44（c）：连梁纵筋在双洞口两端支座的直锚长度为 $l_{aE}$ 且 ≥ 600mm，洞口之间连梁通长设置。

（2）连梁箍筋的设置

① 楼层连梁的箍筋仅在洞口范围内布置。第一个箍筋在距支座边缘 50mm 处设置。

② 墙顶连梁的箍筋在全梁范围内布置。洞口范围内的第一个箍筋在距支座边缘 50mm 处设置；支座范围内的第一个箍筋在距支座边缘 100mm 处设置。

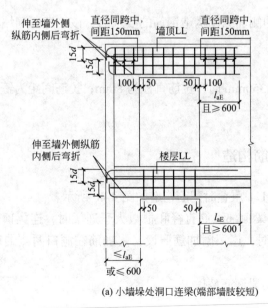

(a) 小墙垛处洞口连梁(端部墙肢较短)

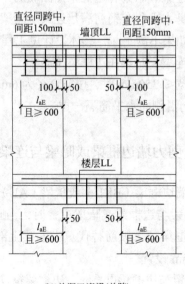

(b) 单洞口连梁(单跨)

图 4-44

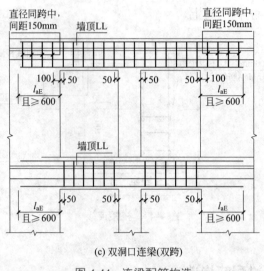

(c) 双洞口连梁(双跨)

图 4-44 连梁配筋构造

### 4.3.5.2 连梁、暗梁和边框梁侧面纵筋和拉筋构造

连梁、暗梁和边框梁侧面纵筋和拉筋构造见图 4-45。

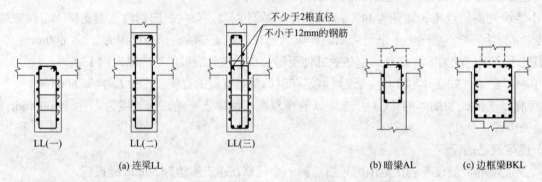

图 4-45 连梁、暗梁和边框梁侧面纵筋和拉筋构造

（1）连梁、暗梁和边框梁侧面纵筋

当墙身水平分布钢筋满足连梁、暗梁及边框梁的侧面纵向构造钢筋的要求时，该筋配置同墙身水平分布钢筋；如果不满足时，具体设计见工程设计。

（2）连梁、暗梁和边框梁拉筋

当梁宽≤350mm 时，拉筋直径为 6mm；梁宽>350mm 时，拉筋直径为 8mm；拉筋间距为箍筋间距的 2 倍，竖向沿侧面水平筋隔一拉一。

## 4.3.6 剪力墙边框梁或暗梁与连梁重叠时配筋构造

剪力墙边框梁（BKL）或暗梁（AL）与连梁（LL）重叠时配筋构造如图 4-46 所示。

① 连梁与边框梁或暗梁重叠时，当暗梁或边框梁顶部纵筋直径和根数大于连梁时，连梁顶部纵筋用暗梁或边框梁顶部纵筋替代。当连梁上部有附加筋时，连梁附加筋照设，附加筋在洞口两侧的锚固按 $l_{aE}$ 且≥600mm 设置。

② 连梁与边框梁重叠时，边框梁箍筋内箍可用连梁箍筋替代。

③ 边框梁和连梁的底部纵筋照设。

④ 边框梁端部顶部纵筋和底部纵筋构造同屋面框架梁构造。

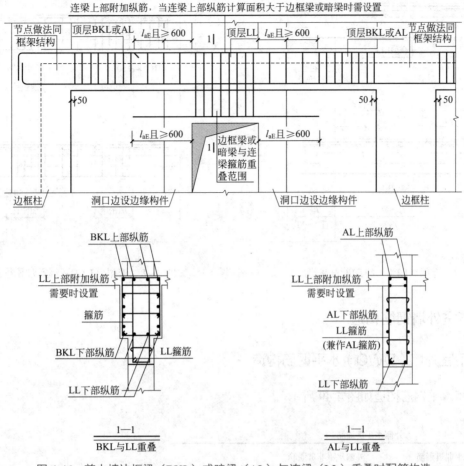

图 4-46　剪力墙边框梁（**BKL**）或暗梁（**AL**）与连梁（**LL**）重叠时配筋构造

## 4.3.7　剪力墙连梁纵向钢筋、箍筋加密区构造

### 4.3.7.1　连梁（LLk）纵向配筋构造

跨高比不小于 5 的连梁按框架梁设计时，它的代号为 LLk（图 4-47）。

① 梁上部通长钢筋与非贯通钢筋直径相同时，连接位置宜位于跨中 $l_n/3$ 范围内；梁下部钢筋连接位置宜位于支座 $l_n/3$ 范围内；且在同一连接区内。钢筋接头面积百分率不宜大于 50%。

② 连梁（LLk）侧面构造钢筋做法同连梁。

### 4.3.7.2　连梁（LLk）箍筋加密区构造

连梁（LLk）箍筋加密区构造如图 4-48 所示。

① 楼层框连梁的箍筋在洞口内起步距离为 50mm，在洞口内的加密区长度为：一级抗震时，加密区长度 ≥ 2 倍梁高且 ≥ 500mm；其他抗震等级时，加密区长度 1.5 倍梁高且 ≥ 500mm。在洞口两侧的锚固区内不设置箍筋。

② 顶层框连梁的箍筋在洞口范围内构造同楼层框连梁。其在洞口两侧锚固区内设置箍筋，箍筋级别和直径同洞口范围内箍筋，间距为 150mm，起步间距为 100mm。

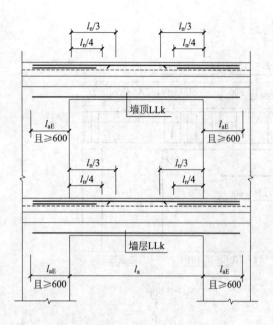

图 4-47 连梁（LLk）纵向配筋构造

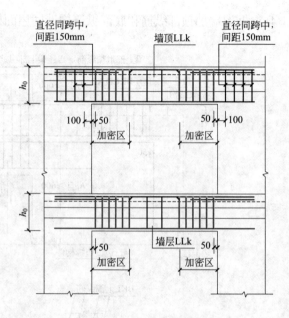

图 4-48 连梁（LLk）箍筋加密区构造

## 4.3.8 地下室外墙钢筋构造

### 4.3.8.1 地下室外墙（DWQ）水平钢筋构造

地下室外墙水平钢筋构造如图 4-49 所示。

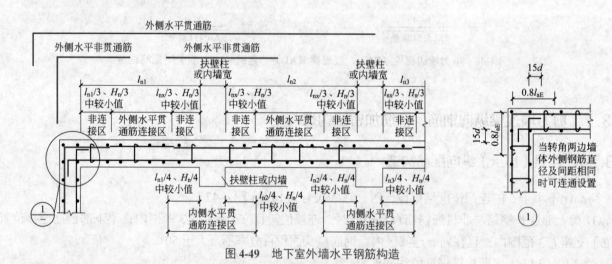

图 4-49 地下室外墙水平钢筋构造

① $l_{nx}$ 为相邻水平跨的较大净跨值，$H_n$ 为本层净高。
② 地下室外墙水平钢筋在竖向钢筋内侧，与楼层剪力墙不同。
③ 地下室外墙外侧水平筋在转角处可采用 100% 搭接方式，搭接弯折水平段长度为 $0.8l_{aE}$。
④ 地下室外墙内侧水平筋在转角处弯折水平段长度为 $15d$。
⑤ 地下室外墙外侧水平非贯通纵筋伸入跨内的长度由设计给出。

### 4.3.8.2 地下室外墙（DWQ）竖向钢筋构造

地下室外墙竖向钢筋构造如图 4-50 所示。

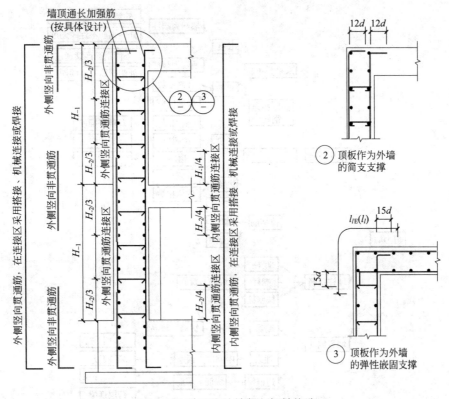

图 4-50  地下室外墙竖向钢筋构造

注:1. $H_x$ 为 $H_1$ 和 $H_2$ 的较大值,$H_n$ 为本层净高。

2. 外墙和顶板的连接节点做法②、③的选用由设计人员在图纸中注明。

① 地下室墙体钢筋分为外侧竖向钢筋、内侧竖向钢筋、外侧水平钢筋、内侧水平钢筋、拉筋。外侧竖向钢筋又分为外侧竖向贯通纵筋和外侧竖向非贯通纵筋两种。外侧水平钢筋分为外侧水平贯通纵筋和外侧水平非贯通纵筋两种。

② 外侧竖向贯通纵筋在基础内的锚固见 16G101—3 第 64 页,如设计人员在图纸中给出具体做法详图时,应以图纸详图做法为准。

③ 外侧竖向非贯通纵筋在基础内的锚固与外侧竖向贯通纵筋相同。

④ 外侧非贯通纵筋伸入跨内长度具体由设计给出规定。

⑤ 竖向贯通纵筋在施工条件允许的情况下,可采用一次到顶的方式。

# 4.4 ▶ 剪力墙钢筋计算实例

## 4.4.1  剪力墙钢筋计算影响因素和剪力墙钢筋骨架组成

### 4.4.1.1  剪力墙钢筋计算影响因素

影响剪力墙钢筋计算的因素包括抗震等级、混凝土强度等级、钢筋直径、钢筋级别、搭接形式、保护层厚度、基础形式、中间层和顶层构造、墙柱和墙梁对墙身钢筋的影响等。

### 4.4.1.2  剪力墙钢筋骨架组成

剪力墙钢筋骨架组成如图 4-51 所示。

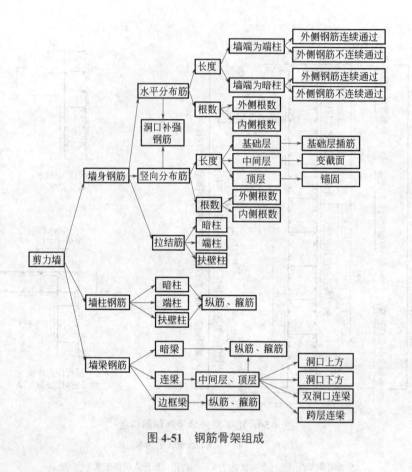

图 4-51　钢筋骨架组成

## 4.4.2　剪力墙墙柱钢筋计算

### 4.4.2.1　剪力墙墙柱需要计算的钢筋

剪力墙墙柱需要计算的钢筋包括：墙柱纵筋（基础插筋、中间层纵筋、变截面纵筋、顶层纵筋）、墙柱箍筋以及墙柱拉筋。

（1）基础层剪力墙插筋计算

① 基础层插筋长度计算。剪力墙暗柱插筋是剪力墙暗柱钢筋与基础梁或基础板的锚固钢筋，包括垂直长度和锚固长度两部分。剪力墙暗柱基础插筋采用绑扎连接时，钢筋构造如图 4-52 所示，暗柱基础插筋长度同剪力墙墙身钢筋。

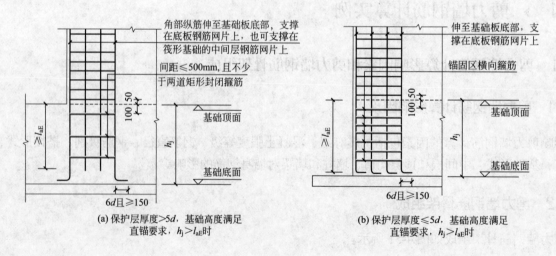

(a) 保护层厚度>5d，基础高度满足<br>直锚要求，$h_j > l_{aE}$时

(b) 保护层厚度≤5d，基础高度满足<br>直锚要求，$h_j > l_{aE}$时

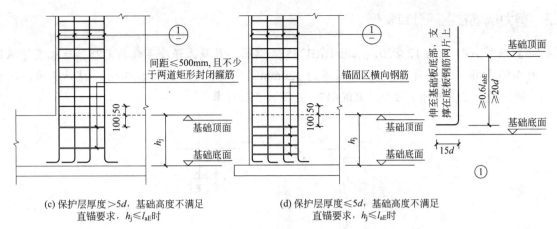

（c）保护层厚度＞5d，基础高度不满足
直锚要求，$h_j \leqslant l_{aE}$ 时
（d）保护层厚度≤5d，基础高度不满足
直锚要求，$h_j \leqslant l_{aE}$ 时

图 4-52　剪力墙暗柱基础插筋构造图

基础层暗柱插筋长度＝弯折长度（a）＋锚固竖直长度＋搭接长度（$1.2l_{aE}$）

当采用机械连接时，钢筋搭接长度不计，暗柱基础插筋长度为：

基础层暗柱插筋长度＝弯折长度（a）＋锚固竖直长度＋钢筋出基础长度（500mm）

② 插筋根数计算。每个基础层剪力墙插筋根数可以从图纸上面数出，总根数为：暗柱数量 × 每根暗柱插筋的根数。

（2）中间层剪力墙暗柱纵筋

① 纵筋长度计算：

绑扎连接的中间层墙柱纵筋长度＝层高＋伸入上层的搭接长度－层高＋搭接长度（$1.2l_{aE}$）

机械连接的中间层墙柱纵筋长度＝中间层层高

② 中间层暗柱纵筋根数计算同基础层插筋根数计算。

（3）顶层剪力墙暗柱纵筋

① 纵筋长度计算：

顶层墙柱纵筋长度＝层顶净高－板厚＋顶层锚固长度

如果是端柱，顶层锚固要区分边柱、中柱、角柱，要区分外侧钢筋和内侧钢筋。因为端柱可以看做是框架柱，所以其锚固也和框架柱相同。

② 顶层暗柱纵筋根数计算同基础层插筋根数计算。

（4）暗柱箍筋的根数计算

当暗柱侧面保护层≤ 5d 时，箍筋间距为 min（10d，100）；当侧面保护层＞ 5d 时，间距≤ 500mm。

（5）基础层箍筋根数计算

① 当侧面保护层≤ 5d 时：

$$基础层箍筋根数 = \max\left[2, \frac{h_j - 150 - 100}{\min(10d,100)}（向上取整）+1\right]$$

② 当侧面保护层＞ 5d 时：

$$基础层箍筋根数 = \max\left[2, \frac{h_j - 150 - 100}{500}（向上取整）+1\right]$$

（6）中间层箍筋根数计算

中间层箍筋根数＝中间层上部非搭接范围箍筋根数＋中间层搭接范围箍筋根数

（7）顶层箍筋根数计算

顶层箍筋根数＝顶层上部非搭接范围箍筋根数＋顶层搭接范围箍筋根数

#### 4.4.2.2 剪力墙墙柱钢筋计算实例

【例4-6】顶层AZ1纵筋12Φ20，采用HRB335级钢筋，混凝土强度等级为C25，非抗震等级钢筋。其构造如图4-53所示。层高为3000mm，板厚为120mm，下层非连接区为500mm。试计算顶层墙柱纵筋工程量。[钢筋每米重量（kg）按公式0.00617×直径×直径计算]

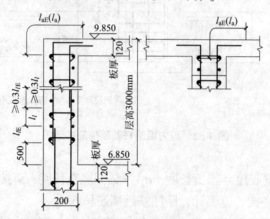

图4-53 构造图

【解】顶层净高＝层高－下层非连接区＝3000-500＝2500（mm）

根据"采用HRB335级钢筋，混凝土强度等级为C25，非抗震等级钢筋"可得出：

$$顶层锚固长度＝34d＝34×20＝680（mm）$$

$$顶层墙柱纵筋长度＝顶层净高－板厚＋顶层锚固长度＝2.5-0.12+0.68＝3.06（m）$$

$$钢筋重量＝每根长度×根数×钢筋米重＝3.06×12×0.00617×20×20＝90.62kg＝0.091（t）$$

### 4.4.3 剪力墙墙身钢筋计算

#### 4.4.3.1 剪力墙墙身需要计算的钢筋

剪力墙墙身需要计算的钢筋包括：墙身竖向钢筋（基础插筋、中间层竖向钢筋、顶层竖向钢筋）、墙身水平钢筋（基础层水平钢筋、中间层水平钢筋、顶层水平钢筋）。

#### 4.4.3.2 剪力墙墙身竖向钢筋计算

（1）剪力墙基础层插筋计算

①剪力墙插筋长度计算：

剪力墙基础层插筋长度＝弯折长度＋锚固竖直长度＋搭接长度（$1.2l_{aE}$）或非连接区500mm

当采用机械连接时，钢筋搭接长度不计，剪力墙基础插筋长度为：

基础层剪力墙插筋长度＝弯折长度＋锚固竖直长度＋钢筋伸出基础长度（500mm）

②剪力墙插筋根数计算：

剪力墙插筋根数＝[（墙净长-2×竖向分布筋起步距离）/插筋间距+1]×排数

（2）剪力墙中间层竖向钢筋计算

①剪力墙墙身无洞口时：

中间层竖向钢筋＝层高＋搭接长度（$1.2l_{aE}$）

②剪力墙墙身有洞口时，墙身竖向钢筋在洞口上下两边截断，分别横向弯折15d。

竖向钢筋长度＝该层内钢筋净长＋弯折长度（15d）＋搭接长度（$1.2l_{aE}$）

③钢筋根数同基础层插筋根数的计算。

（3）剪力墙顶层竖向钢筋计算

$$顶层竖向钢筋=层高-板厚+锚固长度（12d）$$

钢筋根数同基础层插筋根数的计算。

### 4.4.3.3 剪力墙墙身水平钢筋计算

（1）剪力墙基础层水平钢筋计算

① 墙端为暗柱时：

a. 外侧钢筋连续通过：

$$外侧钢筋长度=墙长-保护层厚度（c）\times 2$$
$$内侧钢筋=墙长-保护层厚度（c）+10d\times 2（弯折）$$

b. 外侧钢筋不连续通过：

$$外侧钢筋长度=墙净长-保护层\times 2+0.5l_{lE}$$
$$内侧钢筋长度=墙长-保护层厚度（c）+15d\times 2（弯折）$$

② 墙端为端柱时，剪力墙墙身水平钢筋在端柱中弯锚 $15d$，当墙体水平筋伸入端柱长度大于或等于 $l_{aE}$（$l_a$）时，不必上下弯折。

a. 当为端柱转角墙时：

$$外侧钢筋长度=墙净长+端柱长-保护层厚度（c）+15d$$
$$内侧钢筋=墙净长+端柱长-保护层厚度（c）+15d$$

b. 当为端柱翼墙或端柱端部墙时：

$$外侧钢筋长度=墙净长-端柱长-保护层厚度（c）+15d$$
$$内侧钢筋长度=墙净长+端柱长-保护层厚度（c）+15d$$

③ 剪力墙基础层水平筋的根数：

$$基础层水平钢筋根数=层高/间距+1$$

部分设计图纸明确表示基础层剪力墙水平筋的根数时，也可以根据图纸实际根数计算。

（2）剪力墙中间层水平筋计算

当剪力墙墙身无洞口时，中间层剪力墙墙身水平钢筋设置同基础层，钢筋长度计算同基础层。当剪力墙墙身有洞口时，墙身水平筋在洞口左右两边截断，分别向下弯折 $15d$。

$$洞口水平钢筋长度=该层内钢筋净长+弯折长度（15d）$$

（3）剪力墙顶层水平筋计算

顶层剪力墙水平筋设置同中间层剪力墙，钢筋长度计算同中间层。

### 4.4.3.4 剪力墙墙身钢筋计算实例

【例4-7】某高校教学楼的剪力墙，其构造示意图如图4-54所示，抗震等级为三级，混凝土强度等级为C30，保护层厚度15mm，各层板厚均为120mm，基础保护层厚度为40mm。剪力墙身表见表4-3，试计算该剪力墙水平分布钢筋与竖向分布钢筋工程量。

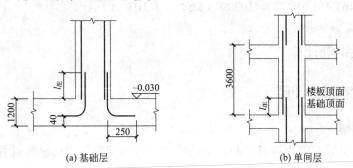

图 4-54

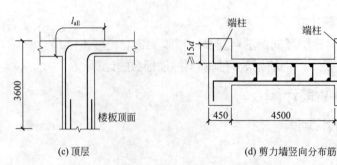

(c) 顶层　　　　　　　　　　(d) 剪力墙竖向分布筋

图 4-54　剪力墙构造示意图

表 4-3　剪力墙身表

| 编号 | 标高 /m | 墙厚 /mm | 水平分布筋 | 竖向分布筋 | 拉筋 |
|---|---|---|---|---|---|
| Q1（2 排） | -0.030 ～ 10.770 | 250 | Φ 10@200 | Φ 10@200 | Φ 6@200 |

【解】Φ6 钢筋单位理论质量为 0.222kg/m，Φ10 钢筋单位理论质量为 0.617kg/m。

① 竖向分布筋Φ10@200：

基础部分：单筋长度 = 250+（1200-40）+1.2×25×10+5×10 = 1760（mm）

钢筋根数 = 2×［（4500-2×50）/200+1］= 46（根）

钢筋长度小计：1.76×46 = 80.96（m）

一层：单筋长度 = 3600+5×10×2 = 3700（mm）

钢筋根数（同上）= 46（根）

钢筋长度小计：3.7×46 = 170.2（m）

二层：同第一层 = 170.2（m）

三层：单筋长度 = 3600-120+1.2×32×10 = 3864（mm）

钢筋根数（同上）= 46（根）

钢筋长度小计：3.864×46 = 177.744（m）

竖向分布筋长度合计：80.96+170.2×2+177.744 = 599.104（m）

② 水平分布筋Φ10@200：

单筋长度 =（450-15）×2+4500+15×10×2 = 5670（mm）

钢筋根数：基础层 = 2（根）

第一层根数 = 2×［（3600/200）+1］= 38（根）

第二层根数=第三层根数 = 38（根）

水平分布筋长度合计：5.67×（2+38+38+38）= 657.72（m）

③ 钢筋工程量计算：

Φ10 钢筋工程量 =（599.104+657.72）×0.617 = 775.46（kg）= 0.775（t）

Φ6 钢筋工程量 = 463.401×0.222 = 102.88（kg）= 0.103（t）

## 4.4.4　剪力墙墙梁钢筋计算

### 4.4.4.1　剪力墙连梁钢筋的计算

（1）墙端部洞口连梁

墙端部洞口连梁是设置在剪力墙端部洞口上的连梁。墙端部洞口连梁纵筋计算：当端部小墙肢的长度满足直锚时，纵筋可以直锚。当端部小墙肢的长度无法满足直锚时，须将纵筋伸至小墙肢纵筋内侧再弯折，

平法识图与钢筋算量

弯折长度为 15$d$。

① 当剪力墙连梁端部小墙肢的长度满足直锚时：

连梁纵筋长度＝洞口宽度 + 左右两边锚固 max（$l_{aE}$，600mm）

② 当剪力墙连梁端部小墙肢的长度不能满足直锚时：

连梁纵筋长度＝洞口宽度 + 右边锚固 max（$l_{aE}$，600mm）+ 左支座锚固墙肢宽度 - 保护层厚度 +15$d$

③ 纵筋根数根据图纸标注根数计算。

④ 连梁箍筋计算。连梁箍筋计算同其他构件箍筋长度计算，按照外皮计算箍筋长度：

箍筋长度＝（梁宽 $b$+ 梁高 $h$-4× 保护层）×2+1.9$d$×2+max（10$d$，75mm）

中间层连梁箍筋根数＝（洞口宽 -50×2）/ 箍筋配置间距 +1

顶层连梁箍筋根数＝（洞口宽 -50×2）/ 箍筋配置间距 +1）+（左端连梁锚固直段长 -100）/150+1+

（右端连梁锚固直段长 -100）/150+1

（2）单洞口连梁

单洞口连梁纵筋计算。单洞口顶层连梁箍筋和中间层连梁纵筋在剪力墙中均采用直锚，两边各伸入墙中 max（$l_{aE}$，600mm），纵筋计算长度为：

① 连梁纵筋长度＝洞口宽度 + 左右锚固长度＝洞口宽度 +max（$l_{aE}$，600mm）×2

② 纵筋根数根据图纸标注根数计算。

③ 连梁箍筋计算。单洞口连梁箍筋计算同其他构件箍筋长度计算，按照外皮计算箍筋长度：

箍筋长度＝（梁宽 $b$+ 梁高 $h$-4× 保护层）×2+1.9$d$×2+max（10$d$，75mm）

中间层连梁箍筋根数＝（洞口宽 -50×2）/ 箍筋配置间距 +1

顶层连梁箍筋根数＝（洞口宽 -50×2）/ 箍筋配置间距 +1）+（左端连梁锚固直段长 -100）/150+1+

（右端连梁锚固直段长 -100）/150+1

（3）双洞口连梁

双洞口连梁纵筋计算。双洞口顶层连梁和中间层连梁纵筋在剪力墙中均采用直锚，两边各伸入墙中 max（$l_{aE}$，600mm）。

① 连梁纵筋长度＝两洞口宽合计 + 洞口间墙宽度 + 左右两端锚固长度 [ max（$l_{aE}$，600mm）×2 ]

② 纵筋根数根据图纸标注根数计算。

③ 连梁箍筋计算。双洞口连梁箍筋计算同其他构件箍筋长度计算，按照外皮计算箍筋长度：

箍筋长度＝（梁宽 $b$+ 梁高 $h$-4× 保护层厚度）×2+1.9$d$×2+max（10$d$，75mm）

中间层连梁箍筋根数＝（洞口宽 -50×2）/ 箍筋配置间距 +1

顶层连梁箍筋根数＝（洞口宽 -50×2）/ 箍筋配置间距 +1）+（左端连梁锚固直段长 -100）/150+1+

（右端连梁锚固直段长 -100）/150+1

（4）连梁中拉筋的计算

① 拉筋长度，以外皮计算。

拉筋同时勾住梁纵筋和梁箍筋，拉筋长度＝（$b$- 保护层厚度 ×2）+1.9$d$×2+max（10$d$，75mm）×2。

式中，$d$ 为拉筋直径，mm；$b$ 为梁宽，mm。

② 拉筋根数计算。

拉筋根数＝拉筋排数 × 每排拉筋根数

拉筋排数＝ [（连梁高 - 保护层厚度 ×2）÷ 水平筋间距 +1]（取整）×2

每排拉筋根数＝（连梁净长 -50×2）/ 连梁箍筋间距的 2 倍 +1（取整）

## 4.4.4.2 剪力墙暗梁钢筋的计算

暗梁并不是"梁"，而是在剪力墙身中的构造加劲条带，故暗梁通常设置在各层剪力墙靠近楼板底部的位置。暗梁的作用不是抗剪而是阻止剪力墙裂开，暗梁的长度是整个墙肢，暗梁与墙肢等长。所以说，暗梁不存在锚固问题，只有收边问题。

① 当暗梁与连梁相交时：

$$暗梁纵筋长度＝暗梁净跨长＋暗梁左右端部锚固长度$$

② 连梁上部附加纵筋，当连梁上部纵筋计算面积大于暗梁或边框梁时需设置。

$$连梁上部附加纵筋＝洞口净宽＋max（l_{aE}，600mm）×2$$

③ 暗梁箍筋长度计算同连梁计算方法。

④ 暗梁箍筋根数＝［暗梁净跨（洞口宽）-50×2］/箍筋间距+1

### 4.4.4.3 剪力墙墙梁钢筋计算实例

【例4-8】某剪力墙端部洞口连梁 LL5 施工图，如图4-55所示。保护层厚度为15mm，混凝土强度为 C25，抗震等级为一级，采用 HRB335 级钢筋。试计算连梁 LL5 中各种钢筋工程量。

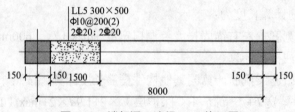

图 4-55　端部洞口连梁 LL5 施工图

【解】① 上下部纵筋工程量：

右端直锚固长度＝max（$l_{aE}$，600mm），由"混凝土强度为C25，抗震等级为一级，采用HRB335级钢筋"，可得出：

$$顶层锚固长度＝38d＝38×20＝760（mm）$$

故：

$$右端直锚固长度＝760（mm）$$

$$左端支座锚固＝300-15+15×20＝585（mm）$$

$$总长度＝净长＋右端直锚固长度＋左端支座锚固＝1500+760+585＝2845（mm）$$

$$工程量＝2.845×4×2.468＝28.09（kg）＝0.028（t）$$

② 箍筋工程量：

$$箍筋长度＝（梁宽b+梁高h-4×保护层）×2+1.9d×2+max（10d，75mm）$$

$$＝（300+500-4×15）×2+1.9×10×2+max（10×10，75）＝1618（mm）$$

$$中间层连梁箍筋根数＝（洞口宽-50×2）/箍筋配置间距+1＝（1500-50×2）/200+1＝8（根）$$

$$工程量＝1.618×8×0.617＝7.99（kg）＝0.008（t）$$

## 【能力训练题】

### 一、填空题

1. 在剪力墙结构中，剪力墙由_____、_____、_____、_____、_____构件组成。

2. 剪力墙平法施工图表示方法有_____、_____。

3. 剪力墙墙身钢筋有_____、_____、_____。

二维码 4.2

4. 剪力墙结构中，墙梁的类型有_____、_____、_____。

5. 剪力墙结构中，墙柱的构件有_____、_____、_____。

## 二、简答题

1. 剪力墙各类构件需要计算哪些钢筋？

2. 影响剪力墙钢筋计算的因素。

## 三、计算题

1. 某建筑物电梯井采用剪力墙结构，建筑抗震等级为 2 级，混凝土强度等级为 C45，剪力墙保护层为 15mm。钢筋直径不大于 18mm，钢筋接头采用绑扎连接；钢筋直径大于 18mm，钢筋接头采用焊接连接的形式。基础顶面至标高 -0.030m 层高为 3600mm，基础顶面至标高为 -0.030m 剪力墙墙身、柱平面布置如图 4-56 所示。剪力墙墙身配筋表见表 4-4，剪力墙柱配筋表见表 4-5。试计算其剪力墙钢筋工程量。

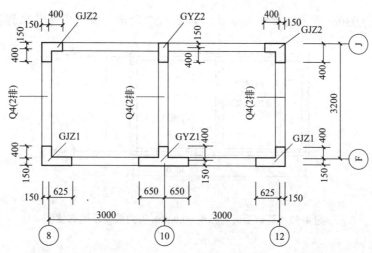

图 4-56 基础顶面至标高 -0.030m 剪力墙墙身、柱平面布置图

表 4-4 剪力墙墙身配筋表

| 墙号 | 墙厚 /mm | 排数 | 水平分布筋 | 竖向分布筋 | 拉筋（梅花） |
|---|---|---|---|---|---|
| Q4（2 排） | 250 | 2 | Φ10@200 | Φ10@200 | Φ6@400/400（竖向 / 横向） |

表 4-5 剪力墙柱配筋表

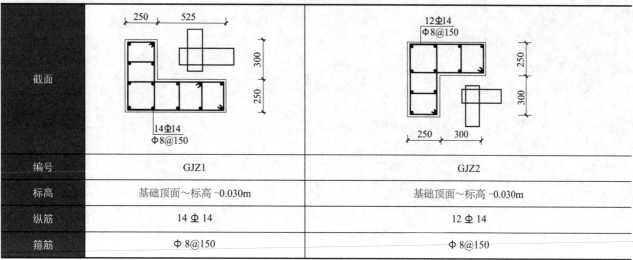

| 截面 | | |
|---|---|---|
| 编号 | GJZ1 | GJZ2 |
| 标高 | 基础顶面~标高 -0.030m | 基础顶面~标高 -0.030m |
| 纵筋 | 14 Φ 14 | 12 Φ 14 |
| 箍筋 | Φ 8@150 | Φ 8@150 |

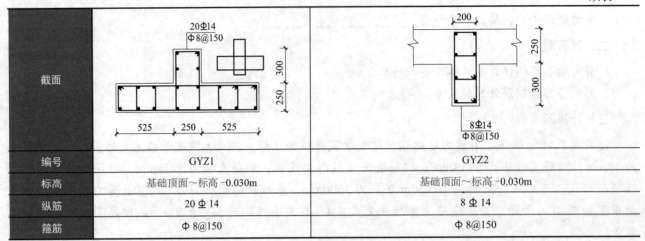

| 截面 |  | |
|---|---|---|
| 编号 | GYZ1 | GYZ2 |
| 标高 | 基础顶面～标高 -0.030m | 基础顶面～标高 -0.030m |
| 纵筋 | 20 Φ 14 | 8 Φ 14 |
| 箍筋 | Φ 8@150 | Φ 8@150 |

基础顶面至标高 -0.030m 剪力墙梁平面布置，如图 4-57 所示。剪力墙连梁配筋表见表 4-6。

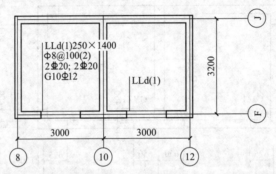

图 4-57　基础顶面至标高 -0.030m 剪力墙梁平面布置图

表 4-6　剪力墙连梁配筋表

| 编号 | 所在楼层号 | 梁顶相对标高 | 梁截面 $b \times h$/mm | 上部纵筋 | 下部纵筋 | 侧面纵筋 | 箍筋 |
|---|---|---|---|---|---|---|---|
| LLd（1） | -1 | -0.030 | 250×1400 | 2 Φ 20 | 2 Φ 20 | 10 Φ 12 | Φ 8@100（2） |

# 5

# 板平法识图与钢筋算量

**教学要求**

1. 掌握现浇楼面板和屋面板的分类、配筋构造及平法制图规则的含义;
2. 了解板配筋的基本情况;
3. 掌握板平法施工图的平面注写方式;
4. 熟悉与楼板相关的构造类型的直接引注方式及配筋标准构造等。

**重点难点**

板构件的平法表达方式和钢筋构造,板构件钢筋算量的基本知识与技能。

**素质目标**

楼板是建筑竖向空间的分隔构件,承担了本层楼面荷载。板以梁为支座,它的配筋构造较为简单,由于简单,施工人员在悬挑板的施工中,往往错把受力筋放到板底部,造成施工错误,导致悬挑板坍塌。由于施工人员的不认真审图、检查,造成此类事故多次发生,这也是提醒大家再简单的问题也要认真推敲,仔细琢磨,尤其对于建筑施工,保障工程质量是作为施工员、技术员的根本岗位职责。

**5.1** ▶ 认识钢筋混凝土板

钢筋混凝土楼板根据施工方法不同可分为现浇式、预制装配式和装配整体式三种。

①现浇钢筋混凝土楼板,它是现场经过支模板、绑扎钢筋、浇注混凝土、养护等工序而形成的(图5-1)。其优点为整体性好、刚度大,利于抗震,梁板布置灵活,适应各种不规则形状和需留孔洞的建筑;缺点是需要大量的模板材料,施工速度慢,工期长。

② 装配整体式建筑是由预制混凝土构件或部件通过钢筋、连接件或施加预应力加以连接并现场浇筑混凝土而形成整体的结构（图5-2）。它结合了现浇整体式和预制装配式两者的优点，既节省模板，降低工程费用，又可以提高工程的整体性和抗震性，在现代土木工程中得到越来越多的应用。

图5-1　现浇钢筋混凝土楼板　　　　　　　　图5-2　装配整体式钢筋混凝土楼板

③ 预制装配式建筑是指用预制构件在工地经干式连接而成的建筑。这种建筑的优点是建造速度快，受气候条件制约小，节约劳动力并可提高建筑质量。预制装配式和装配整体式的主要区别在于预制构件间的连接方式。

## 5.2 ▶ 板平法施工图制图规则

### 5.2.1 楼板及楼盖的概念及分类

楼地层包括楼板层和地坪层，是水平方向分隔房屋空间的承重构件。楼板层的结构层称为楼板，楼板将所承受的上部荷载及自重传递给墙或柱，并由墙、柱传给基础。根据使用的材料不同，楼板分为木楼板、钢筋混凝土楼板、压型钢板组合楼板等。木楼板具有自重轻、保温性能好、舒适、有弹性、节约钢材和水泥等优点，但易燃、易腐蚀、易被虫蛀、耐久性差，所以目前采用较少，只在木材产地采用较多；钢筋混凝土楼板具有强度高、防火性能好、耐久、便于工业化生产等优点，此种楼板形式多样，是我国应用最广泛的一种楼板；压型钢板组合楼板是用截面为凹凸形的压型钢板与现浇混凝土面层组合形成整体性很强的一种楼板结构，压型钢板作为面层混凝土的模板，同时是楼板的组成结构，从而增加楼板的侧向和竖向刚度，使结构的跨度加大，梁的数量减少、楼板自重减轻，施工进度加快，在国内建筑中得到广泛的应用（图5-3）。

图5-3　压型钢板组合楼板

装配式钢筋混凝土楼盖主要有铺板式、密肋式和无梁式三种，其中铺板式楼盖应用最为广泛。钢筋混凝土铺板式楼盖由单跨预制板两端支承在楼面梁或墙上而构成，常用的预制铺板有实心板、空心板、槽形板等。

注：楼盖和楼板是两个不同的概念，区别在于构件不同、受力不一样，楼板仅仅是指直接承受楼面荷载的板，而楼盖包含了楼板、次梁、主梁等构件，是这些组成部件的总称，也就是说楼板是属于楼盖的一部分构件。

现浇钢筋混凝土楼板按楼面板支承受力条件的不同分为板式楼板、梁式楼板和无梁楼板。

（1）板式楼板

楼板内不设梁，将板直接搁置在承重墙上，面荷载可直接通过楼板传给墙体，这种形式的楼板称为板式楼板。楼板根据受力特点和支承情况的不同，分为单向板和双向板。当板的长边和短边之比＞2时，板基本上沿短边方向传递荷载，这种板称为单向板；当板的长边和短边之比≤2时，荷载沿长边和短边两个方向传递，这种板称为双向板。如图5-4所示。

板式楼板板低平整、美观、施工方便，适用于墙体承重的小跨度房间，如厨房、卫生间、走廊等。

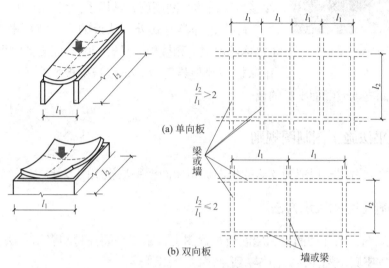

图5-4　单向板与双向板

（2）梁式楼板

当房间很大时，除板外还有次梁和主梁等构件，通常称为梁式楼板，也叫肋梁楼板。

当板为单向板时，称为单向板肋梁楼板。单向板肋梁楼板由板、次梁和主梁组成，荷载的传递路线为：板→次梁→主梁→柱（或墙）→基础→地基。次梁的间距即为板的跨度；主梁的间距又为次梁的跨度。主梁跨度一般为 5 ～ 8m，次梁跨度一般为 4 ～ 6m，板常用跨度为 1.7 ～ 2.7m，板厚不小于60mm，且不小于板跨的 1/40。

当板为双向板时，称为双向板肋梁楼板，双向板肋梁楼板常无主梁、次梁之分，由板和梁组成。其传力途径为板上荷载传至梁（墙），梁上荷载传至墙或柱，最后传至基础和地基。双向板肋梁楼板的跨度可达 12m 或更大，适用于加大跨度的公共建筑和工业建筑。当双向板肋梁楼板的板跨相同，且两个方向的梁截面也相同时，就构成了井式楼板，如图5-5所示。井式楼板适用于正方形平面和长宽之比不大于1.5的矩形平面，板的跨度在 3.5 ～ 6.0m，梁的跨度可达 20 ～ 30m，梁截面的高度不小于梁跨的 1/15，宽度为梁高的 1/4 ～ 1/2，且不少于120mm。

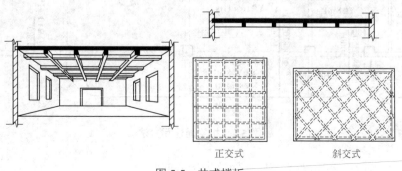

正交式　　　　　　斜交式

图5-5　井式楼板

**（3）无梁楼板**

当楼板不设梁，而将楼板直接支承在柱上时，则为无梁楼板（图5-6）。

图5-6　无梁楼板

为了改善板的受力条件，加强柱对板的支承作用，一般在柱上端设置柱帽。柱帽的形式有方形、多边形、圆形等。

无梁楼板采用的柱网通常为正方形或接近正方形，这样较为经济。常用的柱网尺寸为6m左右，板厚170～190mm。无梁楼板板底平整，有利于室内的采光和通风，视觉效果较好，且能减小楼板所占的空间高度，常用于商场、仓库、多层车库等建筑内。

除上述分类方式外，从板的力学特征来划分，可分为悬臂板（也称悬挑板）和楼板。悬臂板是一面支撑的板，挑檐板、阳台板、雨篷板等都是悬臂板。一般悬挑板均为单向板。此处所述楼板为狭义的楼板，是指两面支承或四面支承的板。

## 5.2.2　有梁楼盖平法施工图制图规则

有梁楼盖的制图规则适用于以梁为支座的楼面板与屋面板平法施工图设计。

### 5.2.2.1　有梁楼盖施工图的表示方法

有梁楼盖平法施工图，系在楼面板和屋面板布置图上，采用平面注写的表示方法。板平面注写主要包括板块集中标注和板支座原位标注，如图5-7所示。

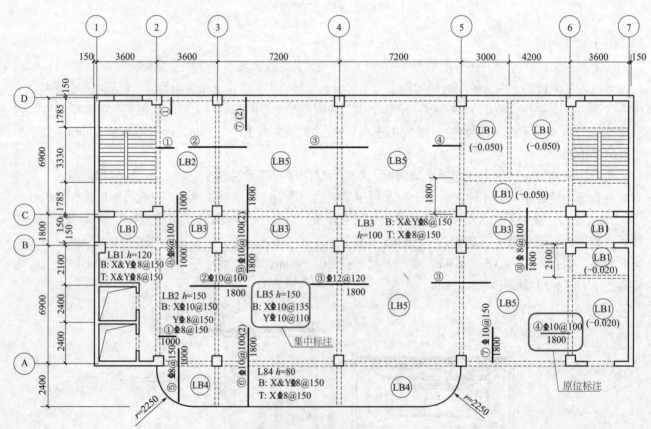

图5-7　板平面注写方法

为方便设计表达和施工识图，规定结构平面的坐标方向为：

① 当两向轴网正交布置时，图面从左至右为 X 向，从下至上为 Y 向；

② 当轴网转折时，局部坐标方向顺轴网转折角度做相应转折；

③ 当轴网向心布置时，切向为 X 向，径向为 Y 向。

此外，对于平面布置比较复杂的区域，如轴网转折交界区域、向心布置的核心区域等，其平面坐标方向应由设计者另行规定并在图上明确表示。

### 5.2.2.2　板块集中标注

板块集中标注的内容为：板块编号，板厚，上部贯通纵筋，下部纵筋，以及当板面标高不同时的标高高差。

（1）板块编号

对于普通楼面，两向均以一跨为一板块；对于密肋楼盖，两向主梁（框架梁）均以一跨为一板块（非主梁密肋不计）。所有板块应逐一编号，相同编号的板块可择其一做集中标注，其他仅注写置于圆圈内的板编号，以及当板面标高不同时的标高高差。板块按表 5-1 的规定进行编号。

表 5-1　板块编号

| 板类型 | 代号 | 序号 |
|---|---|---|
| 楼面板 | LB | ×× |
| 屋面板 | WB | ×× |
| 悬挑板 | XB | ×× |

楼面板（LB）将房屋在垂直方向分隔为若干层，并把竖向荷载及楼板自重通过墙体、梁或柱传给基础；屋面板（WB）是可直接承受屋面荷载的板；悬挑板（XB）下部没有直接的竖向支撑，靠板自身或板下面的悬挑梁来承受（传递）竖向荷载，因此板上部受拉。如图 5-8 所示。

同一编号板块的类型、板厚和纵筋均相同，但板面标高、跨度、平面形状以及板支座上部非贯通纵筋可以不同，如同一编号板块的平面形状可为矩形、多边形或其他形状。

（2）板厚

板厚注写为 $h = ×××$（垂直于板面的厚度）；当悬挑板的端部改变截面厚度时，用斜线分隔根部与端部的高度值，注写为 $h = ×××/×××$；当设计已在图注中统一注明板厚时，此项可不注。

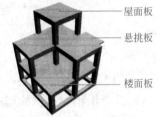

图 5-8　楼面板、屋面板、悬挑板示意图

【例 5-1】$h = 100/80$ 代表悬挑板端部厚度 80mm，根部厚度 100mm。

（3）纵筋

纵筋按板块的下部纵筋和上部贯通纵筋分别注写（当板块上部不设贯通纵筋时则不注），并以 B 代表下部纵筋，以 T 代表上部贯通纵筋，B&T 代表下部与上部；X 向纵筋以 X 打头，Y 向纵筋以 Y 打头，两向纵筋配置相同时则以 X&Y 打头。

① 当为单向板时，分布筋可不必注写，而在图中统一注明。

② 当某些板内（例如在悬挑板 XB 的下部）配置有构造钢筋，则 X 向以 Xc、Y 向以 Yc 打头注写。

【例 5-2】请给出下面板平面注写表示的意义。

XB2　$h = 150/100$

B：Xc&Yc ⊈8@200

表示 2 号悬挑板，板根部厚 150mm，端部厚 100mm，板下部配置构造钢筋双向均为 ⊈8@200（上部受力钢筋见板支座原位标注）。

③ 当 Y 向采用放射配筋时（切向为 X 向，径向为 Y 向），设计者应注明配筋间距的定位尺寸。

④ 当纵筋采用两种规格钢筋"隔一布一"方式时，表达为 Φ*xx/yy*@×××，表示直径为 *xx* 的钢筋和直径为 *yy* 的钢筋两者之间间距为×××，直径 *xx* 的钢筋间距为×××的 2 倍，直径 *yy* 的钢筋间距为×××的 2 倍。

【例 5-3】B：X&Y Φ 10/12@150，表示下部纵筋 X 向与 Y 向均为 Φ 10、Φ 12 隔一布一，Φ 10 与 Φ 12 之间的间距为 150mm，Φ 10 钢筋间距为 300mm，Φ 12 钢筋间距为 300mm。如图 5-9（a）所示。

当板的上部已配置有贯通纵筋，但需增配板支座上部非贯通纵筋时，应结合已配置的同向贯通纵筋的直径与间距采取"隔一布一"方式配置。非贯通纵筋的标注间距与贯通纵筋相同，两者组合后的实际间距为各自标注间距的 1/2。当设定贯通纵筋为纵筋总截面面积的 50% 时，两种钢筋应取相同直径；当设定贯通纵筋大于或小于总截面面积的 50% 时，两种钢筋则取不同直径，如图 5-9（b）所示。

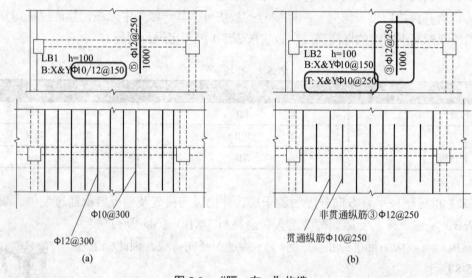

图 5-9 "隔一布一"构造

（4）板面标高高差

其系指相对于结构层楼面标高的高差，应将其注写在括号内，且有高差则注，无高差不注。正值为高于结构层楼面标高，负值为低于结构层楼面标高。

### 5.2.2.3 板支座原位标注

板支座原位标注的内容为：板支座上部非贯通纵筋和悬挑板上部受力钢筋。

（1）上部非贯通纵筋注写内容

板支座原位标注的钢筋，应在配置相同跨的第一跨表达（当在梁悬挑部位单独配置时则在原位表达）。在配置相同跨的第一跨（或梁悬挑部位），垂直于板支座（梁或墙）绘制一段适宜长度的中粗实线（当该筋通长设置在悬挑板或短跨板上部时，实线段应画至对边或贯通短跨），以该线段代表支座上部非贯通纵筋，并在线段上方注写钢筋编号（如①、②等）、配筋值、横向连续布置的跨数（注写在括号内，且当为一跨时可不注），以及是否横向布置到梁的悬挑端。例如：（××）为横向布置的跨数，（××A）为横向布置的跨数及一端的悬挑梁部位，（××B）为横向布置的跨数及两端的悬挑梁部位。

板支座上部非贯通筋自支座中线向跨内伸出长度，注写在线段的下方位置。当中间支座上部非贯通纵筋向支座两侧对称伸出时，可仅在支座一侧线段下方标注伸出长度，另一侧不注，见图 5-10；当向支座两侧非对称伸出时，应分别在支座两侧线段下方注写伸出长度，见图 5-11。

对线段画至对面贯通全跨或贯通全悬挑长度的上部通长纵筋，贯通全跨或伸出至全悬挑一侧的长度值不注，只注明非贯通筋另一侧的伸出长度值，见图 5-12。

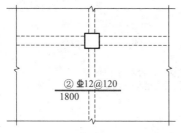

图 5-10 非贯通筋对称伸出（一）

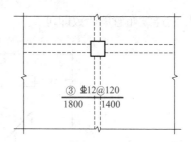

图 5-11 非贯通筋非对称伸出（二）

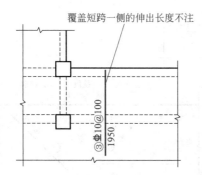

图 5-12 板支座非贯通筋贯通全跨或伸出至悬挑端

当板支座为弧形，支座上部非贯通纵筋呈放射状分布时，设计者应注明配筋间距的度量位置并加注"放射分布"四字，必要时应补绘平面配筋图，见图 5-13。

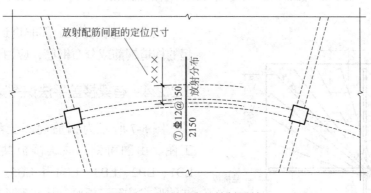

图 5-13 弧形支座处放射配筋

（2）悬挑板上部受力钢筋注写内容

悬挑板的注写方式如图 5-14 所示。当悬挑板有悬挑阳角和阴角时，其悬挑阳角和阴角上部放射钢筋的表示方法如图 5-15 所示。

悬挑板阴角附加筋系指在悬挑板的阴角部位斜放的附加钢筋，该附加钢筋设置在板上部悬挑受力钢筋的下面。

当悬挑板原位注写 Ces7Φ8 时，表示悬挑板阳角放射筋为 7 根 HRB400 钢筋，直径为 8mm。构造筋 Ces 的个数按图 5-16 的原则确定，其中 $a \leqslant 200mm$。

在板平面布置图中，不同部位的板支座上部非贯通纵筋及悬挑板上部受力钢筋，可仅在一个部位注写，对其他相同者则仅需在代表钢筋的线段上注

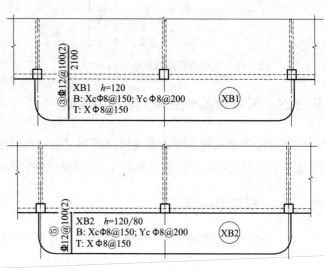

图 5-14 悬挑板支座非贯通筋引注图示

写编号及横向连续布置的跨数即可。

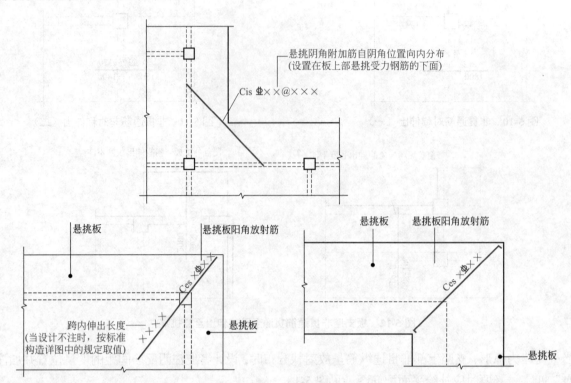

图 5-15　悬挑板阴角附加筋（Cis）与阳角放射筋（Ces）引注图示

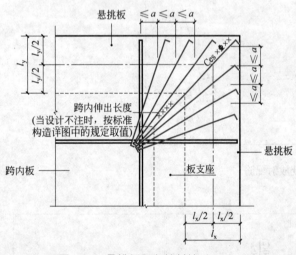

图 5-16　悬挑板阳角放射筋（Ces）

此外，与板支座上部非贯通纵筋垂直且绑扎在一起的构造钢筋或分布钢筋，应由设计者在图中注明。

#### 5.2.2.4　有梁楼盖平法识图案例

图 5-7 所示为钢筋混凝土结构有梁楼盖平法施工图。由图可知，该层楼板共有 5 种类型，分别为 LB1、LB2、LB3、LB4 和 LB5。每种楼板都用集中标注的形式注写了板厚、板上部钢筋、板下部钢筋。此外，该层楼板用原位标注的形式注写了 10 种支座负筋。除上述信息外，图纸还表示出了轴线平面位置关系、轴号以及轴线尺寸，从而反映出有梁楼盖在楼层平面空间上的大小和位置关系。

### 5.2.3　无梁楼盖平法施工图制图规则

无梁楼盖平法施工图，系在楼面板和屋面板布置图上，采用平面注写的表达方式绘制的施工图。板平面注写主要有板带集中标注、板带支座原位标注两部分内容。如图 5-17 所示。

#### 5.2.3.1　板带集中标注

集中标注应在板带贯通纵筋配置相同跨的第一跨（X 向为左端跨，Y 向为下端跨）注写。相同编号的板带可择其一做集中标注，其他仅注写板带编号（注在圆圈内）。

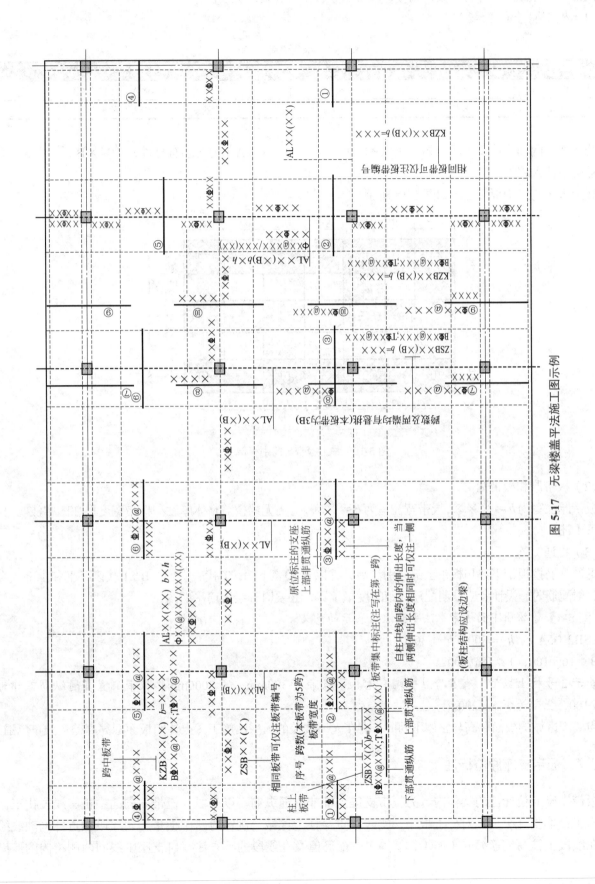

图 5-17 无梁楼盖平法施工图示例

板带集中标注的内容有：板带编号，板带厚、板带宽和贯通纵筋。

（1）板带编号（表5-2）

表5-2　板带编号

| 板带类型 | 代号 | 序号 | 跨数及有无悬挑 |
|---|---|---|---|
| 柱上板带 | ZSB | ×× | （××）、（××A）或（××B） |
| 跨中板带 | KZB | ×× | （××）、（××A）或（××B） |

跨数按柱网轴线计算（两相邻柱轴线之间为一跨）；（××A）为一端有悬挑，（××B）为两端有悬挑，悬挑不计入跨数。

柱上板带与跨中板带区域如图5-18所示。

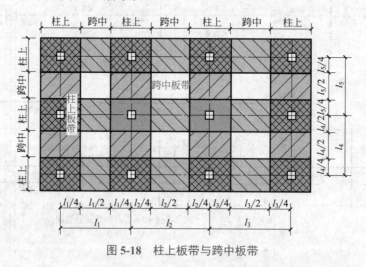

图5-18　柱上板带与跨中板带

（2）板带厚和板带宽

板带厚注写为$h = \times\times\times$，板带宽注写为$b = \times\times\times$。当无梁楼盖整体厚度和板带宽度已在图中注明时，此项可不注。

（3）贯通纵筋

贯通纵筋按板带下部和板带上部分别注写，并以 B 代表下部，T 代表上部，B&T 代表下部和上部。当采用放射配筋时，设计者应注明配筋间距的度量位置，必要时补绘配筋平面图。

【例5-4】请给出下面板带平法平面注写表示的意义。

ZSB2（5A）　$h = 300$　$b = 3000$

B Φ16@100；T Φ18@200

表示2号柱上板带，有5跨且一端有悬挑；板带厚300mm，宽3000mm；板带配置贯通纵筋下部为Φ16@100，上部为Φ18@200。

当局部区域的板面标高与整体不同时，应在无梁楼盖的板平法施工图上注明板面标高高差及分布范围。

### 5.2.3.2　板带支座原位标注

板带支座原位标注的具体内容为板带支座上部非贯通纵筋。以一段与板带同向的中粗实线段代表板带支座上部非贯通纵筋。对柱上板带，实线段贯穿柱上区域绘制；对跨中板带，实线段横贯柱网轴线绘制。在线段上注写钢筋编号（如①、②等）、配筋值及在线段的下方注写自支座中线向两侧跨内的伸出长度。

当板带支座非贯通纵筋自支座中线向两侧对称伸出时，其伸出长度可仅在一侧标注；当配置在有悬挑端的边柱上时，该筋伸出到悬挑尽端。

不同部位的板带支座上部非贯通纵筋相同者，可仅在一个部位注写，其余则在代表非贯通纵筋的线段上注写编号。

当板带上部已经配有贯通纵筋，但需增加配置板带支座上部非贯通纵筋时，应结合已配同向贯通纵筋的直径与间距，采取"隔一布一"的方式配置。

### 5.2.3.3  暗梁的表示方法

暗梁平面注写包括暗梁集中标注、暗梁支座原位标注两部分内容。施工图中在柱轴线处画中粗虚线表示暗梁。

（1）暗梁集中标注

暗梁集中标注包括暗梁编号、暗梁截面尺寸（箍筋外皮宽度×板厚）、暗梁箍筋、暗梁上部通长筋或架立筋四部分内容。暗梁编号见表 5-3。

表 5-3  暗梁编号

| 构件类型 | 代号 | 序号 | 跨数及有无悬挑 |
|---|---|---|---|
| 暗梁 | AL | ×× | （××）、（××A）或（××B） |

（2）暗梁支座原位标注

暗梁支座原位标注包括梁支座上部纵筋，梁下部纵筋。当在暗梁上集中标注的内容不适用于某跨或某悬挑端时，则将其不同数值标注在该跨或该悬挑端，施工时按原位注写取值。

当设置暗梁时，柱上板带及跨中板带标注方式与普通无梁楼盖规则一致。柱上板带标注的配筋仅设置在暗梁之外的柱上板带范围内。暗梁中纵向钢筋连接、锚固及支座上部纵筋的伸出长度等要求同轴线处柱上板带中纵向钢筋。

### 5.2.3.4  无梁楼盖平法识图案例

图 5-17 所示是钢筋混凝土无梁楼盖平法施工图，图中展示了无梁楼盖中柱上板带、跨中板带和暗梁的钢筋标注方法。无梁楼盖三维钢筋分解示意图如图 5-19 所示。

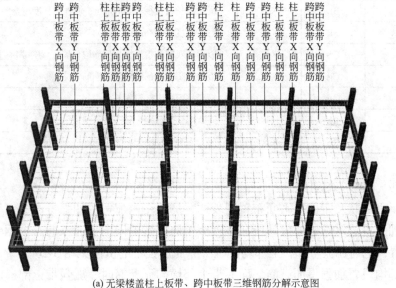

(a) 无梁楼盖柱上板带、跨中板带三维钢筋分解示意图

图 5-19

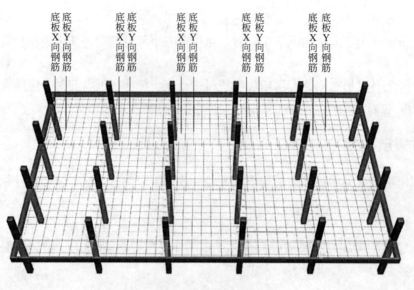

底板X向钢筋　底板Y向钢筋（重复5处）

(b) 无梁楼盖底部三维钢筋分解示意图

图 5-19　无梁楼盖三维钢筋分解示意图

### 5.2.4　板内其他构造制图规则

楼板相关构造的平法施工图设计，通常在板平法施工图上采用直接引注方式表达。楼板相关构造类型与编号见表 5-4。

表 5-4　楼板相关构造类型与编号

| 构造类型 | 代号 | 序号 | 说明 |
|---|---|---|---|
| 纵筋加强带 | JQD | ×× | 以单向加强纵筋取代原位置配筋 |
| 后浇带 | HJD | ×× | 有不同的留筋方式 |
| 柱帽 | ZM× | ×× | 适用于无梁楼盖 |
| 局部升降板 | SJB | ×× | 板厚及配筋与所在板相同；构造升降高度≤300mm |
| 板加腋 | JY | ×× | 腋高和腋宽可选注 |
| 板开洞 | BD | ×× | 最大边长或直径＜1000mm；加强筋长度有全跨贯通和自洞边锚固两种 |
| 板翻边 | FB | ×× | 翻边高度≤300mm |
| 角部加强筋 | Crs | ×× | 以上部双向非贯通加强钢筋取代原位置的非贯通配筋 |
| 悬挑板阴角附加筋 | Cis | ×× | 板悬挑阴角上部斜向附加钢筋 |
| 悬挑板阳角放射筋 | Ces | ×× | 板悬挑阳角上部放射筋 |
| 抗冲切箍筋 | Rh | ×× | 通常用于无柱帽无梁楼盖的柱顶 |
| 抗冲切弯起筋 | Rb | ×× | 通常用于无柱帽无梁楼盖的柱顶 |

（1）纵筋加强带（JQD）的引注

纵筋加强带的平面形状及定位由平面布置图表达，加强带内配置的加强贯通纵筋等由引注内容表达。纵筋加强带设单向加强贯通纵筋，取代其所在位置板中原配置的同向贯通纵筋。根据受力需要，加强贯通纵筋可在板下部配置，也可在板下部和上部均设置。纵筋加强带的引注见图 5-20。

当板下部和上部均设置加强贯通纵筋，而板带上部横向无配筋时，加强带上部横向配筋应由设计者注明。当将纵筋加强带设置为暗梁形式时应注写箍筋，其引注见图 5-21。

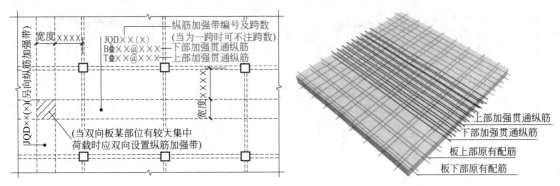

图 5-20　纵筋加强带引注图示

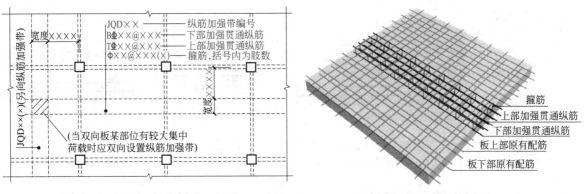

图 5-21　纵筋加强带引注图示——暗梁形式

（2）后浇带（HJD）的引注

后浇带的平面形状及定位由平面布置图表达，后浇带留筋方式等由引注内容表达，引注见图 5-22，内容包括：

① 后浇带编号及留筋方式代号。16G101—1 图集提供了两种留筋方式，分别为贯通和 100% 搭接。

② 后浇混凝土的强度等级 C××。宜采用补偿收缩混凝土，设计应注明相关施工要求。

③ 当后浇带区域留筋方式或后浇混凝土强度等级不一致时，设计者应在图中注明与图示不一致的部位及做法。

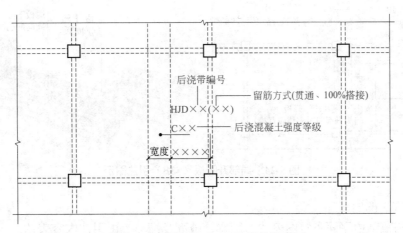

图 5-22　后浇带（HJD）引注图示

（3）柱帽（ZM×）的引注

柱帽的平面形状由平面布置图表示。柱帽的引注图示及立面形状见图 5-23，其立面几何尺寸和配筋由具体的引注内容表达。图中 $c_1$、$c_2$ 当 X、Y 方向不一致时，应标注（$c_{1,x}$，$c_{1,y}$）、（$c_{2,x}$，$c_{2,y}$）。

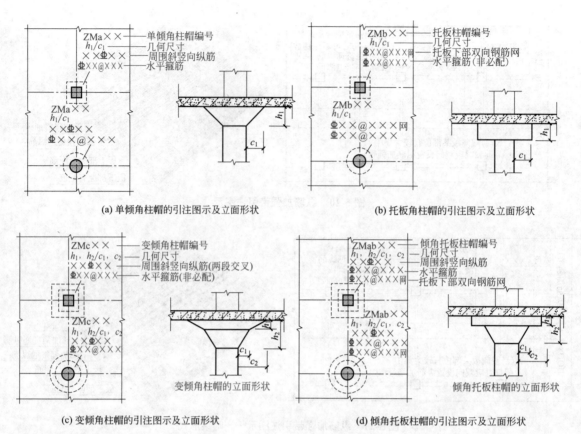

(a) 单倾角柱帽的引注图示及立面形状　　　　　　(b) 托板角柱帽的引注图示及立面形状

(c) 变倾角柱帽的引注图示及立面形状　　　　　　(d) 倾角托板柱帽的引注图示及立面形状

图 5-23　柱帽引注图示及立面形状

（4）局部升降板（SJB）的引注

局部升降板的平面形状及定位由平面布置图表达，其他内容由引注内容表达。局部升降板的板厚、壁厚和配筋，在标准构造详图中取与所在板块的板厚和配筋相同，设计不注；当采用不同板厚、壁厚和配筋时，设计时应补充绘制截面配筋图。局部升降板升高与降低的高度，在标准构造详图中限定为小于或等于 300mm，当高度大于 300mm 时，设计时应补充绘制截面配筋图。局部升降板的引注见图 5-24。

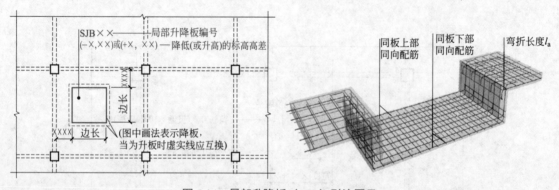

图 5-24　局部升降板（SJB）引注图示

（5）板加腋（JY）的引注

板加腋的位置与范围由平面布置图表达，腋宽、腋高及配筋等由引注内容表达。当为板底加腋时腋线应为虚线，当为板面加腋时腋线应为实线；当腋宽和腋高同板厚时，设计不注。加腋配筋按标准构造，设计不注；当加腋配筋与标准构造不同时，设计时应补充绘制截面配筋图。板加腋（JY）的引注见图 5-25。

（6）板开洞（BD）的引注

板开洞的平面形状及定位由平面布置图表达，洞的几何尺寸等由引注内容表达。当矩形洞口边长或圆形洞口直径小于或等于 1000mm，且当洞边无集中荷载作用时，洞边补强钢筋可按标准构造的规定设置，设计不注；当洞口周边加强钢筋不伸至支座时，应在图中画出所有加强钢筋，并标注不伸至支座的钢筋长度。当矩形洞口边长或圆形洞口直径大于 1000mm，或虽小于或等于 1000mm，但洞边有集中荷载作用时，设计应注明根据具体情况采取相应的处理措施。板开洞（BD）的引注见图 5-26。

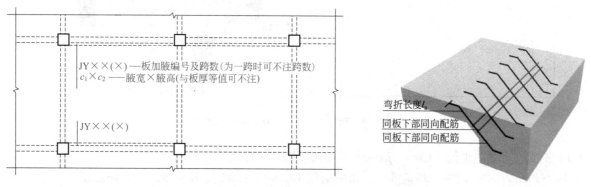

图 5-25　板加腋（JY）的引注图示

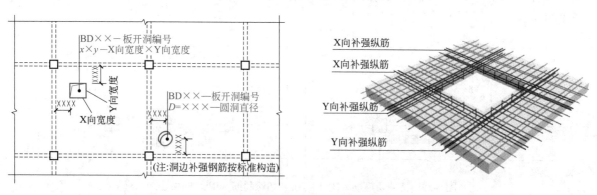

图 5-26　板开洞（BD）的引注图示

（7）板翻边（FB）的引注

板翻边可为上翻也可为下翻，翻边尺寸等在引注内容中表达，翻边高度在标准构造详图中为小于或等于 300mm。当翻边高度大于 300mm 时，由设计者自行处理。板翻边（FB）的引注见图 5-27。

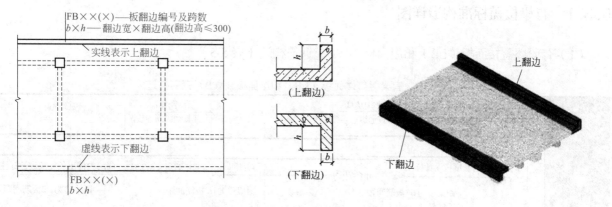

图 5-27　板翻边（FB）的引注图示

（8）角部加强筋（Crs）的引注

角部加强筋通常用于板块角区的上部，根据规范规定的受力要求选择配置。角部加强筋将在其分布范围内取代原配置的板支座上部非贯通纵筋，且当其分布范围内配有板上部贯通纵筋时则间隔布置。角部加强筋（Crs）的引注见图 5-28。

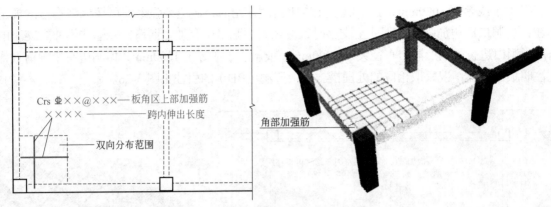

图 5-28 角部加强筋（Crs）的引注图示

（9）悬挑板阴角附加筋（Cis）与悬挑板阳角放射筋（Ces）的引注

悬挑板阴角附加筋（Cis）与悬挑板阳角放射筋（Ces）的引注见图 5-15、图 5-16。

（10）抗冲切箍筋（Rh）与抗冲切弯起筋（Rb）的引注

详见图 5-29。

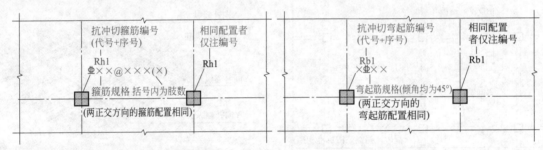

图 5-29 抗冲切箍筋（Rh）与抗冲切弯起筋（Rb）的引注图示

# 5.3 ▶ 板平法标准构造详图

## 5.3.1 有梁楼盖标准构造详图

（1）有梁楼盖楼面板（LB）和屋面板（WB）钢筋构造（表 5-5）

表 5-5 有梁楼盖楼面板（LB）和屋面板（WB）钢筋构造

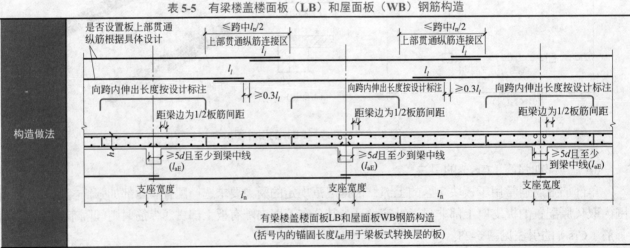

| 三维图示 | 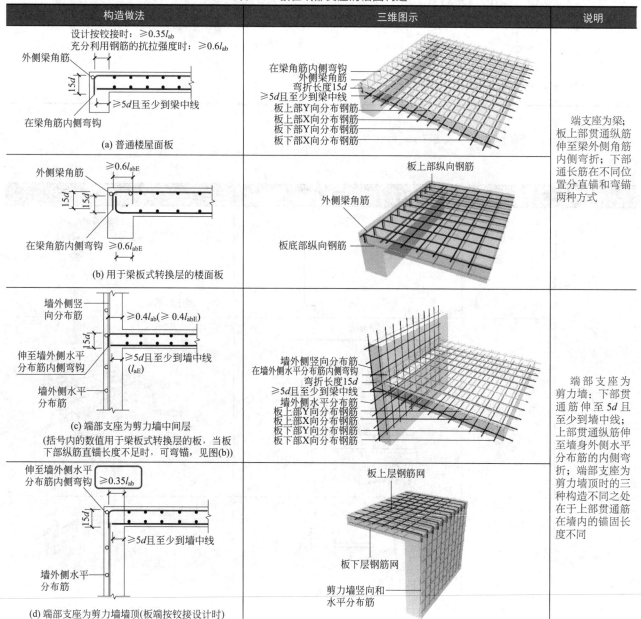 |
|---|---|

板上部贯通钢筋网
板下部贯通钢筋网
板支座负筋

| 说明 | （1）上部纵筋<br>① 非贯通纵筋：（从梁中线始）向跨内伸出长度按设计标注。<br>② 贯通纵筋：与支座垂直的贯通纵筋连接区在跨中 1/2 跨度范围之内；相邻等跨或不等跨的上部贯通纵筋配置不同时，应将配置较大者越过其标注的跨数终点或起点延伸至相邻跨的跨中连接区域连接；与支座同向的贯通纵筋起步距离（第一根钢筋距支座边缘的距离）为 1/2 板筋间距。<br>（2）下部纵筋<br>与支座垂直的贯通纵筋伸入支座 5d 且至少到梁中线；与支座同向的贯通纵筋起步距离（第一根钢筋距支座边缘的距离）为 1/2 板筋间距 |
|---|---|

## （2）板在端部支座的锚固构造（表 5-6）

表 5-6　板在端部支座的锚固构造

| 构造做法 | 三维图示 | 说明 |
|---|---|---|
| 设计按铰接时：≥0.35$l_{ab}$<br>充分利用钢筋的抗拉强度时：≥0.6$l_{ab}$<br>外侧梁角筋<br>15d<br>≥5d且至少到梁中线<br>在梁角筋内侧弯钩<br>(a) 普通楼屋面板 | 在梁角筋内侧弯钩<br>外侧梁角筋<br>弯折长度15d<br>≥5d且至少到梁中线<br>板上部Y向分布钢筋<br>板上部X向分布钢筋<br>板下部Y向分布钢筋<br>板下部X向分布钢筋 | 端支座为梁；板上部贯通纵筋伸至梁外侧角筋内侧弯折；下部通长筋在不同位置分直锚和弯锚两种方式 |
| ≥0.6$l_{abE}$<br>外侧梁角筋<br>15d　15d<br>在梁角筋内侧弯钩 ≥0.6$l_{abE}$<br>(b) 用于梁板式转换层的楼面板 | 板上部纵向钢筋<br>外侧梁角筋<br>板底部纵向钢筋 | |
| 墙外侧竖向分布筋<br>≥0.4$l_{ab}$(≥0.4$l_{abE}$)<br>15d<br>伸至墙外侧水平分布筋内侧弯钩<br>≥5d且至少到墙中线<br>($l_{aE}$)<br>墙外侧水平分布筋<br>(c) 端部支座为剪力墙中间层<br>(括号内的数值用于梁板式转换层的板，当板下部纵筋直锚长度不足时，可弯锚，见图(b)) | 墙外侧竖向分布筋<br>在墙外侧水平分布筋内侧弯钩<br>弯折长度15d<br>≥5d且至少到梁中线<br>墙外侧水平分布筋<br>板上部Y向分布钢筋<br>板上部X向分布钢筋<br>板下部Y向分布钢筋<br>板下部X向分布钢筋 | 端部支座为剪力墙：下部贯通筋伸至 5d 且至少到墙中线；上部贯通纵筋伸至墙身外侧水平分布筋的内侧弯折；端部支座为剪力墙顶时的三种构造不同之处在于上部贯通筋在墙内的锚固长度不同 |
| 伸至墙外侧水平分布筋内侧弯钩 ≥0.35$l_{ab}$<br>15d<br>≥5d且至少到墙中线<br>墙外侧水平分布筋<br>(d) 端部支座为剪力墙墙顶(板端按铰接设计时) | 板上层钢筋网<br>板下层钢筋网<br>剪力墙竖向和水平分布筋 | |

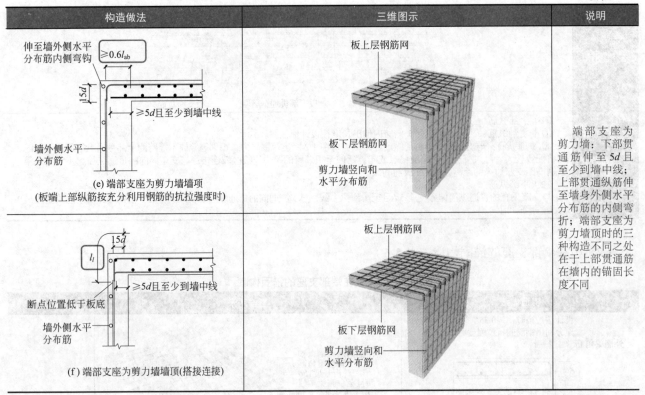

续表

| 构造做法 | 三维图示 | 说明 |
|---|---|---|
| 伸至墙外侧水平分布筋内侧弯钩 ≥0.6*l*<sub>ab</sub> 15*d* ≥5*d*且至少到墙中线 墙外侧水平分布筋 (e) 端部支座为剪力墙墙顶 (板端上部纵筋按充分利用钢筋的抗拉强度时) | 板上层钢筋网 板下层钢筋网 剪力墙竖向和水平分布筋 | 端部支座为剪力墙:下部贯通筋伸至5*d*且至少到墙中线;上部贯通纵筋伸至墙身外侧水平分布筋的内侧弯折;端部支座为剪力墙顶时的三种构造不同之处在于上部贯通筋在墙内的锚固长度不同 |
| *l*<sub>l</sub> 15*d* ≥5*d*且至少到墙中线 断点位置低于板底 墙外侧水平分布筋 (f) 端部支座为剪力墙墙顶(搭接连接) | 板上层钢筋网 板下层钢筋网 剪力墙竖向和水平分布筋 | |

（3）板翻边（FB）构造（表5-7）

表5-7　板翻边（FB）构造

| 构造类型 | 配筋方式 | 构造做法 | 三维图示 |
|---|---|---|---|
| 下翻边 | 仅上部配筋 | 板上部钢筋 | 板上部钢筋 |
| | 上下部均配筋 | 板上部钢筋 同板上部钢筋 板上部钢筋 *l*<sub>a</sub> ≤300 下翻边尺寸详见具体设计 | 板上部钢筋 |
| 上翻边 | 仅上部配筋 | 板上部钢筋 *l*<sub>a</sub> 同板上部钢筋 (仅上部配筋) | 板上部钢筋 |

| 构造类型 | 配筋方式 | 构造做法 | 三维图示 |
|---|---|---|---|
| 上翻边 | 上下部均配筋 | 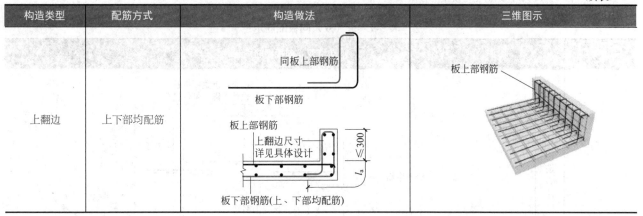 | |

（4）有梁楼盖不等跨板上部贯通纵筋连接构造（表5-8）

表 5-8　有梁楼盖不等跨板上部贯通纵筋连接构造

| 构造类型 | 构造做法 |
|---|---|
| 构造一 | 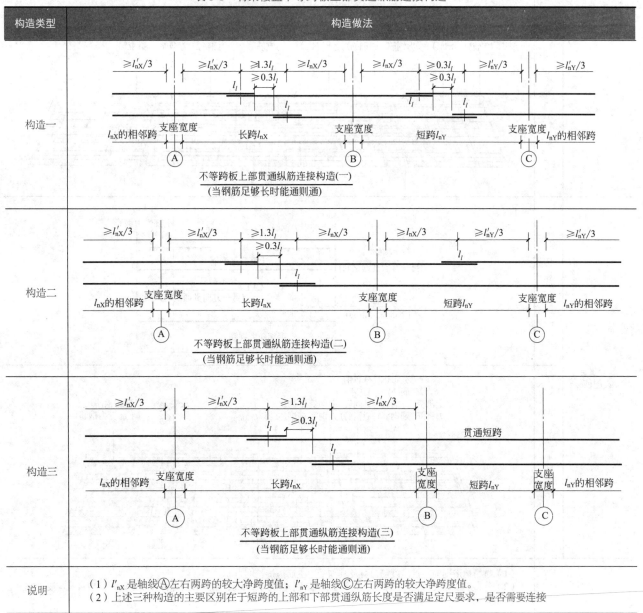 |
| 构造二 | |
| 构造三 | |
| 说明 | （1）$l'_{nX}$ 是轴线Ⓐ左右两跨的较大净跨度值；$l'_{nY}$ 是轴线Ⓒ左右两跨的较大净跨度值。<br>（2）上述三种构造的主要区别在于短跨的上部和下部贯通纵筋长度是否满足定尺要求，是否需要连接 |

（5）单（双）向板配筋示意（表5-9）

表5-9　单（双）向板配筋示意

| 构造类型 | 单（双）向板钢筋构造 | |
|---|---|---|
| 分离式配筋 | 构造做法 | 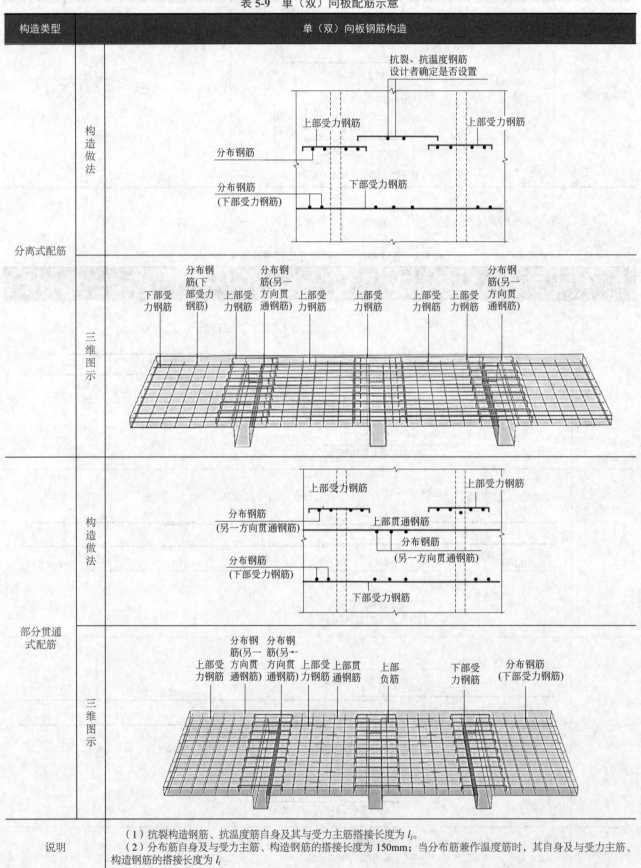 |
| | 三维图示 | |
| 部分贯通式配筋 | 构造做法 | |
| | 三维图示 | |
| 说明 | （1）抗裂构造钢筋、抗温度筋自身及其与受力主筋搭接长度为$l_l$。<br>（2）分布筋自身及与受力主筋、构造钢筋的搭接长度为150mm；当分布筋兼作温度筋时，其自身及与受力主筋、构造钢筋的搭接长度为$l_l$ | |

（6）悬挑板（XB）钢筋构造（表5-10）

表5-10　悬挑板（XB）钢筋构造

| 构造<br>类型 | 构造做法 | 三维图示 |
|---|---|---|
| 延伸悬<br>挑板 | 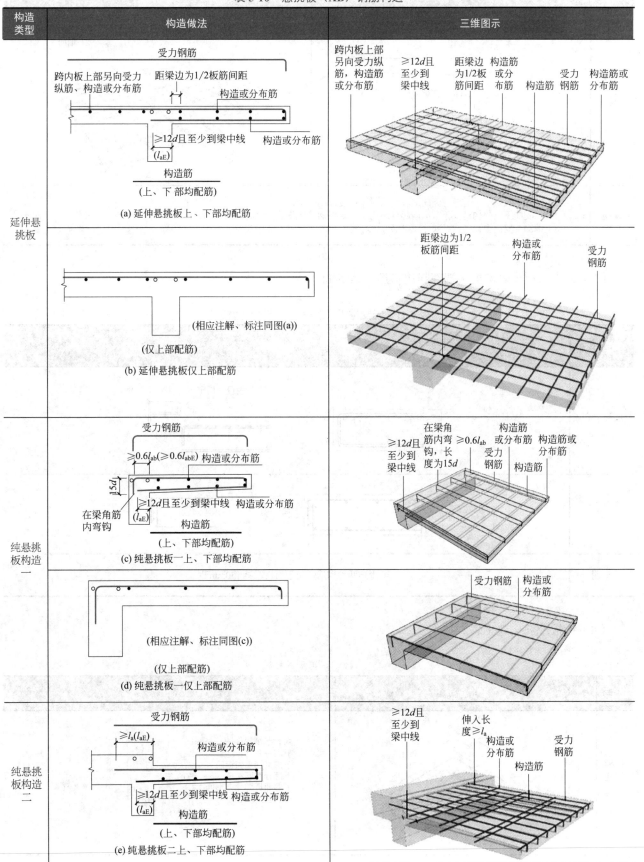 | |
| 纯悬挑<br>板构造<br>一 | | |
| 纯悬挑<br>板构造<br>二 | | |

| 构造类型 | 构造做法 | 三维图示 |
|---|---|---|
| 纯悬挑板构造二 | 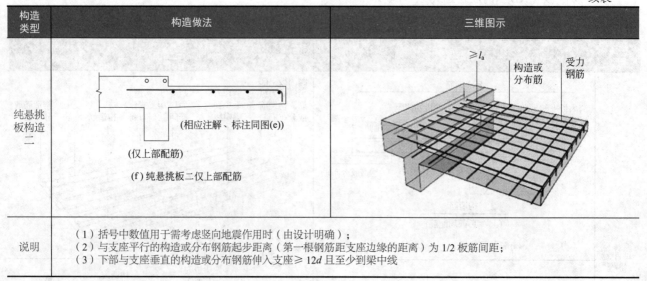（相应注解、标注同图(e)）<br>（仅上部配筋）<br>（f）纯悬挑板二仅上部配筋 | |
| 说明 | （1）括号中数值用于需考虑竖向地震作用时（由设计明确）；<br>（2）与支座平行的构造或分布钢筋起步距离（第一根钢筋距支座边缘的距离）为 1/2 板筋间距；<br>（3）下部与支座垂直的构造或分布钢筋伸入支座≥12d 且至少到梁中线 | |

（7）无支撑板（悬挑板）端部封边构造（表 5-11）

表 5-11　无支撑板（悬挑板）端部封边构造

| 构造类型 | 构造做法 |
|---|---|
| 构造一 | 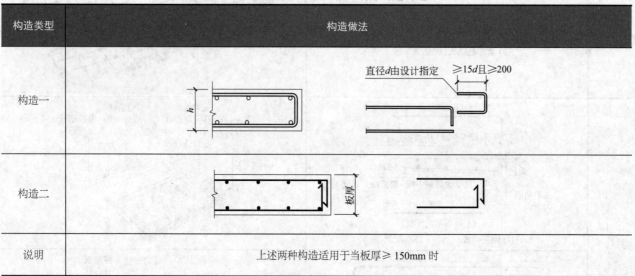 |
| 构造二 | |
| 说明 | 上述两种构造适用于当板厚≥150mm 时 |

（8）折板配筋构造（表 5-12）

表 5-12　折板配筋构造

| 构造类型 | 构造做法 | 三维图示 |
|---|---|---|
| 折板配筋构造一 | | 弯折长度≥$l_a$<br>上部分布筋<br>上部贯通受力钢筋<br>下部分布筋<br>下部非贯通受力钢筋<br>弯折长度≥$l_a$ |

| 构造类型 | 构造做法 | 三维图示 |
|---|---|---|
| 折板配筋构造二 | 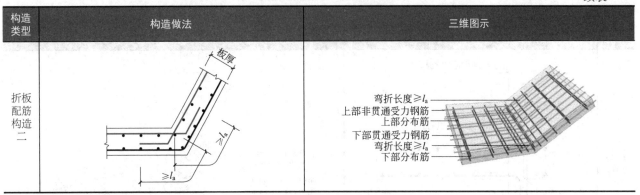 | |

## 5.3.2 无梁楼盖标准构造详图

（1）柱上板带（ZSB）与跨中板带（KZB）纵向钢筋构造（表 5-13）

表 5-13 柱上板带（ZSB）与跨中板带（KZB）纵向钢筋构造

| 构造类型 | 构造做法 |
|---|---|
| 柱上板带钢筋构造 | 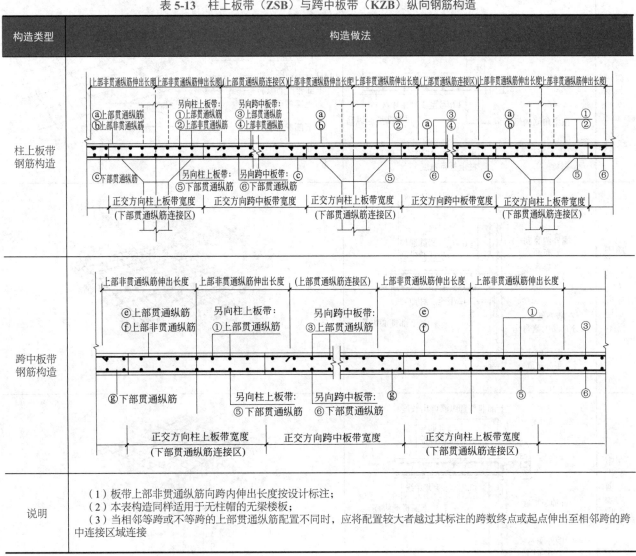 |
| 跨中板带钢筋构造 | |
| 说明 | （1）板带上部非贯通纵筋向跨内伸出长度按设计标注；<br>（2）本表构造同样适用于无柱帽的无梁楼板；<br>（3）当相邻等跨或不等跨的上部贯通纵筋配置不同时，应将配置较大者越过其标注的跨数终点或起点伸出至相邻跨的跨中连接区域连接 |

（2）板带端支座纵向钢筋构造（表 5-14）

表 5-14　板带端支座纵向钢筋构造

| 构造类型 | 构造做法 | 三维图示 |
|---|---|---|

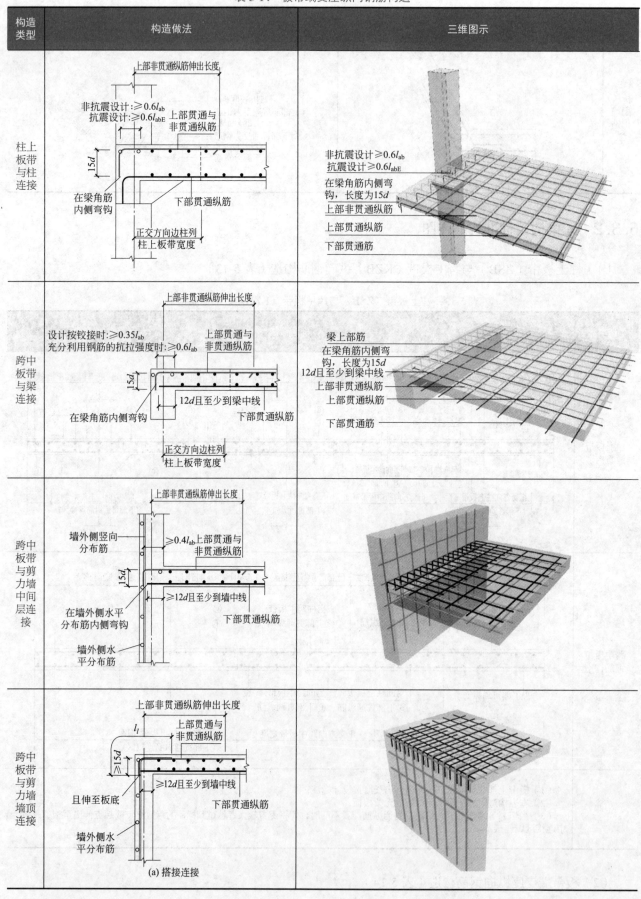

柱上板带与柱连接

非抗震设计：$\geqslant 0.6 l_{ab}$
抗震设计：$\geqslant 0.6 l_{abE}$
上部贯通与非贯通纵筋
15d
在梁角筋内侧弯钩
下部贯通纵筋
上部非贯通纵筋伸出长度
正交方向边柱列柱上板带宽度

非抗震设计$\geqslant 0.6 l_{ab}$
抗震设计$\geqslant 0.6 l_{abE}$
在梁角筋内侧弯钩，长度为15d
上部非贯通纵筋
上部贯通纵筋
下部贯通筋

跨中板带与梁连接

设计按铰接时：$\geqslant 0.35 l_{ab}$
充分利用钢筋的抗拉强度时：$\geqslant 0.6 l_{ab}$
上部贯通与非贯通纵筋
15d
在梁角筋内侧弯钩
12d且至少到梁中线
下部贯通纵筋
上部非贯通纵筋伸出长度
正交方向边柱列柱上板带宽度

梁上部筋
在梁角筋内侧弯钩，长度为15d
12d且至少到梁中线
上部非贯通纵筋
上部贯通纵筋
下部贯通筋

跨中板带与剪力墙中间层连接

上部非贯通纵筋伸出长度
墙外侧竖向分布筋
$\geqslant 0.4 l_{ab}$上部贯通与非贯通纵筋
15d
在墙外侧水平分布筋内侧弯钩
$\geqslant 12d$且至少到墙中线
下部贯通纵筋
墙外侧水平分布筋

跨中板带与剪力墙墙顶连接

上部非贯通纵筋伸出长度
$l_l$
$\geqslant 15d$
上部贯通与非贯通纵筋
且伸至板底
$\geqslant 12d$且至少到墙中线
下部贯通纵筋
墙外侧水平分布筋
(a) 搭接连接

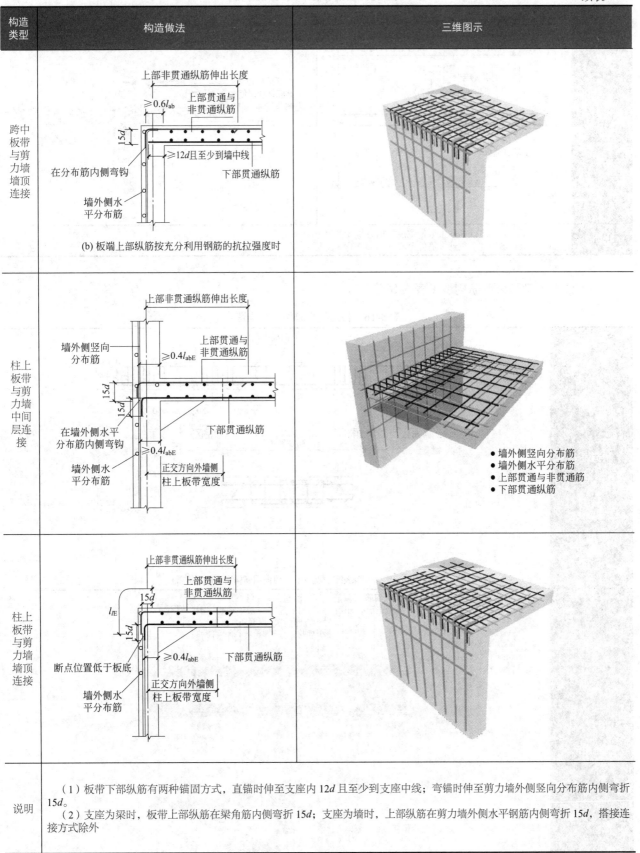

| 构造类型 | 构造做法 | 三维图示 |
|---|---|---|
| 跨中板带与剪力墙顶连接 | (b) 板端上部纵筋按充分利用钢筋的抗拉强度时 | |
| 柱上板带与剪力墙中间层连接 | | ● 墙外侧竖向分布筋<br>● 墙外侧水平分布筋<br>● 上部贯通与非贯通筋<br>● 下部贯通纵筋 |
| 柱上板带与剪力墙顶连接 | | |
| 说明 | （1）板带下部纵筋有两种锚固方式，直锚时伸至支座内 12$d$ 且至少到支座中线；弯锚时伸至剪力墙外侧竖向分布筋内侧弯折 15$d$。<br>（2）支座为梁时，板带上部纵筋在梁角筋内侧弯折 15$d$；支座为墙时，上部纵筋在剪力墙外侧水平钢筋内侧弯折 15$d$，搭接连接方式除外 | |

（3）板带悬挑端纵向钢筋构造（表 5-15）

表 5-15　板带悬挑端纵向钢筋构造

| | 构造做法 | 三维图示 |
|---|---|---|
| 板带悬挑端纵向钢筋构造 | 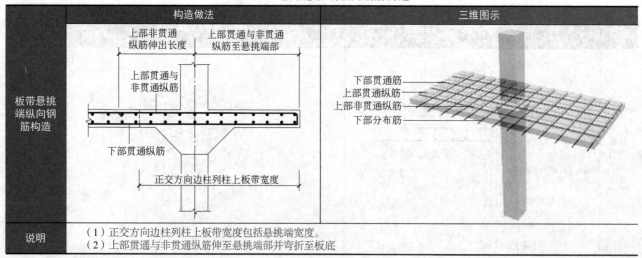 | |

| 说明 | （1）正交方向边柱列柱上板带宽度包括悬挑端宽度。<br>（2）上部贯通与非贯通纵筋伸至悬挑端部并弯折至板底 |
|---|---|

（4）柱上板带暗梁钢筋构造（表 5-16）

表 5-16　柱上板带暗梁钢筋构造

| 构造做法 | 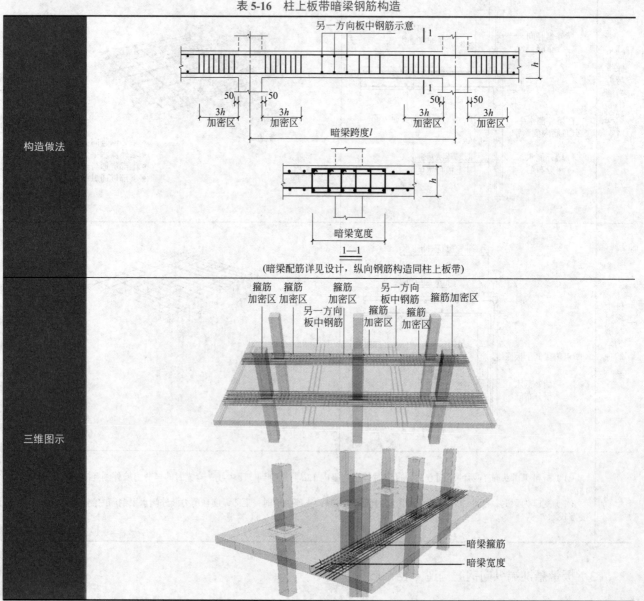 |
|---|---|
| 三维图示 | |

| 说明 | （1）暗梁纵向钢筋构造同柱上板带。<br>（2）暗梁箍筋在柱中不加密；箍筋加密区范围为 3h（h 为板厚）；箍筋起步距离为 50mm（第一根箍筋距柱边缘距离） |
|---|---|

## 5.3.3 板内其他配图

（1）后浇带（HJD）钢筋构造（表 5-17）

表 5-17 后浇带（HJD）钢筋构造

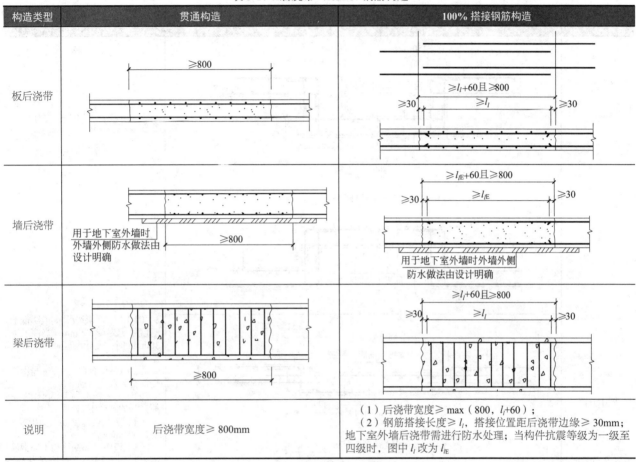

| 构造类型 | 贯通构造 | 100% 搭接钢筋构造 |
|---|---|---|
| 板后浇带 | | |
| 墙后浇带 | | |
| 梁后浇带 | | |
| 说明 | 后浇带宽度≥ 800mm | （1）后浇带宽度≥ max（800，$l_l$+60）；<br>（2）钢筋搭接长度≥ $l_l$，搭接位置距后浇带边缘≥ 30mm；地下室外墙后浇带需进行防水处理；当构件抗震等级为一级至四级时，图中 $l_l$ 改为 $l_{lE}$ |

（2）板加腋（JY）构造（表 5-18）

表 5-18 板加腋（JY）构造

| 构造类型 | 构造做法 | 三维图示 |
|---|---|---|
| 构造一 | | |
| 构造二 | | |

| 构造类型 | 构造做法 | 三维图示 |
|---|---|---|
| 说明 | （1）腋长、腋宽同板厚。<br>（2）加腋筋在板（梁）内的锚固长度为 $l_a$ | |

### （3）局部升降板（SJB）构造（表5-19）

表5-19　局部升降板（SJB）构造

| 构造类型 | 构造做法 | 说明 |
|---|---|---|
| 板中升降 | 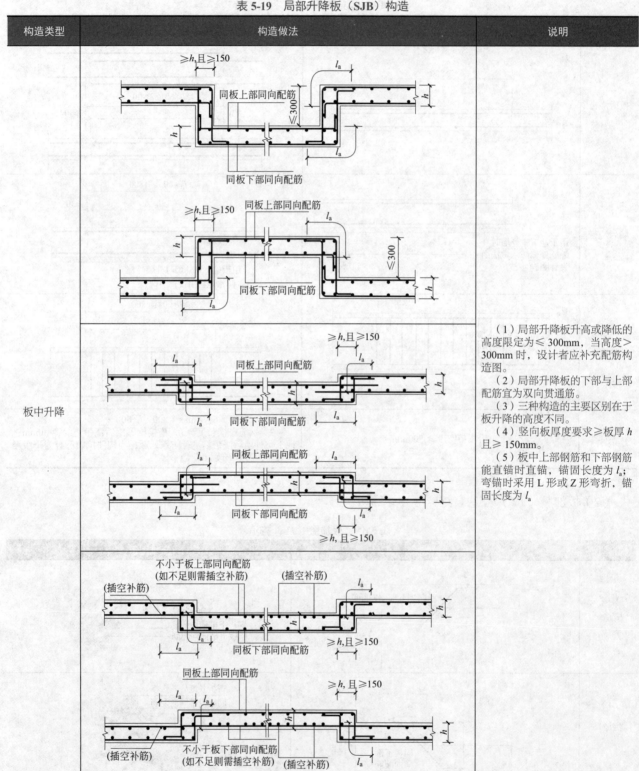 | （1）局部升降板升高或降低的高度限定为≤300mm，当高度>300mm时，设计者应补充配筋构造图。<br>（2）局部升降板的下部与上部配筋宜为双向贯通筋。<br>（3）三种构造的主要区别在于板升降的高度不同。<br>（4）竖向板厚度要求≥板厚 $h$ 且≥150mm。<br>（5）板中上部钢筋和下部钢筋能直锚时直锚，锚固长度为 $l_a$；弯锚时采用L形或Z形弯折，锚固长度为 $l_a$ |

| 构造类型 | 构造做法 | 说明 |
|---|---|---|
| 侧边为梁 | 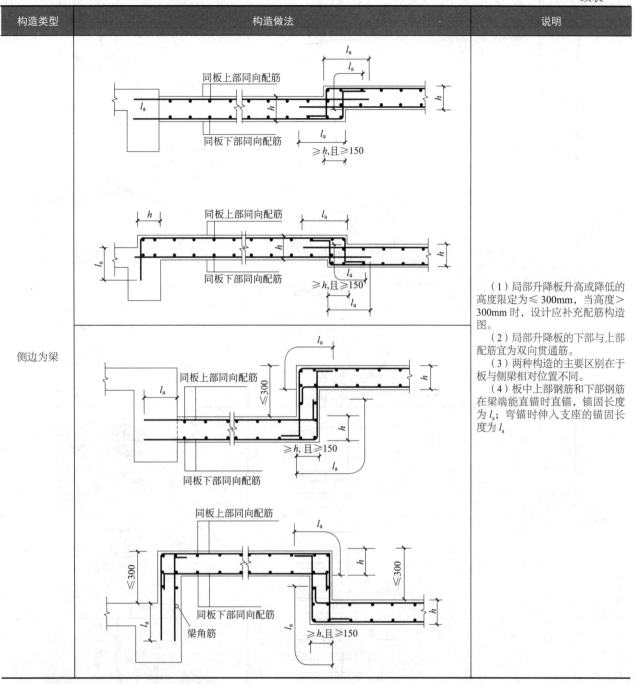 | （1）局部升降板升高或降低的高度限定为≤300mm，当高度＞300mm时，设计应补充配筋构造图。<br>（2）局部升降板的下部与上部配筋宜为双向贯通筋。<br>（3）两种构造的主要区别在于板与侧梁相对位置不同。<br>（4）板中上部钢筋和下部钢筋在梁端能直锚时直锚，锚固长度为$l_a$；弯锚时伸入支座的锚固长度为$l_a$ |

（4）板开洞（BD）与洞边加强钢筋构造（表5-20）

表5-20 板开洞（BD）与洞边加强钢筋构造

| 构造位置 | 构造类型 | 构造做法 | 三维图示 |
|---|---|---|---|
| 梁边或墙边开洞 | 矩形洞口边长≤300mm；圆形洞口直径$D≤300mm$ | 梁或墙 | 加强筋 梁或墙 |

| 构造位置 | 构造类型 | 构造做法 | 三维图示 |
|---|---|---|---|
| 梁边或墙边开洞 | 矩形洞口边长≤300mm；圆形洞口直径$D \leqslant 300$mm | 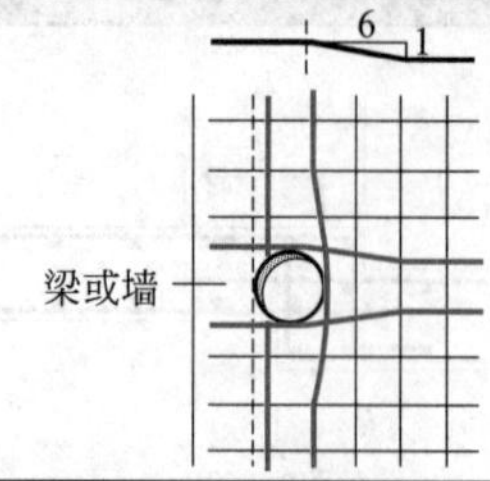 梁或墙 | 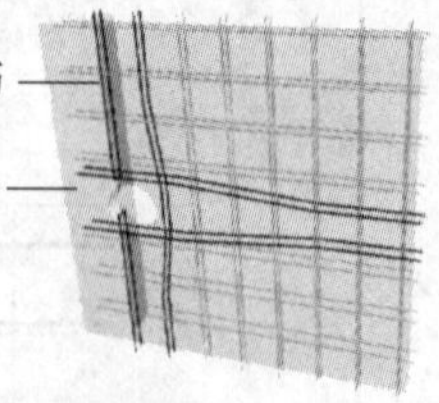 加强筋<br>梁或墙 |
| | 矩形洞口：300mm<$x$≤1000mm 且 300mm<$y$≤1000mm；圆形洞口：300mm<$D$≤1000mm | 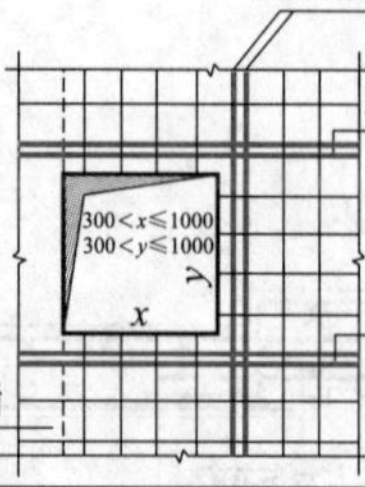 Y向补强纵筋<br>X向补强纵筋<br>$300<x \leqslant 1000$<br>$300<y \leqslant 1000$<br>X向补强纵筋<br>梁或墙 | 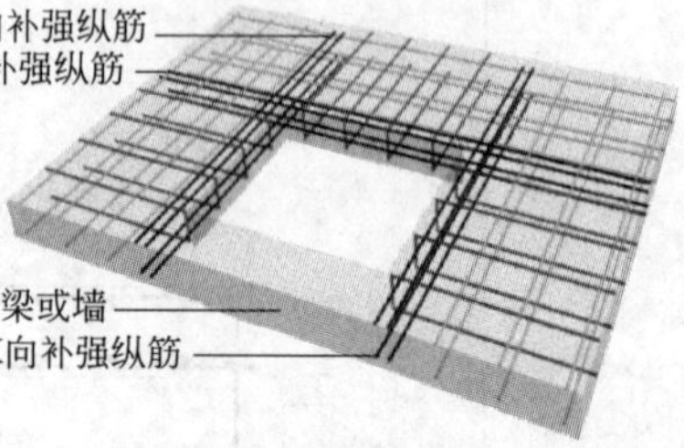 X向补强纵筋<br>Y向补强纵筋<br>梁或墙<br>X向补强纵筋 |
| | | 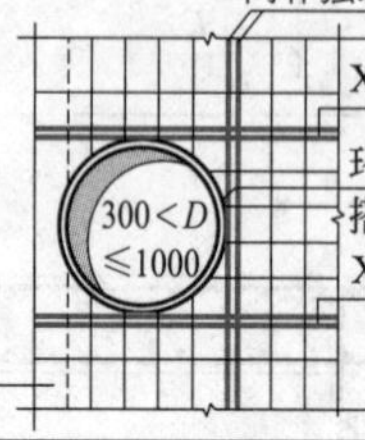 Y向补强纵筋<br>X向补强纵筋<br>环向补强纵筋搭接$1.2l_a$<br>X向补强纵筋<br>$300<D \leqslant 1000$<br>梁或墙 | 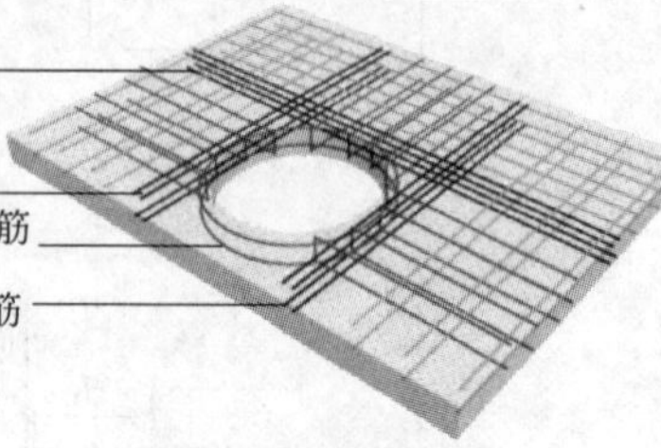 Y向补强纵筋<br>X向补强纵筋<br>环向补强纵筋搭接$1.2l_a$<br>Y向补强纵筋 |
| 梁交角或墙角开洞 | 矩形洞口边长≤300mm；圆形洞口直径$D \leqslant 300$mm | 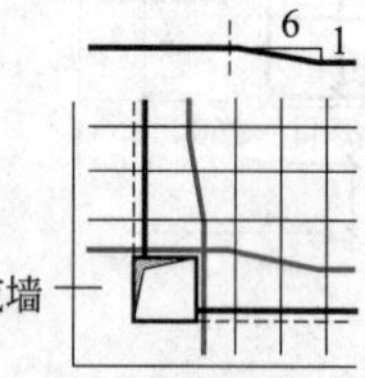 梁或墙 | 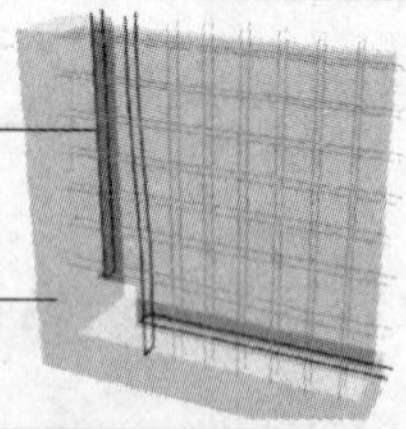 加强筋<br>梁或墙 |
| | | 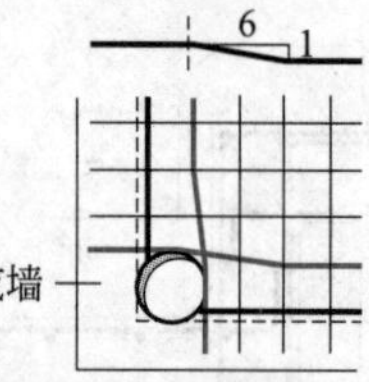 梁或墙 | 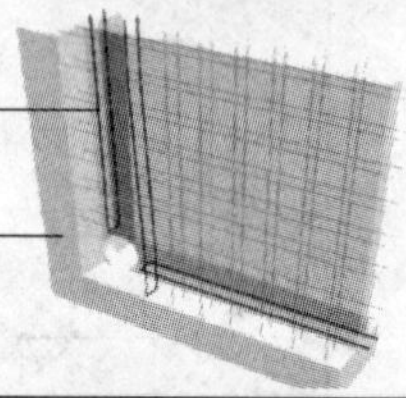 加强筋<br>梁或墙 |
| 板中开洞 | 矩形洞口：$x$≤300mm 且 $y$≤300mm；圆形洞口：$D \leqslant 300$mm | 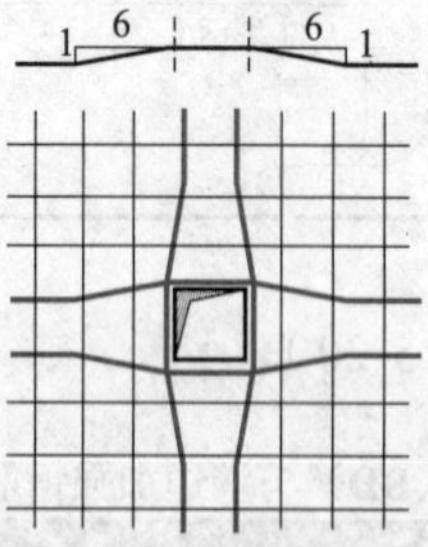 | 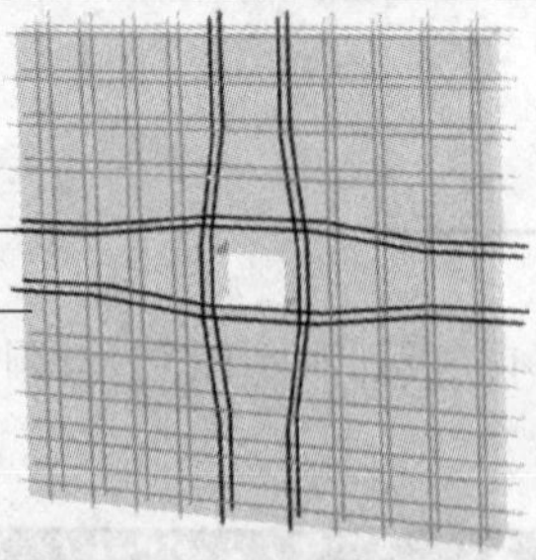 加强筋<br>板 |
| | | 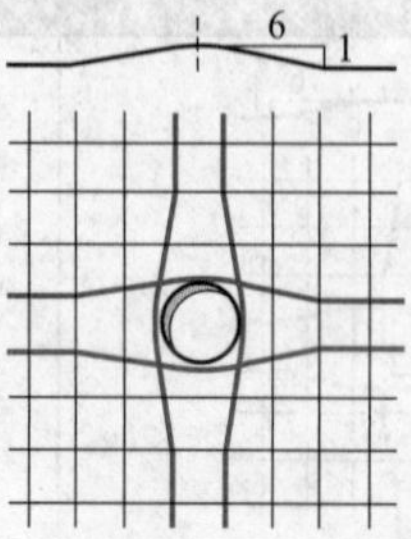 | 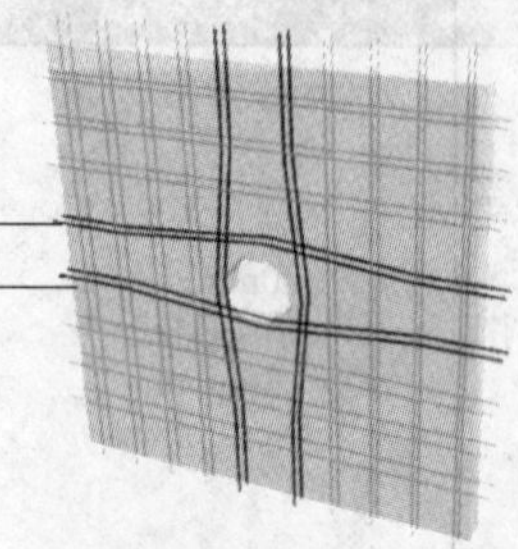 加强筋<br>板 |

| 构造位置 | 构造类型 | 构造做法 | 三维图示 |
|---|---|---|---|
| 板中开洞 | 矩形洞口：300mm＜$x$≤1000mm 且 300mm＜$y$≤1000mm；圆形洞口 300mm＜$D$≤1000mm | 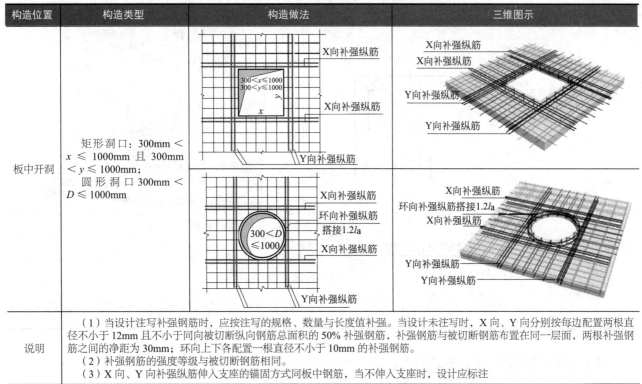 | |

| 说明 | （1）当设计注写补强钢筋时，应按注写的规格、数量与长度值补强。当设计未注写时，X 向、Y 向分别按每边配置两根直径不小于 12mm 且不小于同向被切断纵向钢筋总面积的 50% 补强钢筋，补强钢筋与被切断钢筋布置在同一层面，两根补强钢筋之间的净距为 30mm；环向上下各配置一根直径不小于 10mm 的补强钢筋。<br>（2）补强钢筋的强度等级与被切断钢筋相同。<br>（3）X 向、Y 向补强纵筋伸入支座的锚固方式同板中钢筋，当不伸入支座时，设计应标注 |
|---|---|

### （5）悬挑板阳角放射筋（Ces）构造（表5-21）

表5-21　悬挑板阳角放射筋（Ces）构造

| 构造类型 | 构造做法 | 三维图示 |
|---|---|---|
| 构造一 | 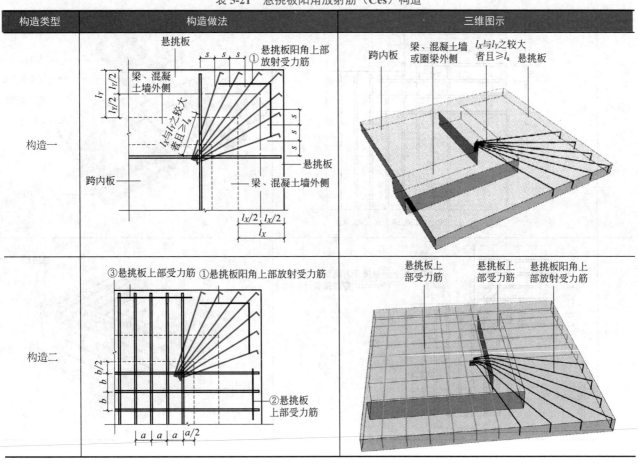 | |
| 构造二 | | |

| 构造类型 | 构造做法 | 三维图示 |
|---|---|---|
| 构造三 | 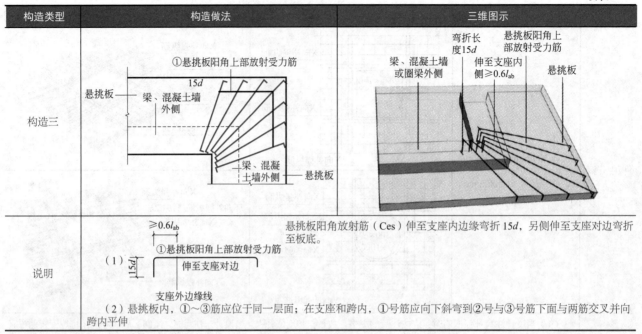 | |
| 说明 | 悬挑板阳角放射筋（Ces）伸至支座内边缘弯折15d，另侧伸至支座对边弯折至板底。<br><br>（1）①悬挑板阳角上部放射受力筋<br>≥0.6l_ab<br>15d 伸至支座对边<br>支座外边缘线<br><br>（2）悬挑板内，①～③筋应位于同一层面；在支座和跨内，①号筋应向下斜弯到②号与③号筋下面与两筋交叉并向跨内平伸 | |

（6）悬挑板阴角构造（表5-22）

表5-22 悬挑板阴角构造

| 构造类型 | 构造做法 | 三维图示 |
|---|---|---|
| 构造一 | 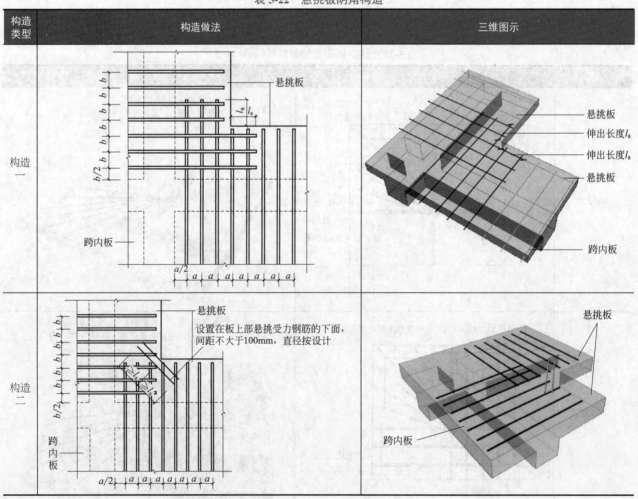 | |
| 构造二 | | |

| 构造类型 | 构造做法 | 三维图示 |
|---|---|---|
| 说明 | （1）悬挑板内钢筋的起步距离（第一根钢筋距梁、混凝土墙外侧之间的距离）为 1/2 板筋间距。<br>（2）悬挑板阴角有两种构造形式，其一是悬挑板内钢筋伸入另向悬挑板内锚固长度为 $l_a$；其二是设置附加钢筋，放置在板上部悬挑受力钢筋的下面，间距不大于 100mm | |

# 5.4 ▶ 有梁楼板钢筋算量及实例

## 5.4.1 有梁楼板钢筋组成

有梁楼板钢筋组成有三种形式：

① 双层双向钢筋网 + 马凳筋（支撑钢筋），如图 5-30 所示。

二维码 5.1

图 5-30 有梁楼板钢筋组成（一）

② 板底钢筋网 + 四周支座负筋（支座负筋下设分布筋），如图 5-31 所示。

③ 板底钢筋网 + 四周支座负筋（支座负筋下设分布筋）+ 中间顶部温度筋或抗裂钢筋，如图 5-32 所示。

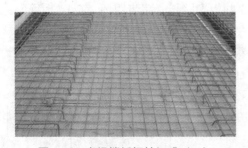

图 5-31 有梁楼板钢筋组成（二）

图 5-32 有梁楼板钢筋组成（三）

将上述钢筋按照位置和作用的不同，可归纳为两类：受力钢筋和附加钢筋，如表 5-23 所示。

表 5-23 板中钢筋构成

| 板内钢筋 | 受力钢筋 | 板上部贯通纵筋 |
|---|---|---|
| | | 板下部贯通纵筋 |
| | | 端支座负筋（下设分布筋） |
| | | 中间支座负筋（下设分布筋） |

| 板内钢筋 | 附加钢筋 | 温度筋（抗裂钢筋） |
| | | 马凳筋（支撑钢筋） |
| | | 洞口加强筋 |
| | | 阳角放射筋（阴角附加筋） |

## 5.4.2 有梁楼板钢筋计算

### 5.4.2.1 板钢筋计算规则

（1）板下部贯通纵筋计算规则

板下部纵筋有 X 向与 Y 向钢筋，需要计算两个方向钢筋的长度以及根数，计算规则如下。

依据表 5-5、表 5-6，计算公式如下：

长度＝板净跨长＋左端支座锚固长度＋右端支座锚固长度＋弯钩增加长度

① 普通楼屋面板。

左（右）端支座锚固长度＝ max（5d，支座宽 /2）

注：适用于支座为梁或剪力墙。

② 梁板式转换层的楼面板。

左（右）端支座锚固长度（弯锚）＝支座宽－保护层厚度 c－ 梁箍筋直径－梁纵筋直径－
板上部钢筋直径 −25+15d

左（右）端支座锚固长度（直锚）＝ $l_{aE}$

板筋支座内锚固

**图 5-33 HPB300 级光圆钢筋支座锚固 180°弯钩**

注：支座为梁时，梁板式转换层的楼面板左（右）端支座可直锚也可弯锚；支座为剪力墙时，梁板式转换层的楼面板左（右）端支座为直锚。

③ 弯钩增加长度仅限于下部贯通纵筋为 HPB300 级光圆钢筋时，增加长度值为每端 6.25d，如图 5-33。

根数＝（支座间板净跨长－起步距离 ×2）/ 板筋间距 +1

起步距离＝ 1/2 板筋间距

梁范围内不布置沿梁方向钢筋。

【例 5-5】如图 5-34 所示，板的保护层厚度为 15mm，梁的保护层厚度为 20mm，梁的信息如下：

KL3（7）300×450

Φ8@100/200（2）

2Φ20；3Φ20

计算板底通长筋的长度与根数。

【解】X 向：长度＝ 1800-300+max（150，5×12）×2 ＝ 1800（mm）

X 向：根数＝（1800-300-200）/200+1 ＝ 7.5 ≈ 8（根）

注：Y 向与 X 向尺寸、梁宽均一致，长度、根数与 X 向相同。

（2）板上部贯通纵筋计算规则

板上部纵筋有 X 向与 Y 向钢筋，需要计算两个方向钢筋的长度以及根数，计算规则如下。

依据表 5-5、表 5-6，计算公式如下：

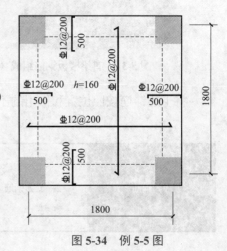

**图 5-34 例 5-5 图**

$$长度＝板净跨长＋左端支座锚固长度＋右端支座锚固长度$$
① 支座为梁。

左（右）端支座锚固长度＝梁宽－梁保护层厚度 $c$－梁箍筋直径－梁角筋直径＋$15d$

或直锚长度足够时，左（右）端支座锚固长度＝$l_a$（$l_{aE}$）。

② 支座为剪力墙。

左（右）端支座锚固长度＝墙厚－墙保护层厚度 $c$－墙外侧水平钢筋直径＋$15d$

或直锚长度足够时，左（右）端支座锚固长度＝$l_a$（$l_{aE}$）。

注：当板上部贯通纵筋超过定尺长度时，还需考虑钢筋的搭接长度（连接方式为搭接连接时）。

$$根数＝（支座间板净跨长－起步距离 \times 2）/ 板筋间距＋1$$
$$起步距离＝1/2 板筋间距$$
$$梁范围内不布置沿梁方向钢筋。$$

【例 5-6】如图 5-35 所示，板的保护层厚度为 15mm，梁的保护层厚度为 20mm，计算板上部通长筋的长度及根数。（Y 向与 X 向尺寸、梁宽均一致，长度、根数与 X 向相同）。

【解】X 向：长度 ＝ 1800-300+（300-20-8-20+15×12）×2 ＝ 2364（mm）

X 向：根数 ＝ （1800-300-200）/200+1 ＝ 7.5 ≈ 8（根）

（3）支座负筋及分布筋计算规则

支座负筋又称板上部非贯通筋或扣筋，其形状为"⌐⌐"，按照其位置的不同，可分为端支座负筋和中间支座负筋。支座负筋下设分布筋，如图 5-36 所示，其主要作用有：

① 使作用在板面的荷载能均匀地传递给受力钢筋；

② 抵抗温度变化和混凝土收缩产生的拉应力；

③ 与受力钢筋绑扎在一起组成骨架，防止受力钢筋在混凝土浇捣时移位。

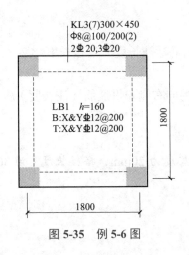

图 5-35 例 5-6 图

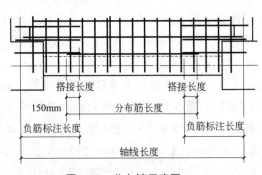

图 5-36 分布筋示意图

分布筋信息一般不在图中相应位置直接标注，而是写在结构总说明或图纸说明中。支座负筋与分布筋的计算规则如下。

依据表 5-5、表 5-6，支座负筋计算公式如下：

① 端支座负筋。

$$长度＝端支座锚固长度＋板内净尺寸＋板内弯折长度$$
$$板内弯折长度＝板厚－保护层厚度 \times 2$$

注：端支座锚固长度同板上部贯通纵筋锚固长度；板内净尺寸不等于标注尺寸（标注尺寸为支座中心线伸至板内平直段长度）。

② 中间支座负筋。

$$长度＝标注长度＋左弯折长度＋右弯折长度$$

注：当中间支座非贯通筋左右两边板的厚度不同时，应取不同的板厚分别计算弯折长度。

$$根数＝（支座间板净跨长－起步距离×2）/板筋间距＋1$$

$$起步距离＝1/2板筋间距$$

依据表5-9、图5-36，分布筋计算公式如下：

$$长度＝轴线长度－支座负筋标注长度（左右两侧之和）＋搭接长度（150mm）×2$$

① 端支座负筋。

$$根数＝支座负筋板内净长/分布筋间距＋1（取整）$$

$$支座负筋板内净长＝标注长度－支座宽/2$$

② 中间支座负筋。

$$根数＝支座负筋左板内净长/分布筋间距＋1（取整）＋支座负筋右板内净长/分布筋间距＋1（取整）$$

注：分布筋根数计算为小数时，向上取整不加1，向下取整加1。

【例5-7】如图5-34所示，板的保护层厚度为15mm，梁的保护层厚度为20mm，分布筋为Φ8@150，计算板①号支座负筋及其分布筋的长度及根数。

【解】支座负筋长度＝（300-20-8-20+15×12）+500-300/2+160-2×15 = 912（mm）

支座负筋根数＝（1800-300-200）/200+1 = 7.5 ≈ 8（根）

分布筋长度＝1800-500×2+150×2 = 1100（mm）

分布筋根数＝（500-300/2）/150+1 ≈ 3（根）

（4）板温度筋计算规则

板温度筋是在收缩力较大的现浇板中间区域内布置的构造钢筋，其作用为防止板受热胀冷缩的影响而产生裂缝。布置示意图见图5-37。板中温度筋计算规则如下。

依据表5-9、图5-37，计算公式如下：

$$长度＝两支座中心线长度－左侧非贯通筋标注长度－右侧非贯通筋标注长度＋搭接长度×2$$

注：抗温度筋自身及其与受力主筋搭接长度为 $l_l$。

$$根数＝（另向两支座中心线长度－另向左侧非贯通筋标注长度－另向右侧非贯通筋标注长度）/温度筋间距－1$$

注：支座负筋的分布筋未兼作温度筋时按上式计算。

【例5-8】如图5-38所示，板的保护层厚度为15mm，梁的保护层厚度为20mm，搭接长度 $l_l$ 为30d，板上部布置温度筋Φ8@150，计算温度筋的长度及根数。

【解】温度筋长度＝3600-800×2+30×8×2 = 2480（mm）

X 向：温度筋根数＝（3600-800×2）/150-1 ≈ 13（根）

Y 向与 X 向相同，计算略。

（5）悬挑板（XB）钢筋计算规则

悬挑板按照构造的不同可分为延伸悬挑板和纯悬挑板，16G101—1图集中有三种相关构造，三种构造钢筋计算规则除上部钢筋外基本相同。悬挑板（XB）钢筋计算规则如下。

根据表5-10，上部受力钢筋中，延伸悬挑板的计算公式：

$$长度＝跨内板筋长度＋支座宽度＋悬挑板净挑长度－板保护层厚度c＋（悬挑尽端板厚-2×板保护层厚度c）$$

$$根数＝（悬挑板宽度－板保护层厚度×2）/上部受力钢筋间距＋1$$

纯悬挑板构造一的计算公式：

$$长度＝伸入支座内锚固长度＋悬挑板净挑长度－保护层厚度c＋（悬挑尽端板厚-2×板保护层厚度c）$$

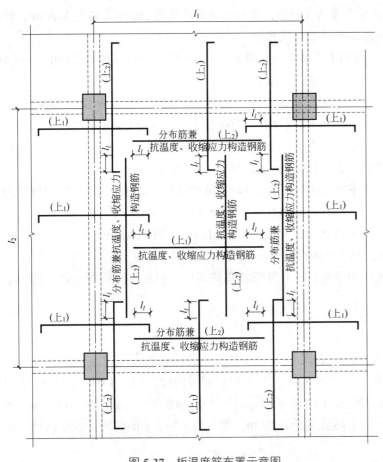

图 5-37　板温度筋布置示意图

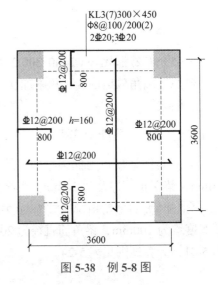

图 5-38　例 5-8 图

伸入支座内锚固长度＝梁宽－梁保护层厚度－梁箍筋直径－梁角筋直径 $+15d$

根数＝（悬挑板宽度－板保护层厚度 $\times2$）/ 上部受力钢筋间距 $+1$

纯悬挑板构造二的计算公式：

长度＝悬挑板净挑长度－板保护层厚度＋（悬挑尽端板厚 $-2\times$ 板保护层厚度 $c$）$+l_a$（$l_{aE}$）

根数＝（悬挑板宽度－板保护层厚度 $\times2$）/ 上部受力钢筋间距 $+1$

根据表 5-10、图 5-39，上部分布筋的计算公式：

长度＝悬挑板宽度－板保护层厚度 $\times2$

根数＝跨内部分分布筋根数＋悬挑板净挑部分分布筋根数

① 跨内部分分布筋根数＝（跨内板筋长度 $-1/2$ 分布筋间距）/ 分布筋间距 $+1$

② 悬挑板净挑部分分布筋根数＝（悬挑板净挑长度 $-1/2$ 分布筋间距－板保护层厚度）/ 分布筋间距 $+1$

注：延伸悬挑板计算跨内部分分布筋根数，纯悬挑板不计算跨内部分分布筋根数；对于悬挑板上翻边构造，由于上翻钢筋与水平段的交叉点上要布置一根钢筋，所以上部分布筋根数要在上述公式计算结果上再加 1，如图 5-39 所示。

根据表 5-10，下部构造筋（垂直支座）的计算公式：

长度＝悬挑板净挑长度－板保护层厚度 $+\max$（$12d$，支座宽 $/2$）

根数＝（悬挑板宽度－板保护层厚度 $\times2$）/ 下部构造钢筋间距 $+1$

注：考虑竖向递进作用时，$\max$（$12d$，支座宽 $/2$）变成 $l_{aE}$。

下部分布筋（平行支座）的计算公式：

长度＝悬挑板宽度－板保护层厚度 $\times2$

根数＝（悬挑板净挑长度 $-1/2$ 分布筋间距－板保护层厚度）/ 分布筋间距 $+1$

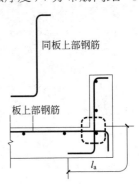

图 5-39　上翻边构造增加分布筋位置

【例 5-9】 如图 5-40 所示，板的保护层厚度为 15mm，梁的保护层厚度为 20mm，梁宽 300mm，计算板内钢筋的长度及根数。

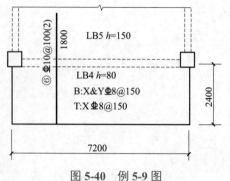

图 5-40 例 5-9 图

【解】上部受力钢筋长度 =（150-2×15）+1800+2400-15+（80-2×15）= 4355（mm）

上部受力钢筋根数 =（7200-2×15）/100+1 = 73（根）

上部分布筋长度 = 7200-2×15 = 7170（mm）

上部分布筋根数 =（1800-300/2-150/2）/150+1+（2400-300/2-150/2-15）/150+1 = 12+16 = 28（根）

下部构造筋长度 = 2400-300/2-15+max（150，12×8）= 2385（mm）

下部构造筋根数 =（7200-15×2）/150+1 = 49（根）

下部分布筋长度 = 7200-15×2 = 7170（mm）

下部分布筋根数 =（2400-300/2-150/2-15）/150+1 = 16（根）。

悬挑板阳角放射筋、阴角附加筋、洞口加强筋、马凳筋等特殊构造钢筋根据实际情况直接计算钢筋的长度、根数。

### 5.4.2.2 板钢筋计算实例

某多层住宅项目为框架结构，地上 6 层，抗震设防烈度为七度，抗震等级为三级，板保护层厚度为 15mm，梁保护层厚度为 20mm。板结构施工图中图 5-41 所有未注明编号的楼板均为 LB1，图 5-41 中填充"▨"的板与楼层相对标高为 -0.230m，图 5-41 中填充"▩"的板与楼层相对标高为 -0.100m，梁截面宽度均为 200mm，梁角筋直径为 20mm，梁箍筋直径为 8mm，板分布筋为，Φ6@250。板结构施工图见图 5-41，计算规则见表 5-24。

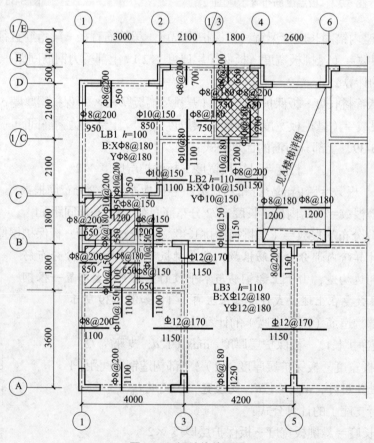

图 5-41 板结构施工图

平法识图与钢筋算量

表 5-24　板计算规则

| | |
|---|---|
| ⓒ～ⓓ/①～②轴 | 底部 X 向通长筋长度 = 3000-300+max（5×8，150）+6.25×8×2 = 2950（mm）<br>底部 X 向通长筋根数 = （2100+2100-300-180）/180+1 = 22（根）<br>底部 Y 向通长筋长度 = 4200-300+max（5×8，150）+6.25×8×2 = 4150（mm）<br>底部 Y 向通长筋根数 = （3000-300-180）/180+1 = 15（根）<br>Φ8@200 钢筋长度 = 950-150+（100-30）+（300-20-8-20+15×8）= 1242（mm）<br>Φ8@200 钢筋根数 = （3000-300-200）/200+1+（2100+2100-300-200）/200+1 = 14+20 = 34（根）<br>Φ10@150 钢筋长度 1 = 850×2+（100-15×2）×2 = 1840（mm）<br>Φ10@150 钢筋根数 1 = （2100-300-150）/150+1 = 12（根）<br>Φ10@150 钢筋长度 2 = 1100×2+（100-15×2）×2 = 2340（mm）<br>Φ10@150 钢筋根数 2 = （2100-300-150）/150+1 = 12（根）<br>Φ10@200 钢筋长度 = 950-150+（100-30）+（300-20-8-20+15×10）= 1272（mm）<br>Φ10@200 钢筋根数 = （3000-300-200）/200+1 = 14（根）<br>Φ6@250 分布筋长度 1 = 3000-950-850+150×2 = 1500（mm）<br>Φ6@250 分布筋根数 1 = （950-150）/250+1 = 4（根）<br>Φ6@250 分布筋长度 2 = 4200-950-950+150×2 = 2600（mm）<br>Φ6@250 分布筋根数 2 = （950-150）/250+1 = 4（根）<br>Φ6@250 分布筋长度 3 = 3000-950-1100+300 = 1250（mm）<br>Φ6@250 分布筋根数 3 = （950-150）/250+1 = 4（根）<br>Φ6@250 分布筋长度 4 = 4200-950-950+150×2 = 2600（mm）<br>Φ6@250 分布筋根数 4 = （1100-150）/250+1 = 4（根） |
| Ⓐ～Ⓑ/①～③轴 | 跨板受力筋Φ10@150 钢筋计算。<br>　长度 = 1800+1100+1100+（110-30）+（100-30）= 4150（mm）<br>　根数 = （1650-150）/150+1 = 11（根）<br>　注：此处跨板受力筋的分布筋在伸入上部 LB2 板和伸入下部 LB1 板需布置，中间板不需要布置，原因为此区域左右支座处的支座负筋可代替分布筋，计算过程略<br><br> |
| Ⓑ～①/ⓒ/②～④轴 | L 形板下部贯通纵筋计算<br>底部 X 向通长筋：<br>①区域：<br>长度 = 3700+2×max（5×10，150）= 4000（mm）<br>根数 = （3700-1600）/150 = 14（根）<br>②区域：<br>长度 = 4550+2×max（5×10，150）= 4850（mm）<br>根数 = 1600/150 = 11（根）<br>底部 Y 向通长筋：<br>①区域：<br>长度 = 1600+2×max（5×10，150）= 1900（mm）<br>根数 = （4550-3700）/150 = 6（根）<br>②区域：<br>长度 = 3700+2×max（5×10，150）= 4000（mm）<br>根数 = 3700/150 = 25（根）<br><br> |

其他板内钢筋计算方法参见表 5-24。

# 【能力训练题】

## 一、单项选择题

1. 板块编号为 XB 表示为（      ）。

A. 现浇板            B. 悬挑板            C. 延伸悬挑板            D. 屋面现浇板

2. 当板的端支座为梁时，底筋伸进支座的长度为（$d$ 为钢筋直径）（      ）。

A.10$d$            B. 支座宽 /2+5$d$            C. max（支座宽 /2，5$d$）            D. 5$d$

3. 板端支座负筋弯折长度为（      ）。

A. 板厚            B. 板厚－保护层            C. 板厚－保护层 ×2            D.15$d$（$d$ 为钢筋直径）

4. 柱上板带暗梁箍筋加密区是自支座边缘向内（      ）。

A. 3$h$（$h$ 为板厚）            B.100mm            C.250mm            D. $l_{ab}$

## 二、多项选择题

1. 板内钢筋有（      ）。

A. 受力筋            B. 负筋            C. 负筋分布筋            D. 温度筋            E. 架立筋

2. 在无梁楼盖板的制图规则中规定了相关代号，下面对代号解释正确的是（      ）。

A. ZSB 表示柱上板带    B. KZB 表示跨中板带    C. B 表示上部，T 表示下部

D. $h$ 表示板带宽，$b$ 表示板带厚

## 三、计算题

如图 5-42 所示，板厚为 200mm，梁宽为 300mm，梁箍筋直径为 10mm，梁纵筋直径为 20mm，环境等级为一类，试计算：（1）支座负筋③和④的长度；（2）支座负筋④的分布筋长度；（3）支座负筋③的根数。

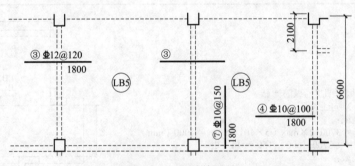

图 5-42　板平法施工图

# 6

# 楼梯识图与钢筋算量

**教学要求**

1. 了解楼梯类型；
2. 掌握钢筋混凝土板式楼梯制图规则及基本构造；
3. 掌握板式楼梯平法施工图的平面注写方式；
4. 掌握板式楼梯的钢筋算量基本知识。

**重点难点**

板式楼梯的平法表达方式和钢筋构造，板式楼梯钢筋算量的基本知识与技能。

**素质目标**

  通过对楼梯构件的施工现场图片的认知，结合工程图纸，详细介绍构件的尺寸配筋和钢筋构造，以及现场施工进行检查验收需要注意的问题，培植工程伦理意识。在土建工程的设计、施工和管理过程中，不少工程人员伦理素质差而引发的劣质工程时有发生，从而引导学生加强工程伦理意识、责任意识，具备担当精神。在学习楼梯平法识图与钢筋计算模块时，通过引入真实的工程案例，引导学生深刻认识到安全于心、责任于行的重要性，时刻树立安全意识、责任意识，强化职业素养，将"发展绝不能以牺牲人的生命为代价"作为一条红线谨记于心。

## 6.1  ▶  楼梯分类及构造组成

### 6.1.1   楼梯分类

  ① 从建筑上划分，楼梯可按以下原则进行分类。

按照楼梯的材料可分为：钢筋混凝土楼梯、钢楼梯、木楼梯及组合材料楼梯。

按照楼梯的使用性质可分为：主要楼梯、辅助楼梯、疏散楼梯及消防楼梯。

按照楼梯的位置可分为：室内楼梯和室外楼梯。

② 从结构上划分，现浇钢筋混凝土楼梯的分类见表 6-1。

表 6-1 现浇钢筋混凝土楼梯的分类

| 名称 | 特点 |
|---|---|
| 板式楼梯 | 板式楼梯的踏步段是一块斜板，这块踏步段斜板支承在高端平台梁和低端平台梁上，或者直接与高端平板和低端平板连成一体 |
| 梁板式楼梯 | 梁板式楼梯踏步段的左右两侧是两根楼梯斜梁，把踏步板支承在楼梯斜梁上，这两根楼梯斜梁支承在高端平台梁和低端平台梁上，这些高端平台梁和低端平台梁一般都是两端支承在墙或者柱子上 |
| 悬挑楼梯 | 悬挑楼梯的梯梁一端支承在墙或者柱子上，形成悬挑梁的结构，踏步板支承在梯梁上。也有的悬挑楼梯直接把楼梯做成悬挑板（一端支承在墙或者柱子上） |
| 旋转楼梯 | 旋转楼梯与普通楼梯区别在于踏步段转折上升的形式不同，旋转楼梯采用围绕一个轴心螺旋上升的做法。这个轴心通常是柱子或墙，同时也作为旋转楼梯的支座 |

### 6.1.2　楼梯构造组成

（1）踏步段

它是各种楼梯的主要构件，每个踏步段的踏步高度和宽度应该相等。

（2）层间平台板

层间平台板是休息平台、中转平台，它具有暂时性、过渡性的特征，处于上下层结构楼面之间，应与楼层平台板区分开来。常规的一跑楼梯不包含层间平板。在 16G101—2 标准图集中，层间平台板的代号为 PTB。

（3）层间平台梁

楼梯的层间平台梁起到支承层间平台板和踏步段的作用。常规的一跑楼梯不包含层间梯梁。在 16G101—2 标准图集中，梯梁的代号为 T。

（4）楼层平台梁

楼梯的楼层平台梁起到支承楼层平台板和踏步段的作用。16G101—2 标准图集规定：梯梁支承在梯柱上时，其构造应符合 16G1011 中框架梁（KL）的构造做法，箍筋宜全长加密。

（5）楼层平台板

楼层平台板是每个楼层中连接楼层平台梁或踏步段的平板。在 16G101—2 标准图集中只有 ET 型楼梯包含楼层平台板，其余类型不包含楼层平台板。

（6）梯柱

梯柱支承在楼板与平台梁之间。在 16G101—2 标准图集中梯柱的代号为 TZ。

（7）梯基

梯基位于底层梯板、梯柱下。

16G101—2 标准图集规定：平台板、梯梁及梯柱的平法注写方式参见国家建筑标准设计图集 16G101—1。

## 6.2 ▶ 现浇混凝土板式楼梯平法制图规则

### 6.2.1　现浇混凝土板式楼梯平法施工图的表示方法

楼梯平法施工图表示方法可分为平面注写、剖面注写和列表注写三种。

楼梯平面布置图，应采用适当比例集中绘制，需要时，绘制其剖面图。

## 6.2.2 楼梯类型

楼梯的 12 种类型见表 6-2。

表 6-2 楼梯类型

| 梯板代号 | 标注方式 | 包括构件 | 备注 |
|---|---|---|---|
| AT | | 踏步段 | |
| BT | | 低端平板、踏步段 | |
| CT | | 踏步段、高端平板 | 一跑 |
| DT | | 低端平板、踏步段、高端平板 | |
| ET | | 低端踏步段、中位平板、高端平板 | |
| FT | 梯板代号＋序号，如 AT××、BT×× | 层间平板、踏步段和楼层平板 | 两跑 |
| GT | | 层间平板、踏步段 | |
| ATa | | 踏步段 | |
| ATb | | 踏步段 | |
| ATc | | 踏步段 | 一跑 |
| CTa | | 踏步段、高端平板 | |
| CTb | | 踏步段、高端平板 | |

## 6.2.3 平面注写方式

平面注写方式是以在楼梯平面布置图上注写截面尺寸和配筋具体数值的方式来表示楼梯施工图，包括集中标注和外围标注，见表 6-3。

表 6-3 平面注写制图规则

| 标注方式 | 数据项 | 注写方式 | 可能的情况 | 备注 |
|---|---|---|---|---|
| 集中标注 | 梯板类型代号 | 梯板代号＋序号 | AT ～ GT、ATa ～ ATc、CTa ～ CTb | AT1 |
| | 梯板厚度 | $h = \times\times\times$ | $h = \times\times\times$<br>$h = \times\times\times$（P$\times\times\times$） | $h = 120mm$<br>$h = 120mm$（P150） |
| | 踏步段总高度和踏步级数 | $H_s /（m+1）$ | | 1600mm/10 |
| | 梯板支座上部纵筋、下部纵筋 | 上部纵筋；下部纵筋 | | $\Phi$ 10@200；<br>$\Phi$ 12@150 |
| | 梯板分布筋 | 以 F 打头注写 | 也可在图中统一说明 | F $\Phi$ 8@250 |
| 外围标注 | 楼梯间的平面几何尺寸 | ① 《建筑结构制图标准》（GB/T 50105—2010）。<br>② 16G101—2 标准图集的尺寸以 "mm" 为单位，标高以 "m" 为单位。<br>③ 16G101—2 标准图集中，楼梯均为逆时针上，其制图规则与构造对于顺时针或逆时针上的楼梯均适用 | | |
| | 楼层结构标高 | | | |
| | 层间结构标高 | | | |
| | 楼梯的上下方向 | | | |
| | 梯板的平面几何尺寸 | 国家建筑标准设计图集 16G101—1 | | |
| | 平台板配筋 | | | |
| | 梯梁配筋 | | | |
| | 梯柱配筋 | | | |

以 AT 型楼梯为例，平面注写方式如图 6-1 所示。

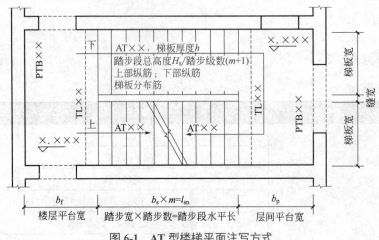

图 6-1　AT 型楼梯平面注写方式

【例 6-1】楼梯施工图平面注写方式实例如图 6-2 所示。

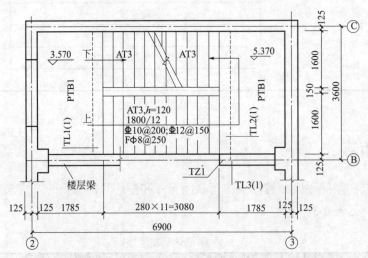

图 6-2　楼梯施工图平面注写方式

图 6-2 的工程实例中反映楼梯以下信息：

① 梯板类型及编号为 AT3。

② 踏步段总高度为 1800mm，踏步级数为 12 级。

③ 梯板支座上部纵筋为 $\Phi$10@200。

④ 梯板下部纵筋为 $\Phi$12@150。

⑤ 梯板分布筋为 $\phi$8@250。

楼梯的平面注写方式适用于梯板类型单一，通过平面就能将施工时所需的楼梯截面尺寸和配筋信息表达完整的情况。

## 6.2.4　剖面注写方式

剖面注写方式需在楼梯平法施工图中绘制楼梯平面布置图和楼梯剖面图，其注写方式分平面注写、剖面注写两部分，见表 6-4。

表 6-4　剖面注写制图规则

| 标注方式 | 数据项 | 注写方式 | 可能的情况 | 备注 |
|---|---|---|---|---|
| 平面注写 | 楼梯间的平面尺寸 | ①《建筑结构制图标准》（GB/T 50105—2010）。<br>② 16G101—2 标准图集的尺寸以 "mm" 为单位，标高以 "m" 为单位。<br>③ 16G101—2 标准图集中，楼梯均为逆时针上，其制图规则与构造对于顺时针与逆时针上的楼梯均适用 | | |
| | 楼层结构标高 | | | |
| | 层间结构标高 | | | |
| | 楼梯的上下方向 | | | |
| | 梯板的平面几何尺寸 | | | |
| | 梯板类型及编号 | 梯板代号 + 序号 | AT ～ GT、ATa ～ ATc、CTa ～ CTb | AT1 |
| | 平台板配筋 | 国家建筑标准设计图集 16G101—1 | | |
| | 梯梁配筋 | | | |
| | 梯柱配筋 | | | |
| 剖面注写 | 梯板集中标注 | ① 梯板代号 + 序号。<br>② 梯板厚度（平台板厚）。<br>③ 上部纵筋；下部纵筋。<br>④ 梯板分布筋（也可统一说明） | | AT1<br>$h = 120mm$（P150）<br>$\Phi 10@200$；$\Phi 12@150$<br>F$\Phi 8@250$ |
| | 梯梁、梯柱编号 | 同 16G101—1 图集标注 | | TL1、TZ1 |
| | 梯板水平及竖向尺寸 | 水平尺寸：$b_p$（层间平台板宽）、$b_s$（踏步水平宽）×$m$（踏步数）、$b_f$（楼层平台宽）<br>竖向尺寸：$H_s$（踏步段总高度）/（$m+1$）（踏步级数） | | |
| | 楼层结构标高 | 同 16G101—1 图集标注 | | |
| | 层间结构标高 | 同 16G101—1 图集标注 | | |

【例 6-2】以 AT 型楼梯为例，楼梯施工图剖面图如图 6-3 所示，楼梯平面布置图如图 6-4 所示。

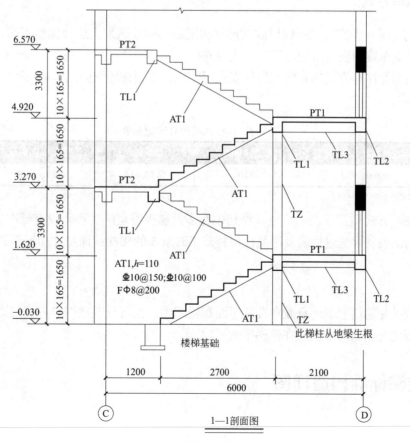

图 6-3　楼梯施工剖面图

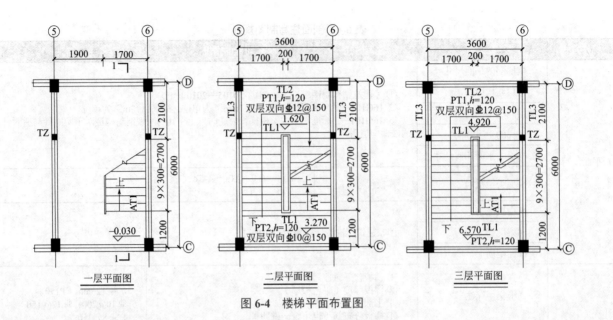

图 6-4  楼梯平面布置图

图 6-3、图 6-4 工程实例中反映楼梯以下信息：

梯板类型及编号：AT1。

踏步段总高度为 1650mm，踏步级数为 10。

梯板支座上部纵筋：⊕10@150。

梯板下部纵筋：⊕10@100。

梯板分布筋：Φ8@200。

### 6.2.5　列表标写方式

列表注写方式是用列表方式注写梯板截面尺寸和配筋具体数值来表达楼梯施工图，包括平面布置图注写、列表注写。平面布置图注写与剖面注写方式相同。

将楼梯施工图剖面注写方式的实例改为列表注写方式，平面布置图同图 6-4，图 6-3 的相关信息以列表方式注写，见表 6-5。

表 6-5　梯板几何尺寸和配筋表

| 梯板编号 | 踏步段总高度 / 踏步级数 | 板厚 $h$/mm | 上部纵向钢筋 | 下部纵向钢筋 | 分布筋 |
|---|---|---|---|---|---|
| AT1 | 1650mm/10 | 110 | ⊕10@150 | ⊕10@100 | Φ8@200 |

楼梯的列表注写方式适用于在一个楼梯结构中有多种梯板类型的工程。没有标准层的工程采用此注写方式，可不受图幅的限制，通过列表及平面注写将施工时所需的楼梯截面尺寸和配筋信息表达完整。

### 6.2.6　其他

楼层平台梁板的配筋信息既可反映在楼梯平面布置图中，也可反映在相应各楼层梁板配筋图中。

层间平台梁板的配筋信息应反映在楼梯平面图中。

## 6.3 ▶ 楼梯标准构造详图

根据楼梯钢筋所处的部位和具体构造要求不同，可将其构造分为以下主要内容：

① 踏步段下部纵筋构造。

② 踏步段上部纵筋构造。

③ 楼梯平板下部纵筋构造。

④ 楼梯平板上部纵筋构造。

⑤ 梯板分布筋构造。

⑥ 滑动支座构造。

⑦ 不同踏步位置推高与高度减小构造。

⑧ 各型楼梯第一跑与基础连接构造。

当楼梯配筋采用 HPB300 级钢筋时，其末端应做 180°的弯钩，做法见 16G101—2 第 18 页。不同类型的楼梯钢筋构造方式不同，下面分别介绍 16G101—2 中 AT～ET 型板式楼梯的配筋构造。

### 6.3.1 AT 型楼梯梯板配筋构造

AT 型楼梯梯板配筋构造分为踏步段下部纵筋、踏步段低端上部纵筋、踏步段高端上部纵筋、踏步段分布筋，如图 6-5 所示。

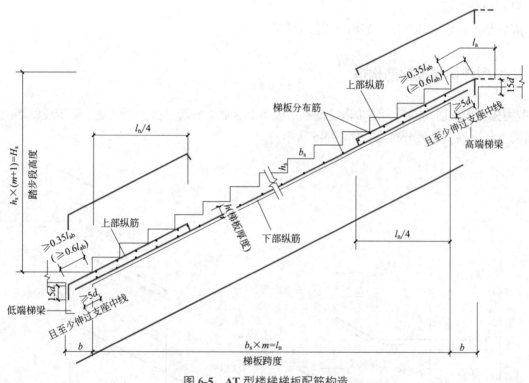

图 6-5 AT 型楼梯梯板配筋构造

（1）踏步段下部纵筋

踏步段下部纵筋伸入高端梯梁及低端梯梁的长度均应 ≥ 5d（d 为纵向钢筋直径），而且至少伸过支座中线。

（2）踏步段低端上部纵筋

① 伸入低端梯梁要求。

a. 当设计踏步段与平台板铰接时，平直段钢筋伸至端支座对边后弯折，而且平直段长度不小于 $0.35l_{ab}$，弯折段长度 15d（d 为纵向钢筋直径）；

b. 当设计考虑充分利用钢筋的抗拉强度时，平直段伸至端支座对边后弯折，而且平直段长度不小于

$0.6l_{ab}$，弯折段长度 $15d$（$d$ 为纵向钢筋直径）。

具体工程中，设计应指明采用何种构造，当多数采用同种构造时，可在图注中写明，并将少数不同之处在图中注明。

② 伸入梯板要求。上部纵筋伸入踏步板内的水平投影长度是踏步板水平投影长度的 1/4，弯折同 16G101—1 中板的支座负筋。

（3）踏步段高端上部纵筋

① 伸入高端梯梁要求。

a. 当设计踏步段与平台板铰接时，平直段钢筋伸至端支座对边后弯折，而且平直段长度不小于 $0.35l_{ab}$，弯折段长度 $15d$（$d$ 为纵向钢筋直径）。

b. 当设计考虑充分利用钢筋的抗拉强度时，平直段伸至端支座对边后弯折，而且平直段长度不小于 $0.6l_{ab}$，弯折段长度 $15d$（$d$ 为纵向钢筋直径）。

c. 有条件时，上部纵筋可直接伸入平台板内锚固，从支座内边算起，总锚固长在具体工程中，设计应指明采用何种构造。当多数采用同种构造时，可在图注中写明并将少数不同之处在图中注明。

② 伸入梯板要求。直段钢筋伸入踏步板内的水平投影长度是踏步板水平投影长度的 1/4，弯折同 16G101—1 中板的负筋。

（4）踏步段分布筋

在下部纵筋上方、上部纵筋下方均应设置分布筋。

### 6.3.2 BT 型楼梯梯板配筋构造

BT 型楼梯梯板配筋构造分为踏步段及低端平板下部纵筋、低端平板上部纵筋、踏步段低端上部纵筋、踏步段高端上部纵筋、梯板分布筋，如图 6-6 所示。

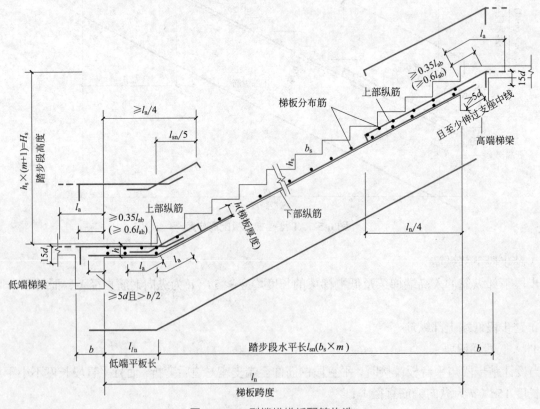

图 6-6　BT 型楼梯梯板配筋构造

（1）踏步段及低端平板下部纵筋

踏步段下部纵筋伸入高端梯梁的长度应≥5$d$，而且至少伸过支座中线，低端平板处下部纵筋伸入低端梯梁长度≥5$d$且>$b$/2。

（2）低端平板上部纵筋

① 伸入低端梯梁要求。

a. 当设计踏步段与平台板铰接时，平直段钢筋伸至端支座对边后弯折，而且平直段长度不小于0.35$l_{ab}$，弯折段长度15$d$（$d$为纵向钢筋直径）。

b. 当设计考虑充分利用钢筋的抗拉强度时，平直段伸至端支座对边后弯折，而且平直段长度不小于0.6$l_{ab}$，弯折段长度15$d$（$d$为纵向钢筋直径）。

c. 有条件时，上部纵筋可直接伸入平台板内锚固，从支座内边算起，总锚固长度不小于$l_a$。

具体工程中，设计应指明采用何种构造，当多数采用同种构造时，可在图注中写明，并将少数不同之处在图中注明。

② 伸入踏步段要求。

钢筋伸至踏步段底部后沿踏步段坡度弯折，伸入踏步段内的总长度为$l_a$。

（3）踏步段低端上部纵筋

① 伸入低端平板要求。钢筋伸至低端平板底部后沿平板水平弯折，伸入低端平板内的总长度为$l_a$。

② 伸入踏步段要求。钢筋伸入踏步段的水平投影长度应为$l_{sn}$/5且≥（$l_n$/4−$l_{ln}$），弯折同16G101—1中板的负筋。这里，$d$为纵向钢筋直径，$l_n$为梯板跨度，$l_{ln}$为低端平板长。

（4）踏步段高端上部纵筋

① 伸入高端梯梁要求。

a. 当设计踏步段与平台板铰接时，平直段钢筋伸至端支座对边后弯折，而且平直段长度不小于0.35$l_{ab}$，弯折段长度15$d$（$d$为纵向钢筋直径）；

b. 当设计考虑充分利用钢筋的抗拉强度时，平直段伸至端支座对边后弯折，而且平直段长度不小于0.6$l_{ab}$，弯折段长度15$d$（$d$为纵向钢筋直径）；

c. 上部纵筋有条件时，可直接伸入平台板内锚固，从支座内边算起，总锚固长度不小于$l_a$。

具体工程中，设计应指明采用何种构造。当多数采用同种构造时，可在图注中写明，并将少数不同之处在图中注明。

② 伸入踏步段要求。直段钢筋伸入踏步板内的水平投影长度是梯板跨度水平投影长度的1/4，弯折同16G101—1中板的负筋。

（5）梯板分布筋

在下部纵筋上方、上部纵筋下方均应设置分布筋。

### 6.3.3　CT型楼梯梯板配筋构造

CT型楼梯梯板配筋构造分为踏步段下部纵筋、高端平板下部纵筋、踏步段低端上部纵筋、踏步段及高端平板上部纵筋、梯板分布筋，如图6-7所示。

（1）踏步段下部纵筋

踏步段下部纵筋伸入低端梯梁的长度应≥5$d$，而且至少伸过支座中线。伸入高端平板顶端后沿平板水平弯折，伸入高端平板水平段内的总长度为$l_a$。

（2）高端平板下部纵筋

① 伸入高端梯梁要求。钢筋伸入高端梯梁长度≥5$d$且>$b$/2（$d$为纵向钢筋直径，$b$为高端梯梁宽度）。

② 伸入踏步段要求。钢筋伸至踏步段顶端后沿踏步段坡度弯折，伸梯板坡段内的总长度为$l_a$。

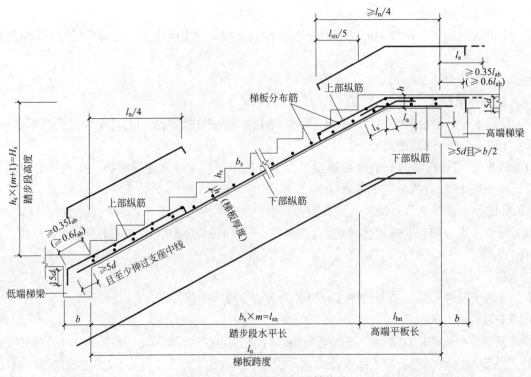

图 6-7　CT 型楼梯梯板配筋构造

（3）踏步段低端上部纵筋

① 伸入低端梯梁要求。

a. 当设计踏步段与平台板铰接时，平直段钢筋伸至端支座对边后弯折，而且平直段长度不小于 $0.35l_{ab}$，弯折段长度 $15d$（$d$ 为纵向钢筋直径）。

b. 当设计考虑充分利用钢筋的抗拉强度时，平直段伸至端支座对边后弯折，而且平直段长度不小于 $0.6l_{ab}$，弯折段长度 $15d$（$d$ 为纵向钢筋直径）。

具体工程中，设计应指明采用何种构造。当多数采用同种构造时，可在图注中写明，并将少数不同之处在图中注明。

② 伸入踏步段要求。直段钢筋伸入踏步板内的水平投影长度是梯板跨度水平投影长度的 1/4，端部弯折同 16G101—1 中板的负筋。

（4）踏步段及高端平板上部纵筋

① 伸入踏步段要求。钢筋伸入踏步段内的水平投影长度应 $\geq l_{sn}/5$，而且从高端梯梁伸出的水平投影长度应 $\geq l_n/4$，弯折同 16G101—1 中板的负筋。这里，$d$ 为纵向钢筋直径，$l_{sn}$ 为踏步段水平长度，$l_n$ 为梯板跨度，$l_{hn}$ 为高端平板长。

② 伸入高端梯梁要求。

a. 当设计踏步段与平台板铰接时，平直段钢筋伸至端支座对边后弯折，而且平直段长度不小于 $0.35l_{ab}$，弯折段长度 $15d$（$d$ 为纵向钢筋直径）。

b. 当设计考虑充分利用钢筋的抗拉强度时，平直段伸至端支座对边后弯折，而且平直段长度不小于 $0.6l_{ab}$，弯折段长度 $15d$（$d$ 为纵向钢筋直径）。

c. 有条件时，上部纵筋可直接伸入平台板内锚固，从支座内边算起，总锚固长度不小于 $l_a$。

具体工程中，设计应指明采用何种构造。当多数采用同种构造时，可在图注中写明，并将少数不同之处在图中注明。

（5）梯板分布筋

在下部纵筋上方、上部纵筋下方均应设置分布筋。

## 6.3.4 DT 型楼梯梯板配筋构造

DT 型楼梯梯板配筋构造分为低端平板及踏步段下部纵筋、高端平板下部纵筋、低端平板上部纵筋、踏步段低端上部纵筋、踏步段及高端平板上部纵筋、梯板分布筋，如图 6-8 所示。

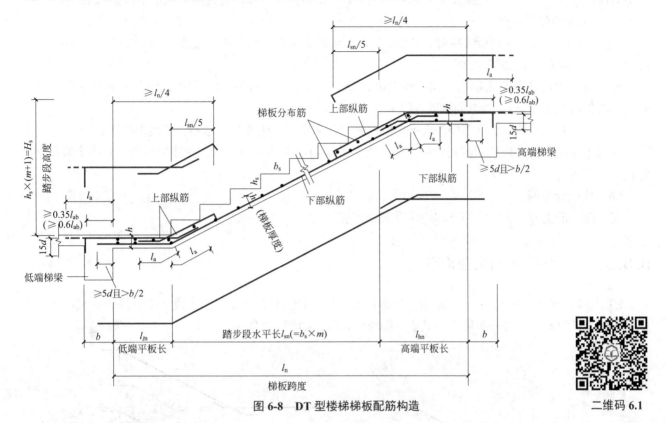

图 6-8　DT 型楼梯梯板配筋构造

二维码 6.1

（1）低端平板及踏步段下部纵筋

低端平板及踏步段下部纵筋伸入低端梯梁的长度应 ≥ 5d，且 > b/2。

（2）高端平板下部纵筋

① 伸入高端梯梁要求。钢筋伸入高端梯梁长度 ≥ 5d 且 > b/2（d 为纵向钢筋直径、b 为高端梯梁宽度）。

② 伸入踏步段要求。钢筋伸至踏步段顶端后沿踏步段坡度弯折，伸入踏步段坡段内的总长度为 $l_a$。

（3）低端平板上部纵筋

① 伸入低端梯梁要求。

a. 当设计踏步段与平台板铰接时，平直段钢筋伸至端支座对边后弯折，而且平直段长度不小于 $0.35l_{ab}$，弯折段长度 15d（d 为纵向钢筋直径）。

b. 当设计考虑充分利用钢筋的抗拉强度时，平直段伸至端支座对边后弯折，而且平直段长度不小于 $0.6l_{ab}$，弯折段长度 15d（d 为纵向钢筋直径）。

c. 有条件时，上部纵筋可直接伸入平台板内锚固，从支座内边算起，总锚固长度不小于 $l_a$。

具体工程中，设计应指明采用何种构造。当多数采用同种构造时，可在图注中写明，并将少数不同之处在图中注明。

② 伸入踏步段要求。钢筋伸至踏步段底部后沿踏步段坡度弯折，伸入踏步段内的总长度为 $l_a$。

（4）踏步段低端上部纵筋

① 伸入低端平板要求。钢筋伸至低端平板底部后沿平板水平弯折，伸入低端平板内的总长度为 $l_a$。

② 伸入踏步段要求。钢筋伸入踏步段的水平投影长度应为 $l_{sn}/5$，且 ≥（$l_n/4-l_{ln}$），弯折同 16G101—1 中板的负筋。这里，d 为纵向钢筋直径，$l_n$ 为梯板跨度，$l_{ln}$ 为低端平板长。

（5）踏步段及高端平板上部纵筋

① 伸入踏步段要求。钢筋从高端平板伸入踏步段，在距最上一级踏步侧边一个踏步宽 $b_s$ 处沿踏步坡度弯折，伸入踏步段的水平投影长度应≥（$l_{sn}/5-b_s$），而且从高端梯梁伸出的水平投影长度应≥$l_n/4$，弯折同 16G101—1 中板的负筋。这里，$d$ 为纵向钢筋直径，$l_n$ 为梯板跨度，$l_{sn}$ 为踏步段水平投影长度。

② 伸入高端梯梁要求。

a. 当设计踏步段与平台板铰接时，平直段钢筋伸至端支座对边后弯折，而且平直段长度不小于 $0.35l_{ab}$，弯折段长度 15$d$（$d$ 为纵向钢筋直径）。

b. 当设计考虑充分利用钢筋的抗拉强度时，平直段伸至端支座对边后弯折，而且平直段长度不小于 $0.6l_{ab}$，弯折段长度 15$d$（$d$ 为纵向钢筋直径）。

c. 有条件时，上部纵筋可直接伸入平台板内锚固，从支座内边算起，总锚固长度不小于 $l_a$。

具体工程中，设计应指明采用何种构造。当多数采用同种构造时，可在图注中写明，并将少数不同之处在图中注明。

（6）梯板分布筋

在下部纵筋上方、上部纵筋下方均应设置分布筋。

### 6.3.5 ET 型楼梯梯板配筋构造

ET 型楼梯梯板配筋构造分为低端踏步段下部纵筋、中位平板及高端踏步段下部纵筋、低端踏步段及中位平板上部纵筋、高端踏步段上部纵筋、梯板分布筋，如图 6-9 所示。

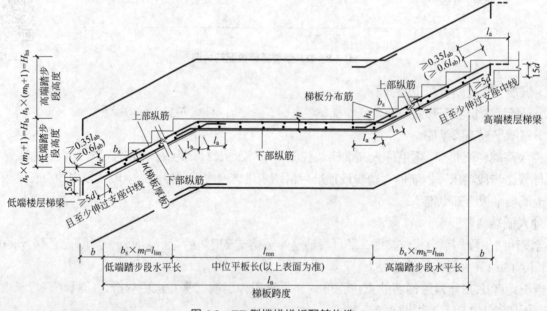

图 6-9  ET 型楼梯梯板配筋构造

（1）低端踏步段下部纵筋

低端踏步段下部纵筋伸入低端楼层梯梁的长度应≥ 5$d$，而且至少伸过支座中线。伸至中位平板顶端后，沿平板水平弯折，伸入中位平板水平段内的总长度为 $l_a$。

（2）中位平板及高端踏步段下部纵筋

① 伸入低端踏步段要求。钢筋从中位平板伸至踏步段上部纵筋下沿踏步段坡度弯折，从中位平板水平段伸出的长度应为 $l_a$。

② 伸入高端楼层梯梁要求。钢筋伸入高端楼层梯梁的长度应≥ 5$d$，而且至少伸过支座中线。

（3）低端踏步段及中位平板上部纵筋

① 伸入低端楼层梯梁要求。

a. 当设计踏步段与平台板铰接时，平直段钢筋伸至端支座对边后弯折，而且平直段长度不小于$0.35l_{ab}$，弯折段长度$15d$（$d$为纵向钢筋直径）。

b. 当设计考虑充分利用钢筋的抗拉强度时，平直段伸至端支座对边后弯折，而且平直段长度不小于$0.6l_{ab}$，弯折段长度$15d$（$d$为纵向钢筋直径）。

具体工程中，设计应指明采用何种构造。当多数采用同种构造时，可在图注中写明，并将少数不同之处在图中注明。

② 伸入高端踏步段长度要求。钢筋伸至高端踏步段底部后沿踏步段坡度弯折，伸入高端踏步段内的总长度为$l_a$。

（4）高端踏步段上部纵筋

① 伸入中位平板要求。钢筋伸入中位平板底部后沿平板水平弯折，伸入中位平板的总长度为$l_a$。

② 伸入高端楼层梯梁要求。

a. 当设计踏步段与平台板铰接时，平直段钢筋伸至端支座对边后弯折，而且平直段长度不小于$0.35l_{ab}$，弯折段长度$15d$（$d$为纵向钢筋直径）。

b. 当设计考虑充分利用钢筋的抗拉强度时，平直段伸至端支座对边后弯折，而且平直段长度不小于$0.6l_{ab}$，弯折段长度$15d$（$d$为纵向钢筋直径）。

c. 有条件时，上部纵筋可直接伸入平台板内锚固，从支座内边算起，总锚固长度不小于$l_a$。

在具体工程中，设计应指明采用何种构造。当多数采用同种构造时，可在图注中写明，并将少数不同之处在图中注明。

（5）梯板分布筋

在下部纵筋上方、上部纵筋下方均应设置分布筋。

## 6.4 ▶ 楼梯钢筋工程量计算

16G101—2图集中11种类型的现浇混凝土板式楼梯都有各自的楼梯板钢筋构造图，而且钢筋构造各不相同，因此，要根据工程选定的具体楼梯类别进行计算。

AT型楼梯钢筋计算过程分析如下。

（1）确定计算条件

计算楼梯钢筋前，可将计算时所需的条件指出列明，以便计算能更为简便、准确。AT型楼梯钢筋的计算条件分为楼梯板的各个基本尺寸数据、计算长度时可能用到的系数，详见表6-6。

表6-6　AT型楼梯钢筋计算条件及系数

| 梯板净跨度/mm | 梯板净宽度/mm | 梯板厚度/mm | 踏步宽度/mm | 踏步高度/mm | 斜度系数 |
|---|---|---|---|---|---|
| $l_n$ | $b_n$ | $h$ | $b_s$ | $h_s$ | $k$ |

注：在钢筋计算中，经常需要通过水平投影长度计算斜长。

斜长＝水平投影长度×斜度系数$k$

斜度系数$k$可以通过踏步宽度和踏步高度来进行计算，斜度系数$k=\dfrac{\sqrt{b_s^2+h_s^2}}{b_s}$。

（2）确定保护层厚度

楼梯中所包括的各构件保护层厚度的取定为：踏步段、楼间平板、中间平板、楼层平板均按板的保护层取定；梯梁按梁的保护层取定；柱按柱的保护层取定；梯基按基础保护层取定。

# 【能力训练题】

## 一、填空题

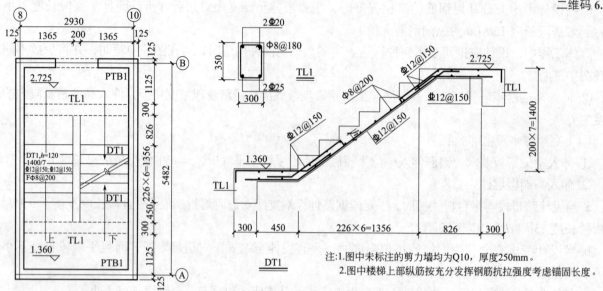

图 6-10　DT 型楼梯配筋构造图

（1）如图 6-10 所示的楼梯踏步宽是_____，踏步高是_____。

（2）如图 6-10 所示的楼梯的踏步段总高度是_____。

（3）如图 6-10 所示的楼梯上部纵筋信息是_____，梯板分布筋信息是_____。

（4）如图 6-10 所示的楼梯低端梯梁高是_____。

（5）如图 6-10 所示的高端平板长是_____。

## 二、计算题

剪力墙混凝土强度等级为 C30，楼梯及相关构件混凝土强度等级为 C25，保护层厚度均为 20mm，抗震等级为三级，楼梯钢筋具体信息如图 6-10 所示，根据提供的钢筋工程量计算表格完成钢筋工程量计算任务。

钢筋工程量计算表格

| 序号 | 构件名称 | 钢筋名称 | 钢筋级别 | 钢筋直径/mm | 钢筋间距/mm | 部位 | 根数计算公式 | 根数 | 单根长度计算式 | 单根长度/mm | 单重/kg | 总重量/kg |
|---|---|---|---|---|---|---|---|---|---|---|---|---|
| 1 | 楼梯 | 下部纵筋 | | | | | | | | | | |
| | | 低端水平上部纵筋 | | | | | | | | | | |
| | | 低端斜板上部纵筋 | | | | | | | | | | |
| | | 高端水平上部纵筋 | | | | | | | | | | |
| | | 高端水平底部纵筋 | | | | | | | | | | |
| | | 分布筋 | | | | | | | | | | |
| | 汇总/kg | | | | | | | | | | | |

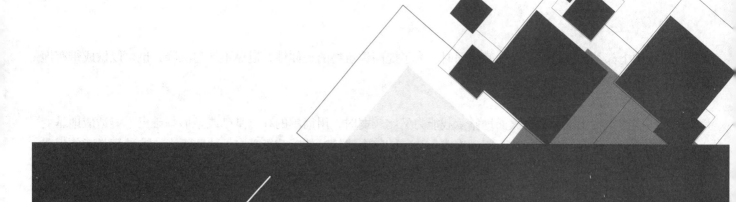

# 7

# 基础平法识图与钢筋算量

### 教学要求

1. 了解独立基础、条形基础、筏形基础和桩基承台的类型；
2. 掌握独立基础、条形基础、筏形基础和桩基承台的平面注写方式和钢筋构造；
3. 掌握独立基础、条形基础、筏形基础和桩基承台的钢筋算量基本知识。

### 重点难点

独立基础、条形基础、筏形基础、桩基承台的平法表达方式和钢筋构造，及其钢筋算量的基本知识与技能。

### 素质目标

在学习基础平法识图与钢筋计算模块时，通过引入真实的工程案例，注重理论与实践相结合，培养学生良好的工程素养，塑造学生爱岗敬业的职业精神，精益求精的工程意识、协作共进的团队协作能力等，确立工程终身责任制理念。

## 7.1 ▶ 基础类型

（1）独立基础

当建筑物上部结构采用框架结构或单层排架结构承重时，基础常采用方形、圆柱形或多边形等形式，这类基础称为独立基础。

（2）条形基础

条形基础又称带形基础。当建筑物的上部结构采用墙承重时，下面基础常采用连续的条形基础。当建筑物的上部结构为柱承重且地基软弱时，为了提高建筑物的整体性，避免不均匀沉降，也可以做成带有地梁的条形基础。

（3）筏形基础

当建筑物上部荷载较大而地基承载能力又比较弱时，用简单的独立基础或条形基础已不能适应地基变形的需要，这时常将墙或柱下基础连成一片，使整个建筑物的荷载承受在一块整板上，这种满堂式的板式基础称筏形基础。

（4）桩基础

当建造高层建筑或大型工业与民用建筑时，若地基的软弱土层较厚，采用浅埋基础不能满足地基强度和变形要求，常采用桩基础。桩基础是通过承台把若干根桩的顶部连接成整体，共同承受动静荷载的深基础。基桩是设置于土中的竖直或倾斜的基础构件，其作用在于穿越软弱的高压缩性土层或水，将桩所承受的荷载传递到更硬、更密或压缩性更小的地基持力层上。桩基础按照施工方法不同分为钢筋混凝土预制桩和灌注桩。

## 7.2 ▶ 独立基础、条形基础平法施工图制图规则及其标准构造

### 7.2.1 独立基础平法施工图制图规则

#### 7.2.1.1 独立基础平法施工图的表示方法

① 独立基础平法施工图，有平面注写与截面注写两种表达方式，设计者可根据具体工程情况选择一种，或两种方式相结合进行独立基础的施工图设计。

② 当绘制独立基础平面布置图时，应将独立基础平面与基础所支承的柱一起绘制。当设置基础联系梁时，可根据图面的疏密情况，将基础联系梁与基础平面布置图一起绘制，或将基础联系梁布置图单独绘制。

③ 在独立基础平面布置图上应标注基础定位尺寸；当独立基础的柱中心线或杯口中心线与建筑轴线不重合时，应标注其定位尺寸。编号相同且定位尺寸相同的基础，可仅选择一个进行标注。

#### 7.2.1.2 独立基础编号

独立基础编号见表7-1。

表 7-1  独立基础编号

| 类型 | 基础底板截面形状 | 代号 | 序号 |
|---|---|---|---|
| 普通独立基础 | 阶形 | DJ$_J$ | ×× |
| | 坡形 | DJ$_P$ | ×× |
| 杯口独立基础 | 阶形 | BJ$_J$ | ×× |
| | 坡形 | BJ$_P$ | ×× |

#### 7.2.1.3 独立基础的平面注写方式

独立基础平面注写方式分集中标注和原位标注两部分内容，当集中标注的某项数值不适用于基础梁的某部位时，则将该项数值采用原位标注，施工时原位标注优先。

（1）独立基础集中标注

普通独立基础和杯口独立基础的集中标注，系在基础平面图上集中引注基础编号、截面竖向尺寸、配

筋三项必注内容，以及基础底面标高（与基础底面基准标高不同时）和必要的文字注解两项选注内容。

具体规定如下：

① 注写独立基础编号（必注内容），见表 7-1。

② 注写独立基础截面竖向尺寸（必注内容）。

a. 普通独立基础。

如图 7-1 所示，截面竖向尺寸注写为：$h_1/h_2/\cdots\cdots$，阶形截面普通独立基础 DJ_J×× 的竖向尺寸注写为：400/300/300，表示 $h_1 = 400$mm、$h_2 = 300$mm、$h_3 = 300$mm，基础底板总高度为 1000mm。

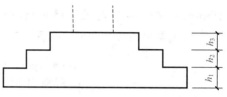

图 7-1 阶形截面普通独立基础竖向尺寸

b. 杯口独立基础。

当基础为阶形截面（图 7-2）：竖向尺寸分两组，一组表达杯口内，另一组表达杯口外，两组尺寸以"，"分隔，注写为：$a_0/a_1$，$h_1/h_2/\cdots\cdots$。

当基础为坡形截面（图 7-3）：竖向尺寸注写为：$a_0/a_1$，$h_1/h_2/h_3\cdots\cdots$。

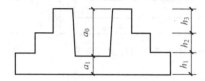

图 7-2 阶形截面杯口独立基础竖向尺寸

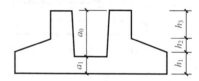

图 7-3 坡形截面杯口独立基础竖向尺寸

③ 注写独立基础配筋（必注内容）。

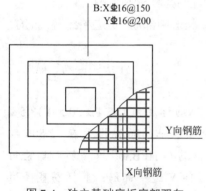

图 7-4 独立基础底板底部双向配筋示意图

a. 注写独立基础底板配筋。

X 向配筋以 X 打头、Y 向配筋以 Y 打头注写，当两向配筋相同时，则以 X&Y 打头注写。

【例 7-1】 当独立基础底板配筋标注为 B：X Φ16@150，YΦ16@200 时，表示基础底板底部配置 HRB400 级钢筋，X 向钢筋直径为 16mm，间距 150mm；Y 向钢筋直径为 16mm，间距 200mm，如图 7-4 所示。

b. 注写杯口独立基础顶部焊接钢筋网。

以 Sn 打头引注杯口顶部焊接钢筋网的各边钢筋。

【例 7-2】当单杯口独立基础顶部钢筋网标注为 Sn 2Φ14，表示杯口顶部每边配置 2 根 HRB400 级直径为 14mm 的焊接钢筋网，见图 7-5。

【例 7-3】当双杯口独立基础顶部钢筋网标注为 Sn 2Φ16，表示杯口顶部每边和双杯口中间杯壁均配置 2 根 HRB400 级直径为 16mm 的焊接钢筋网，见图 7-6。

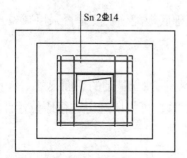

图 7-5 单杯口独立基础顶部焊接钢筋网示意图

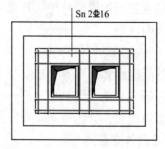

图 7-6 双杯口独立基础顶部焊接钢筋网示意图

c. 注写高杯口独立基础的短柱配筋。

ⅰ. 以 O 代表短柱配筋。

ⅱ. 先注写短柱纵筋，再注写箍筋。

【例 7-4】当高杯口独立基础的短柱配筋标注为 O：4⏀20/⏀16@220/⏀16@200，Φ10@150/300 时，表示高杯口独立基础的短柱配置 4 根⏀20 角筋，⏀16@220 长边中部筋和⏀16@200 短边中部筋；其箍筋直径 10mm，短柱杯口壁内间距 150mm，短柱其他部位间距 300mm，见图 7-7（a）。双高杯口独立基础短柱配筋，注写形式与单高杯口相同，见图 7-7（b）。

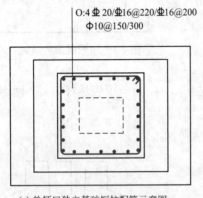
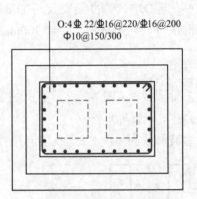

(a) 单杯口独立基础短柱配筋示意图　　　　(b) 双高杯口独立基础短柱配筋示意图

图 7-7　高杯口独立基础短柱配筋示意图

d. 注写普通独立基础带短柱竖向尺寸及钢筋。

ⅰ. 以 DZ 代表普通独立基础短柱。

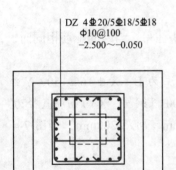

图 7-8　普通独立基础短柱配筋示意图

ⅱ. 先注写短柱纵筋，再注写箍筋，最后注写短柱标高范围。

当短柱水平截面为长方形时，注写：角筋/长边中部筋/短边中部筋，箍筋，短柱标高范围。

当短柱水平截面为正方形时，注写：角筋/x 边中部筋/y 边中部筋，箍筋，短柱标高范围。

【例 7-5】图 7-8 所示普通独立基础短柱配筋标注为 DZ 4⏀20/5⏀18/5⏀18，Φ10@100，-2.500 ~ -0.050 时，表示独立基础的短柱设置在 -2.500 ~ -0.050m 高度范围内，配置 HRB400 级竖向钢筋和 HPB300 级箍筋。其竖向纵筋为 4⏀20 角筋，5⏀18 X 边中部筋和 5⏀18 Y 边中部筋；其箍筋直径为 10mm，间距 100mm。

④ 注写基础底面标高（选注内容）。

当独立基础的底面标高与基础底面基准标高不同时，应将独立基础底面标高直接注写在"（　　）"内。

⑤ 必要的文字注解（选注内容）。

当独立基础的设计有特殊要求时，宜增加必要的文字注解。如基础底板配筋长度是否采用减短方式等，可在该项内注明。

（2）独立基础原位标注

钢筋混凝土和素混凝土独立基础的原位标注，系在基础平面图上标注独立基础的平面尺寸。

对相同编号的基础，可选择一个进行原位标注；当平面图形较小时，可将所选定进行原位标注的基础按比例适当放大，其他相同编号者仅标注编号。

① 普通独立基础。

原位标注 $x$、$y$，$x_c$、$y_c$（或圆柱直径 $d_c$），$x_i$、$y_i$（$i$ = 1，2，3……）。其中 $x$、$y$ 为普通独立基础两向边长，$x_c$、$y_c$ 为柱截面尺寸，$x_i$、$y_i$ 为阶宽或坡形平面尺寸。如表 7-2 所示。

表 7-2 普通独立基础原位标注示例

| 普通独立基础类型 | 平面图 | 三维图 |
|---|---|---|
| 对称阶形截面普通独立基础 | | 柱子<br>台阶 |
| 非对称阶形截面普通独立基础 | | 柱子<br>台阶 |
| 带短柱普通独立基础 | | 柱子<br>台阶 |
| 对称坡形截面普通独立基础 | | 柱子<br>底板 |
| 非对称坡形截面普通独立基础 | | 柱子<br>底板 |

② 杯口独立基础。

原位标注 $x$、$y$、$x_c$、$y_c$、$x_u$、$y_u$、$t_i$、$x_i$、$y_i$（$i = 1$，2，3……）。其中 $x$、$y$ 为杯口独立基础两向边长，$x_c$、$y_c$ 为柱截面尺寸，$x_u$、$y_u$ 杯口上口尺寸，$t_i$ 为杯壁上口厚度（下口厚度为 $t_i+25$），$x_i$、$y_i$ 为阶宽或坡形截面尺寸。如表 7-3 所示。

表 7-3　杯口独立基础原位标注示例

| 杯口独立基础类型 | 平面图 | 三维图 |
|---|---|---|
| 阶形截面杯口独立基础 | | 杯口<br>台阶 |
| 阶形截面杯口独立基础（基础底板一边比其他三边多一阶） | | 杯口<br>底板 |
| 坡形截面杯口独立基础（四边放坡） | | 杯口<br>坡形台阶 |
| 坡形截面杯口独立基础（基础底板有两边不放坡） | | 杯口<br>台阶 |

　　注：当设计为非对称坡形截面独立基础且基础底板的某边不放坡时，在原位放大绘制的基础平面图上，或在圈引出来放大绘制的基础平面图上，应按实际放坡情况绘制分坡线，见表中坡形截面杯口独立基础（基础底板有两边不放坡）。

### 7.2.1.4　独立基础的平面注写方式

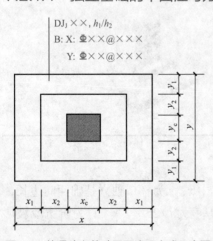

图 7-9　普通独立基础平面注写方式示意图

（1）普通独立基础

普通独立基础采用平面注写方式的集中标注和原位标注综合设计表达示意见图 7-9。

（2）带短柱普通独立基础

带短柱普通独立基础采用平面注写方式的集中标注和原位标注综合设计表达示意见图 7-10。

（3）杯口独立基础

杯口独立基础采用平面注写方式的集中标注和原位标注综合设计表达示意见图 7-11。在图 7-11 中，集中标注的第三、四行内容，表达高杯口独立基础短柱的纵向钢筋和横向箍筋；当为杯口独立基础时，集中标注通常为第一、二、五行的内容。

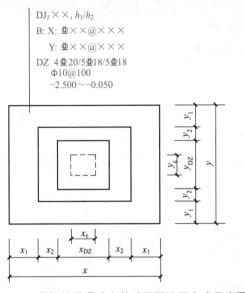

图 7-10　带短柱普通独立基础平面注写方式示意图

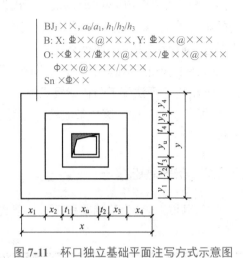

图 7-11　杯口独立基础平面注写方式示意图

### 7.2.1.5　独立基础的截面注写方式

独立基础的截面注写方式，又可以分为截面标注和列表注写（结合截面示意图）两种表达方式。采用截面注写方式，应在基础平面布置图上对所有基础进行编号。

对单个基础进行截面标注，其内容和形式，与传统"单构件正投影表示方法"基本相同。对于已在基础平面布置图上原位标注清楚的该基础平面几何尺寸，在截面图上可不再重复表达，具体表达内容可参照独立基础相应的标准构造。

对多个同类基础，可采用列表注写（结合截面示意图）的方式进行集中表达。

普通独立基础列表格式见表 7-4。

① 编号。阶形截面编号为 $DJ_J \times \times$，坡形截面编号为 $DJ_P \times \times$。

② 几何尺寸。水平尺寸，$x$、$y$、$x_c$、$y_c$（或圆柱直径 $d_c$），$x_i$、$y_i$（$i = 1, 2, 3\cdots\cdots$），其中 $x$、$y$ 为普通独立基础两向边长，$x_c$、$y_c$ 为柱截面尺寸（当设置短柱时，尚应标注短柱的截面尺寸），竖向尺寸 $h_1/h_2\cdots\cdots$。

③ 配筋。B：X：$C \times \times @ \times \times \times$，Y：$C \times \times @ \times \times \times$，以 B 代表各种独立基础底板的底部配筋；X 向配筋以 X 打头、Y 向配筋以 Y 打头注写；以 C 代表钢筋型号。

表 7-4　普通独立基础截面尺寸及配筋表

| 基础编号 / 截面号 | 截面几何尺寸 | | | | 底部配筋（B） | |
| --- | --- | --- | --- | --- | --- | --- |
| | $x$、$y$ | $x_c$、$y_c$ | $x_i$、$y_i$ | $h_1/h_2/\cdots$ | X 向 | Y 向 |
| $DJ_J \times \times$ | | | | | | |
| $DJ_P \times \times$ | | | | | | |

注：表中可以根据实际情况增加栏目。

## 7.2.2　条形基础平法施工图制图规则

### 7.2.2.1　条形基础平法施工图的表示方法

条形基础平法施工图，有平面注写与截面注写两种表达方式，设计者可根据具体工程情况选择一种，或将两种方式相结合进行条形基础的施工图设计。

当绘制条形基础平面布置图时，应将条形基础平面与基础所支承的上部结构的柱、墙一起绘制。当基础底面标高不同时，需注明与基础底面基准标高不同之处的范围和标高。

当梁板式基础梁中心或板式条形基础板中心与建筑定位轴线不重合时，应标注其定位尺寸；对于编号相同的条形基础，可仅选择一个进行标注。

条形基础整体上分为两种类型：

① 梁板式条形基础。该类条形基础适用于钢筋混凝土框架结构、框架—剪力墙结构、部分框支剪力墙结构和钢结构，平法施工图将梁板式条形基础分解为基础梁和条形基础底板分别进行表达。

② 板式条形基础。该类条形基础适用于钢筋混凝土剪力墙结构和砌体结构，平法施工图仅表达条形基础底板。

### 7.2.2.2 条形基础编号

条形基础编号分为基础梁和条形基础底板编号，见表7-5。

表7-5 条形基础梁及底板编号

| 类型 | | 代号 | 序号 | 跨数及有无外伸 |
| --- | --- | --- | --- | --- |
| 基础梁 | | JL | ×× | （××）端部无外伸 |
| 条形基础底板 | 坡形 | $TJB_p$ | ×× | （××A）一端有外伸 |
| | 阶形 | $TJB_J$ | ×× | （××B）两端有外伸 |

### 7.2.2.3 基础梁的平面注写方式

基础梁的平面注写方式分集中标注和原位标注两部分内容，当集中标注的某项数值不适用于基础梁的某部位时，则将该项数值采用原位标注，施工时，原位标注优先。

（1）基础梁的集中标注

基础梁的集中标注内容包括基础梁编号、截面尺寸、配筋三项必注内容，以及基础梁底面标高（与基础底面基准标高不同时）和必要的文字注解两项选注内容。具体规定如下：

① 注写基础梁编号（必注内容），见表7-5。

② 注写基础梁截面尺寸（必注内容）。注写 $b×h$，表示梁截面宽度和高度。当为竖向加腋梁时，用 $b×h \ Yc_1×c_2$ 表示。其中 $c_1$ 为腋长，$c_2$ 为腋高。

③ 注写基础梁配筋（必注内容）。

a. 注写基础梁箍筋。

（a）当具体设计仅采用一种箍筋间距时，注写钢筋级别、直径、间距与肢数（箍筋肢数写在括号内）。

（b）当具体设计采用两种箍筋时用"/"分隔不同箍筋，按照从基础梁两端向跨中的顺序注写。先注写第1段箍筋（在前面加注箍筋道数），在斜线后再注写第2段箍筋（不再加注箍筋道数）。

【例7-6】9 $\Phi$ 16@100/ $\Phi$ 16@200（6）。

表示配置两种间距的HRB400级钢筋，直径为16mm，从梁两端起向跨内按箍筋间距100mm每端各设置9道，梁其余部位的箍筋间距为200mm，均为6肢箍。

b. 注写基础梁底部、顶部及侧面纵向钢筋。

（a）以B打头，注写梁底部贯通纵筋（不应少于梁底部受力钢筋总截面面积的1/3）。当跨中所注根数少于箍筋肢数时，需要在跨中增设梁底部架立筋以固定箍筋，采用"+"将贯通纵筋与架立筋相连，架立筋注写在加号后面的括号内。以T打头，注写梁顶部贯通纵筋。注写时用"；"将底部与顶部贯通纵筋分隔开，如有个别跨与其不同者应按原位注写的规定处理。

（b）当梁底部或顶部贯通纵筋多于一排时，用"/"将各排纵筋自上而下分开。

【例7-7】B：4⏆25；T：7⏆25 5/2。

表示梁底部配置贯通纵筋为4⏆25；梁顶部配置贯通纵筋上一排为5⏆25，下一排为2⏆25，共7⏆25。

（c）以大写字母G打头，注写梁两侧面对称设置的纵向构造钢筋的总配筋值（当梁腹板高度$h_w$不小于450mm时，根据需要配置）。当需要配置抗扭纵向钢筋时，梁两个侧面设置的抗扭纵向钢筋以N打头。

【例7-8】G2⏆12，表示梁每个侧面配置纵向构造钢筋1⏆12，共配置2⏆12。

N6⏆16，表示梁每个侧面配置纵向抗扭钢筋3⏆16，共配置6⏆16。

c.注写基础梁底面标高、必要的文字注解（选注内容）。

当条形基础的底面标高与基础底面基准标高不同时，将条形基础底面标高注写在"（ ）"内；当基础梁的设计有特殊要求时，宜增加必要的文字注解。

（2）基础梁的原位标注

① 基础梁支座的底部纵筋指包含贯通纵筋与非贯通纵筋在内的所有纵筋。

a.当底部纵筋多于一排时，用"/"将各排纵筋自上而下分开。

b.当同排纵筋有两种直径时，用"+"将两种直径的纵筋相连。

c.当梁支座两边的底部纵筋配置不同时，需在支座两边分别标注；当梁支座两边的底部纵筋相同时，可仅在支座的一边标注。

d.当梁支座底部全部纵筋与集中注写过的底部贯通纵筋相同时，可不再重复做原位标注。

e.竖向加腋梁加腋部位钢筋，需在设置加腋的支座处以Y打头注写在括号内。

【例7-9】竖向加腋梁端（支座）处注写为Y4⏆16，表示竖向加腋部位斜纵筋为4⏆16。

② 原位注写基础梁的附加箍筋或（反扣）吊筋。

当两向基础梁十字交叉，但交叉位置无柱时，应根据需要设置附加箍筋或（反扣）吊筋。

将附加箍筋或（反扣）吊筋直接画在平面图中条形基础主梁上，原位直接引注总配筋值（附加箍筋的肢数注在括号内）。当多数附加箍筋或（反扣）吊筋相同时，可在条形基础平法施工图上统一注明。少数与统一注明值不同时，原位直接引注。

③ 原位注写基础梁外伸部位的变截面高度尺寸。

当基础梁外伸部位采用变截面高度时，在该部位原位注写$b×h_1/h_2$，$h_1$为根部截面高度，$h_2$为尽端截面高度。

④ 原位注写修正内容。

当在基础梁上集中标注的某项内容（如截面尺寸、箍筋、底部与顶部贯通纵筋或架立筋、梁侧面纵向构造钢筋、梁底面标高等）不适用于某跨或某外伸部位时，将其修正内容原位标注在该跨或该外伸部位，施工时原位标注取值优先。

当在多跨基础梁的集中标注中已注明竖向加腋，而该梁某跨根部不需要竖向加腋时，则应在该跨原位标注无$Yc_1×c_2$的$b×h$，以修正集中标注中的竖向加腋要求。

（3）基础梁底部非贯通纵筋的长度规定

为方便施工，对于基础梁柱下区域底部非贯通纵筋的伸出长度$a_0$值：当配置不多于两排时，在标准构造详图中统一取值为自柱边向跨内伸出至$l_n/3$位置；当非贯通纵筋配置多于两排时，从第三排起向跨内的伸出长度值应由设计者注明。$l_n$的取值规定为：边跨边支座的底部非贯通纵筋，$l_n$取本边跨的净跨长度值；对于中间支座的底部非贯通纵筋，$l_n$取支座两边较大一跨的净跨长度值。

基础梁外伸部位底部纵筋的伸出长度$a_0$值，在标准构造详图中统一取值为：第一排伸出至梁端头后，全部上弯$12d$或$15d$；其他排钢筋伸至梁端头后截断。

### 7.2.2.4 条形基础底板的平面注写方式

条形基础底板的平面注写方式分集中标注和原位标注两部分内容。

（1）条形基础底板的集中标注

条形基础底板的集中标注内容有条形基础底板编号、截面竖向尺寸、配筋三项必注内容，以及条形基础底板底面标高（与基础底面基准标高不同时）、必要的文字注解两项选注内容。

素混凝土条形基础底板的集中标注，除无底板配筋内容外与钢筋混凝土条形基础底板相同。具体规定如下：

① 注写条形基础底板编号（必注内容），见表7-5。条形基础底板向两侧的截面形状通常有阶形和坡形两种。阶形截面，编号加下标"J"，如 $TJB_J \times \times (\times \times)$；坡形截面，编号加下标"P"，如 $TJB_P \times \times (\times \times)$。

② 注写条形基础底板截面竖向尺寸（必注内容）。注写 $h_1/h_2 \cdots \cdots$，具体标注为：

a. 当条形基础底板为坡形截面时，注写为 $h_1/h_2$，见图7-12。

【例7-10】当条形基础底板为坡形截面，其截面竖向尺寸注写为300/200时，表示 $h_1 = 300mm$、$h_2 = 200mm$，基础底板根部总高度为500mm。

b. 当条形基础底板为阶形截面时，见图7-13；当为多阶时各阶尺寸自下而上以"/"分隔顺写。

【例7-11】当条形基础底板为阶形截面，其截面竖向尺寸注写为250时，表示 $h_1 = 250mm$，即为基础底板总高度。

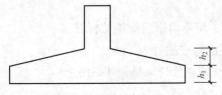

图 7-12　坡形截面竖向尺寸

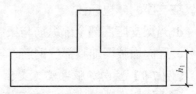

图 7-13　阶坡形截面竖向尺寸

c. 注写条形基础底板底部及顶部配筋（必注内容）。

以 B 打头，注写条形基础底板底部的横向受力钢筋；以 T 打头，注写条形基础底板顶部的横向受力钢筋；注写时用"/"分隔条形基础底板的横向受力钢筋与纵向分布钢筋，见图7-14。

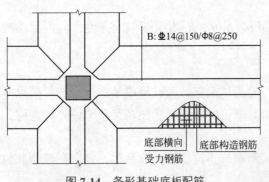

图 7-14　条形基础底板配筋

【例7-12】条形基础底板配筋标注为 B：$\Phi14@150/\Phi8@250$。表示条形基础底板底部配置HPB400级横向受力钢筋，直径为14mm，间距150mm；配置HPB300级纵向分布钢筋，直径为8mm，间距250mm，见图7-14。

d. 注写条形基础底板底面标高（选注内容）。当条形基础底板的底面标高与条形基础底面基准标高不同时，应将条形基础底板底面标高注写在"（ ）"内。

e. 必要的文字注解（选注内容）。当条形基础底板有特殊要求时，应增加必要的文字注解。

（2）条形基础底板的原位标注

① 原位注写条形基础底板的平面尺寸。原位标注 $b$、$b_i$（$i = 1, 2, \cdots \cdots$），其中，$b$ 为基础底板总宽度，$b_i$ 为基础底板台阶的宽度。当基础底板采用对称于基础梁的坡形截面或单阶形截面时，$b_i$ 可不注。

素混凝土条形基础底板的原位标注方式与钢筋混凝土条形基础底板相同。

对于相同编号的条形基础底板，可仅选择一个进行标注。条形基础存在双梁或双墙共用同一基础底板的情况，当为双梁或为双墙且梁或墙荷载差别较大时，条形基础两侧可取不同的宽度，实际宽度以原位标注的基础底板两侧非对称的不同台阶宽度 $b_i$ 进行表达。

② 原位注写修正内容。当在条形基础底板上集中标注的某项内容，如底板截面竖向尺寸、底板配筋、底板底面标高等，不适用于条形基础底板的某跨或某外伸部分时，可将其修正内容原位标注在该跨或该外伸部位，施工时原位标注取值优先。

#### 7.2.2.5 条形基础的截面注写方式

条形基础的截面注写方式，又可分为截面标注和列表注写两种表达方式。采用截面注写方式，应在基础平面布置图上对所有条形基础进行编号，编号原则见表7-5。

对条形基础进行截面标注的内容和形式，与传统"单构件正投影表示方法"基本相同。对于已在基础平面布置图上原位标注清楚的该条形基础梁和条形基础底板的水平尺寸，可不在截面图上重复表达。

对多个条形基础进行截面注写可采用列表注写的方式进行集中表达。表中内容为条形基础截面的几何数据和配筋，截面示意图上应标注与表中栏目相对应的代号。列表的具体内容规定如下：

（1）基础梁

基础梁列表集中注写栏目如下。

① 编号。注写 JL××（××）、JL××（××A）或 JL××（××B）。

② 几何尺寸。梁截面宽度与高度 $b \times h$；当为竖向加腋梁时，注写 $b \times h \, Yc_1 \times c_2$，其中 $c_1$ 为腋长，$c_2$ 为腋高。

③ 配筋。注写基础梁底部贯通纵筋 + 非贯通纵筋，顶部贯通纵筋，箍筋。当设计为两种箍筋时，箍筋注写为：第一种箍筋 / 第二种箍筋，第一种箍筋为梁端部箍筋，注写内容包括箍筋的根数、钢筋级别、直径、间距与肢数。

基础梁列表格式见表7-6。

表 7-6　基础梁几何尺寸和配筋表

| 基础梁编号 / 截面号 | 截面几何尺寸 | | 配筋 | |
|---|---|---|---|---|
| | $b \times h$ | 竖向加腋 $c_1 \times c_2$ | 底部贯通纵筋 + 非贯通纵筋，顶部贯通纵筋 | 第一种箍筋 / 第二种箍筋 |
| | | | | |

（2）条形基础底板

条形基础底板列表集中注写栏目如下。

① 编号。坡形截面编号为 $TJB_P \times \times$（××）、$TJB_P \times \times$（××A）或 $TJB_P \times \times$（××B），阶形截面编号为 $TJB_J \times \times$（××）、$TJB_J \times \times$（××A）或 $TJB_J \times \times$（××B）。

② 几何尺寸。水平尺寸 $b$、$b_i$ $(i = 1, 2, \cdots\cdots)$；竖向尺寸 $h_1/h_2$。

③ 配筋。B: $\Phi \times \times @ \times \times \times / \Phi \times \times @ \times \times \times$。

条形基础底板列表格式见表7-7。

表 7-7　条形基础底板几何尺寸和配筋表

| 基础底板编号 / 截面号 | 截面几何尺寸 | | | 底部配筋（B） | |
|---|---|---|---|---|---|
| | $b$ | $b_i$ | $h_1/h_2$ | 横向受力钢筋 | 纵向分布钢筋 |
| | | | | | |

### 7.2.3　独立基础标准构造

#### 7.2.3.1　独立基础底板配筋构造

独立基础底板双向交叉钢筋长向设置在下，短向设置在上。

① 阶形独立基础（图 7-15）。

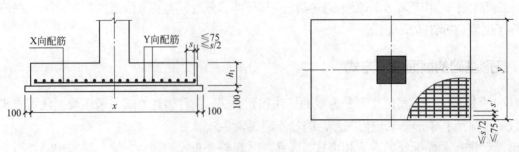

图 7-15  阶形独立基础底板配筋构造

② 坡形独立基础（图 7-16）。

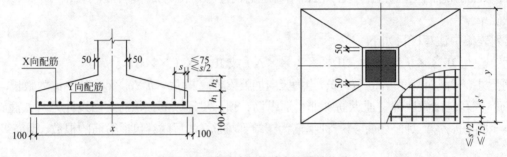

图 7-16  坡形独立基础底板配筋构造

### 7.2.3.2  独立基础底板配筋长度减短 10% 构造

当独立基础 $DJ_J$、$DJ_P$、$BJ_J$、$BJ_P$ 底板长度大于或等于 2500mm 时，除外侧钢筋外，底板配筋长度可取相应方向底板长度的 90%，交错放置。

① 对称独立基础（图 7-17）。

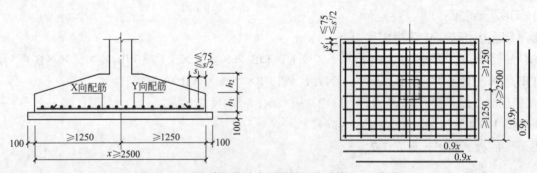

图 7-17  对称独立基础底板配筋长度减短 10% 构造

② 非对称独立基础（图 7-18）。

当非对称独立基础 $DJ_J$、$DJ_P$、$BJ_J$、$BJ_P$ 底板长度大于或等于 2500mm，但该基础某侧从柱中心至基础底板边缘的距离小于 1250mm 时，钢筋在该侧不应减短。

### 7.2.3.3  双柱普通独立基础底部与顶部配筋构造

双柱普通独立基础底板的截面形状，可分为阶形截面 $DJ_J$ 或坡形截面 $DJ_P$。底部双向交叉钢筋，根据基础两个方向从柱外缘至基础外缘的伸出长度 $e_x$ 和 $e_y$ 的大小，较大者方向的钢筋设置在下，较小者方向的钢筋设置在上，见图 7-19。

平法识图与钢筋算量

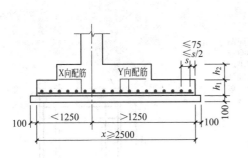

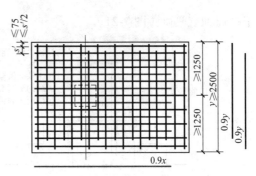

图 7-18　非对称独立基础底板配筋长度减短 10% 构造

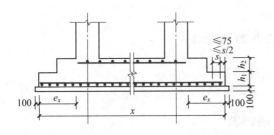

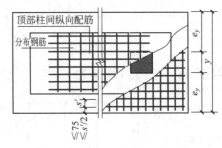

图 7-19　双柱独立基础底部与顶部钢筋构造

### 7.2.3.4　设置基础梁的双柱普通独立基础配筋构造

双柱独立基础底部短向受力钢筋设置在基础梁纵筋之下，与基础梁箍筋的下水平端位于同一层面。双柱独立基础所设置的基础梁宽度，宜比柱截面宽度至少宽 100mm（每边大于或等于 50mm）。当具体设计的基础梁宽度小于柱截面宽度时，施工时应按"基础梁（JL）与柱结合部侧腋构造"的规定增设梁包柱侧腋，见图7-20。

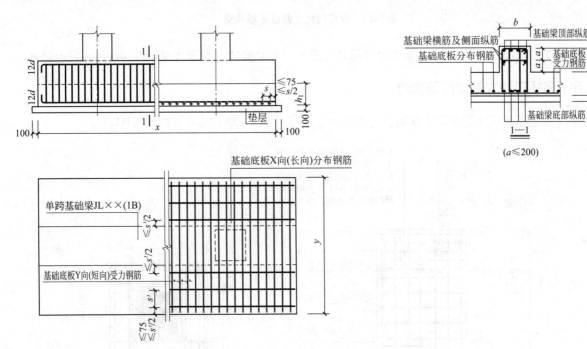

图 7-20　设置基础梁的双柱普通独立基础配筋构造

### 7.2.3.5　杯口独立基础构造

杯口独立基础底板的截面形状可为阶形截面（$BJ_j$）或坡形截面（$BJ_p$）。

① 单杯口独立基础（图 7-21）。

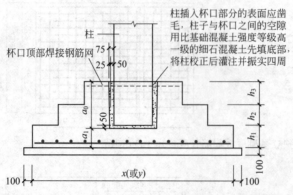
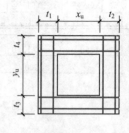

图 7-21　单杯口独立基础配筋构造

② 双杯口独立基础（图 7-22）。

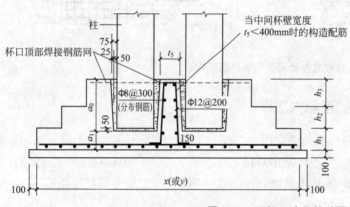
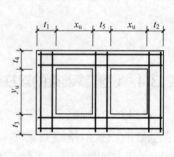

图 7-22　双杯口独立基础配筋构造

注：图 7-22 所示中间杯壁中配置的构造筋只适用于双杯口的中间杯壁宽度 $t_5 < 400\text{mm}$ 时的情况。

### 7.2.3.6　高杯口独立基础配筋构造

高杯口独立基础底板的截面形状可为阶形截面（$BJ_J$）（图 7-23）或坡形截面（$BJ_p$）。

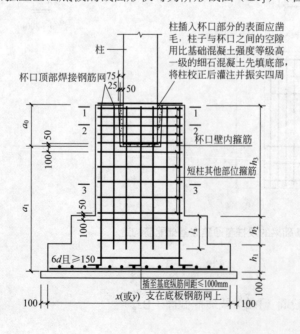
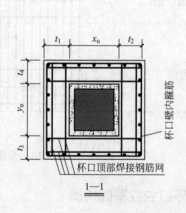

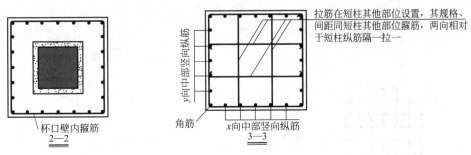

杯口壁内箍筋

2—2

拉筋在短柱其他部位设置，其规格、
间距同短柱其他部位箍筋，两向相对
于短柱纵筋隔一拉一

y向中部竖向纵筋

角筋

x向中部竖向纵筋

3—3

图 7-23　高杯口独立基础配筋构造

### 7.2.3.7　双高杯口独立基础配筋构造

图 7-24 为双高杯口独立基础配筋构造。

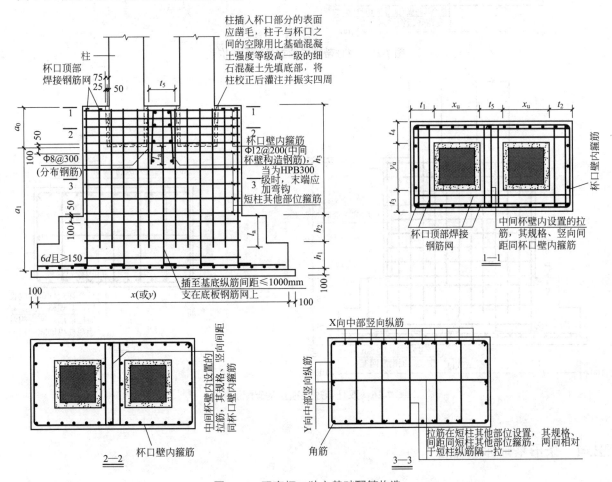

图 7-24　双高杯口独立基础配筋构造

注：图 7-24 所示中间杯壁中配置的构造筋只适用于双杯口的中间杯壁宽度 $t_5 < 400\text{mm}$ 时的情况。

### 7.2.3.8　单柱带短柱独立基础配筋构造

单柱带短柱独立基础底板的截面形状可为阶形截面 $\text{DJ}_\text{J}$（图 7-25）或坡形截面 $\text{DJ}_\text{p}$。

### 7.2.3.9　双柱带短柱独立基础配筋构造

双柱带短柱独立基础底板的截面形状可为阶形截面 $\text{BJ}_\text{J}$（图 7-26）或坡形截面 $\text{BJ}_\text{p}$。

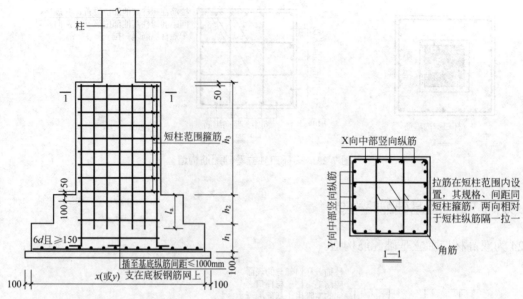

图7-25 单柱带短柱独立基础配筋构造

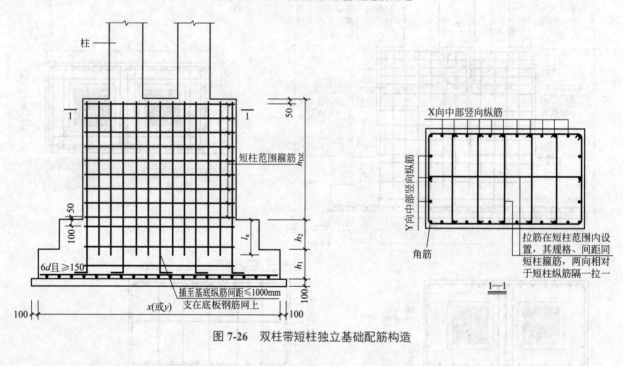

图7-26 双柱带短柱独立基础配筋构造

## 7.2.4 条形基础标准构造

### 7.2.4.1 条形基础底板配筋构造

（1）板式条形基础底板配筋构造

剪力墙下条形基础和砌体墙下条形基础截面见图7-27。板式条形基础底板配筋构造见图7-28，在两向受力钢筋交界处的网状部位，分布钢筋与同向受力钢筋的搭接长度为150mm。

（2）梁板式条形基础底板配筋构造

梁板式条形基础底板截面有阶形和坡形两种，基础底板的分布钢筋在梁宽范围内不设置，见图7-29。

梁板式条形基础底板配筋构造见图7-30，在两向受力钢筋交界处的网状部位，分布钢筋与同向受力钢筋的搭接长度为150mm。

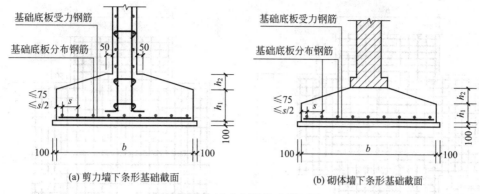

(a) 剪力墙下条形基础截面          (b) 砌体墙下条形基础截面

图 7-27　板式条形基础截面图

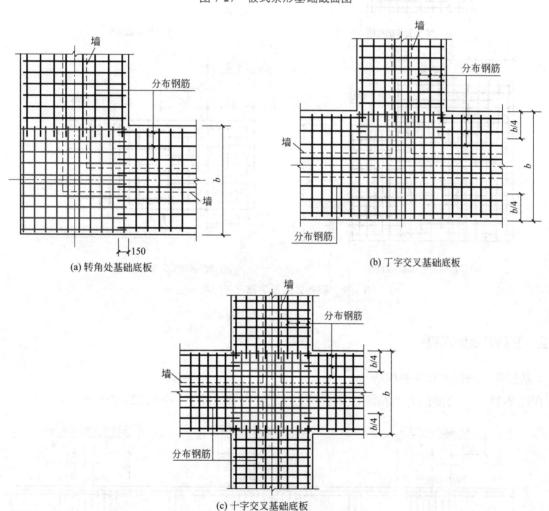

(a) 转角处基础底板

(b) 丁字交叉基础底板

(c) 十字交叉基础底板

图 7-28　板式条形基础底板配筋构造

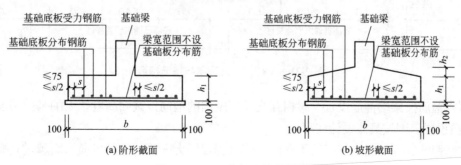

(a) 阶形截面          (b) 坡形截面

图 7-29　梁板式条形基础截面

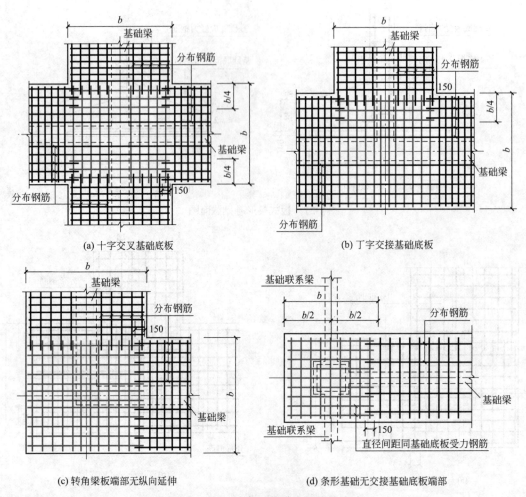

(a) 十字交叉基础底板

(b) 丁字交接基础底板

(c) 转角梁板端部无纵向延伸

(d) 条形基础无交接基础底板端部

图 7-30　梁板式条形基础底板配筋构造

### 7.2.4.2　基础梁配筋构造

（1）基础梁纵向钢筋与箍筋构造

① 在图 7-31 中，跨度值 $l_n$ 为左跨 $l_{ni}$ 和右跨 $l_{ni+1}$ 之较大值，其中 $i = 1$，$2$，$3$……

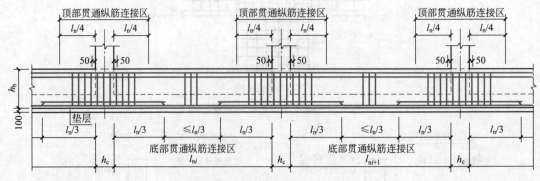

图 7-31　基础梁纵向钢筋与箍筋构造

② 节点区内箍筋按梁端箍筋设置。梁相互交叉宽度内的箍筋按截面高度较大的基础梁设置。同跨箍筋有两种时，各自设置范围按具体设计注写。

③ 当两毗邻跨的底部贯通纵筋配置不同时，应将配置较大一跨的底部贯通纵筋越过其标注跨数的终点或起点，伸至配置较小的毗邻跨的跨中连接区进行连接。

④ 当底部纵筋多于两排时，从第三排起非贯通纵筋向跨内的伸出长度值应由设计者注明。

⑤ 基础梁相交处位于同一层面的交叉纵筋，何梁纵筋在下，何梁纵筋在上，应有具体设计说明。

（2）基础梁附加箍筋和附加（反扣）吊筋构造

为了抵抗基础次梁传递的集中荷载，在基础主、次梁相交范围内（梁上无柱），通常在基础主梁上设置附加箍筋或者附加吊筋。基础梁附加箍筋和附加（反扣）吊筋构造见图7-32。

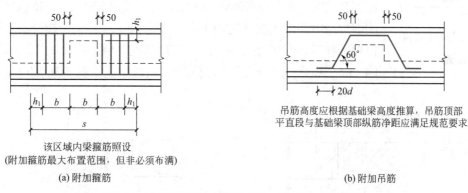

吊筋高度应根据基础梁高度推算，吊筋顶部
平直段与基础梁顶部纵筋净距应满足规范要求

该区域内梁箍筋照设
（附加箍筋最大布置范围，但非必须布满）

(a) 附加箍筋　　　　　　　　　　　　　(b) 附加吊筋

图 7-32　基础梁附加箍筋和附加（反扣）吊筋构造

（3）基础梁竖向加腋钢筋构造

基础梁竖向加腋部位的钢筋见图7-33标注，加腋范围的箍筋与基础梁的箍筋配置相同，仅箍筋高度为变值。

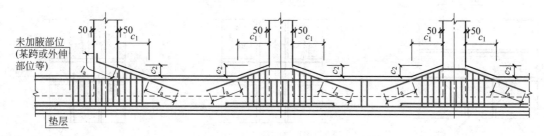

图 7-33　基础梁竖向加腋钢筋构造

（4）基础梁端部与外伸部位钢筋构造

条形基础梁端部构造包括等截面外伸和变截面外伸两种情况，见图7-34。端部等（变）截面外伸构造中，当从柱内边算起的梁端部外伸长度不满足直锚要求时，基础梁下部钢筋应伸至端部后弯折。

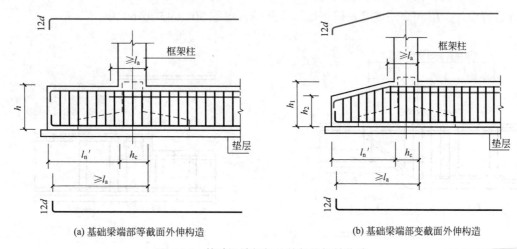

(a) 基础梁端部等截面外伸构造　　　　　　　　(b) 基础梁端部变截面外伸构造

图 7-34　基础梁端部与外伸部位钢筋构造

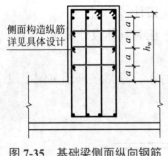

侧面构造纵筋详见具体设计

图7-35 基础梁侧面纵向钢筋和拉筋构造

（5）基础梁侧面构造纵筋和拉筋

梁侧钢筋的拉筋直径除注明者外均为8mm，间距为箍筋间距的2倍。当设有多排拉筋时，上下两排拉筋竖向错开设置。图7-35中 $a \leqslant$ 200mm。

基础梁侧面纵向构造钢筋搭接长度为15d，十字相交的基础梁，当相交位置有柱时，侧面构造纵筋锚入梁包柱侧腋内15d［图7-36（a）］；当无柱时，侧面构造纵筋锚入交叉梁内15d［见图（d）］。丁字相交的基础梁，当相交位置无柱时，横梁外侧的构造纵筋应贯通，横梁内侧的构造纵筋锚入交叉梁内15d［见图（e）］。丁字交叉部位有柱情况见图7-36（b）、（c）。

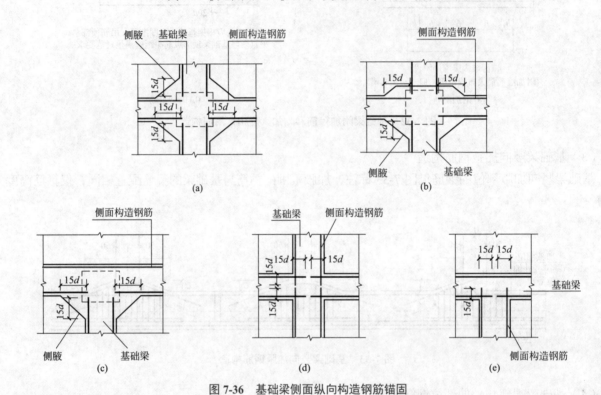

图7-36 基础梁侧面纵向构造钢筋锚固

（6）基础梁底不平和变截面部位钢筋构造

基础梁底不平和变截面部位钢筋构造见图7-37。当基础梁变标高及变截面形式与图中不同时，其构造应由设计者另行设计。梁底高差坡度 $\alpha$ 根据场地实际情况可取30°、45°或60°角。

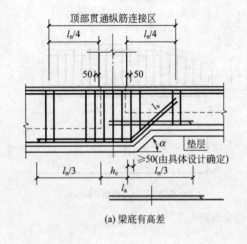

(a) 梁底有高差

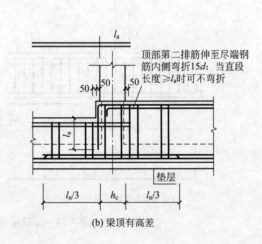

(b) 梁顶有高差

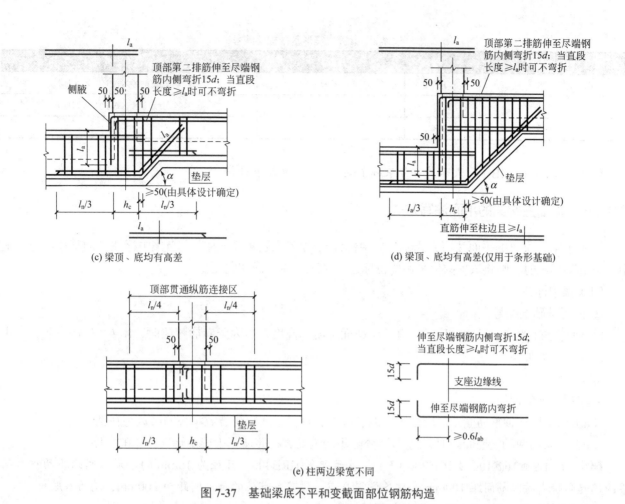

图 7-37　基础梁底不平和变截面部位钢筋构造

# 7.3 ▶ 梁板式筏形基础、平板式筏形基础平法施工图制图规则及其标准构造

## 7.3.1　梁板式筏形基础平法施工图制图规则

### 7.3.1.1　梁板式筏形基础平法施工图表示方法

梁板式筏形基础平法施工图，系在基础平面布置图上采用平面注写方式进行表达。

当绘制基础平面布置图时，应将梁板式筏形基础与其所支承的柱、墙一起绘制。梁板式筏形基础以多数相同的基础平板底面标高作为基础底面基准标高。当基础底面标高不同时，需注明与基础底面基准标高不同之处的范围和标高。

通过选注基础梁底面与基础平板底面的标高高差来表达两者间的位置关系，可以明确其"高位板""低位板"以及"中位板"三种不同位置组合的筏形基础，方便设计表达。

对于轴线未居中的基础梁，应标注其定位尺寸。

### 7.3.1.2　梁板式筏形基础构件的类型与编号

梁板式筏形基础由基础主梁、基础次梁、基础平板等构成。梁板式筏形基础构件编号原则见表7-8。

表 7-8　梁板式筏形基础构件编号

| 构件类型 | 代号 | 序号 | 跨数及有无外伸 |
|---|---|---|---|
| 基础主梁（柱下） | JL | ×× | （××）或（××A）（××B） |
| 基础次梁 | JCL | ×× | （××）或（××A）（××B） |
| 基础平板 | LPB | ×× | |

【例 7-13】JL6（4B），表示第 6 号基础主梁，4 跨，两端有外伸。

### 7.3.1.3　基础主次梁的平面注写方式

基础主梁、次梁的平面注写方式，分集中标注与原位标注两部分内容。当集中标注中的某项数值不适用于梁的某部位时，则将该项数值采用原位标注，施工时原位标注优先。

（1）集中标注

① 注写基础梁编号。

② 注写基础梁截面尺寸，$b \times h$，表示梁截面宽度和高度；当为竖向加腋梁时，用 $b \times h \, Yc_1 \times c_2$，其中 $c_1$ 为腋长，$c_2$ 为腋高。

③ 注写基础梁配筋。

a. 注写基础梁箍筋。

（a）当采用一种箍筋间距时应注写：钢筋级别、直径、间距与肢数（箍筋肢数写在括号内）。

（b）当采用两种箍筋间距时，用"/"分隔不同箍筋，按照从基础梁两端向跨中的顺序注写。

【例 7-14】9⌀16@100/⌀16@200（6），表示配置 HRB400，直径为 16mm 的箍筋。间距为两种，从梁两端起向跨内按箍筋间距 100mm 每端各设置 9 道，梁其余部位的箍筋间距为 200mm，均为 6 肢箍。

b. 注写基础梁底部、顶部及侧面纵向钢筋。

（a）以 B 打头，注写梁底部贯通纵筋；以 T 打头，注写梁顶部贯通纵筋。

（b）当梁底部或顶部贯通纵筋多于一排时，用"/"将各排纵筋自上而下分开。

（c）以大写字母 G 打头注写梁两侧面对称设置的纵向构造钢筋的总配筋值。

【例 7-15】B4⌀32；T7⌀32。表示梁的底部配置 4⌀32 的贯通纵筋，梁的顶部配置 7⌀32 的贯通纵筋。

【例 7-16】梁底部贯通纵筋注写为 B8⌀28 3/5。表示上一排纵筋为 3⌀28，下一排纵筋 5⌀28。

④ 注写基础底面标高高差，该项为选注项。有高差时需将高差写入括号内，无高差时不注。

（2）原位标注

基础主次梁的原位标注规定如下：

① 注写基础梁支座的底部纵筋。

a. 当底部纵筋多于一排时，用"/"将各排纵筋自上而下分开；

b. 当同排纵筋有两种直径时，用"+"将两种直径的纵筋相联；

c. 当梁支座两边的底部纵筋配置不同时，需在支座两边分别标注，当梁支座两边的底部纵筋配置相同时，可仅在支座一边标注；

d. 当梁支座底部全部纵筋与集中标注过的底部贯通纵筋相同时，可不再重复原位标注；

e. 竖向加腋梁加腋部位钢筋，需在设置加腋的支座处以 Y 打头注写在括号内。

【例 7-17】梁端（支座）区域底部纵筋注写为 10⌀25 4/6，则表示上一排纵筋为 4⌀25，下一排纵筋为 6⌀25。

【例 7-18】梁端（支座）区域底部纵筋注写为 4⌀28+2⌀25，表示一排纵筋由两种不同直径钢筋组合。

【例 7-19】竖向加腋梁端（支座）处注写为 Y4⌀25，表示竖向加腋部位斜纵筋为 4⌀25。

② 注写基础梁的附加箍筋或（反扣）吊筋。

③ 当基础梁外伸部位采用变截面高度时，在该部位原位注写 $b \times h_1/h_2$，$h_1$ 为根部截面高度，$h_2$ 为尽端截面高度。

④ 注写修正内容。

a. 在基础梁上集中标注中的某项内容（如截面尺寸、箍筋、底部与顶部贯通纵筋或架立筋、梁侧面纵向构造钢筋等）不适用于某跨或某外伸部位时，将其修正内容原位标注在该跨或该外伸部位，施工时原位标注取值优先。

b. 在多跨基础梁的集中标注中已注明竖向加腋，而该梁某跨根部不需要竖向加腋时，则应在该跨原位标注等截面的 $b \times h$，以修正集中标注中的加腋信息。

### 7.3.1.4 梁板式筏形基础平板的平面注写方式

梁板式筏形基础平板（LPB）的平面注写，分为集中标注与原位标注两部分内容。

（1）集中标注

① 注写基础平板编号。

② 注写基础平板的截面尺寸。注写 $h = \times\times\times$ 表示板厚。

③ 注写基础平板的底部、顶部贯通配筋。注写 X 向和 Y 向底部贯通纵筋与顶部贯通纵筋及纵向长度范围及其跨数及外伸情况。

【例7-20】 X：B⏀22@150；T⏀20@150；（5B）
　　　　　　Y：B⏀20@200；T⏀18@200；（7A）

表示基础平板 X 向底部配置⏀22 间距 150mm 的贯通纵筋，顶部配置⏀20 间距 150mm 的贯通纵筋，共 5 跨两端有外伸；Y 向底部配置⏀20 间距 200mm 的贯通纵筋，顶部配置⏀18 间距 200mm 的贯通纵筋，共 7 跨一端有外伸。

（2）原位标注

梁板式筏形基础平板的原位标注，主要表达板底部附加非贯通纵筋。

① 原位注写位置及内容。

板底部原位标注的附加非贯通纵筋，应在配置相同跨的第一跨表达。在配置相同跨的第一跨（或基础梁外伸部位），垂直于基础梁绘制一段中粗虚线，当该筋通长设置在外伸部位或短跨板下部时，应画至对边或贯通短跨，在虚线上注写编号（如①、②等）、配筋值、横向布置跨数及是否布置到外伸部位。

板底部附加非贯通纵筋自支座中线向两边跨内的伸出长度值注写在线段的下方位置。当该筋向两侧对称伸出时，可仅在一侧标注，另一侧不注；当布置在边梁下时，向基础平板外伸部位一侧的伸出长度与方式按标准构造，设计不注。底部附加非贯通筋相同者，可仅注写一处，其他只注写编号。

② 注写修正内容。

当集中标注的某些内容不适用于梁式筏形基础平板某板区的某一板跨时，应由设计者在该板跨内注明，施工时应按注明内容取用。

③ 当若干基础梁下基础平板的底部附加非贯通纵筋配置相同时（其底部、顶部的贯通纵筋可以不同），可仅在一根基础梁下做原位注写，并在其他梁上注明"该梁下基础平板底部附加非贯通纵筋同 $\times\times$ 基础梁"。

（3）应注明的其他内容

① 在基础平板周边沿侧面设置纵向构造钢筋时，应在图中注明。

② 注明基础平板外伸部位的封边方式，采用 U 形钢筋封边时应注其规格、直径及间距。

③ 基础平板外伸变截面高度时，应注明外伸部位的 $h_1/h_2$，$h_1$ 为板根部截面高度，$h_2$ 为板尽端截面高度。

④ 基础平板厚度大于 2m 时，应注明具体构造要求。

⑤ 基础平板外伸阳角部位设置放射筋时，应注明放射筋的强度等级、直径、根数以及设置方式等。

⑥ 板的上、下部纵筋之间设置拉筋时，应注明拉筋的强度等级、直径、双向间距等。

⑦ 应注明混凝土垫层厚度与强度等级。

⑧ 结合基础主梁交叉纵筋的上下关系，当基础平板同一层面的纵筋相交叉时，应注明何向纵筋在下、何向纵筋在上。

### 7.3.2 平板式筏形基础平法施工图制图规则

#### 7.3.2.1 平板式筏形基础平法施工图表示方法

平板式筏形基础平法施工图，系在基础平面图上采用平面注写方式表达。

当绘制基础平面图时，应将平板式筏形基础与其支承的柱、墙一起绘制。当基础底面标高不同时，需注明与基础底面基准标高不同之处的范围和标高。

#### 7.3.2.2 平板式筏形基础构件的类型与编号

平板式筏形基础的平面注写表达方式有两种。一是划分为柱下板带和跨中板带进行表达；二是按基础平板进行表达。平板式筏形基础构件编号原则见表7-9。

表 7-9　平板式筏形基础构件编号

| 构件类型 | 代号 | 序号 | 跨数及有无外伸 |
|---|---|---|---|
| 柱下板带 | ZXB | ×× | （××）或（××A）或（××B） |
| 跨中板带 | KZB | ×× | （××）或（××A）或（××B） |
| 平板式筏形基础平板 | BPB | ×× | |

#### 7.3.2.3 柱下板带、跨中板带的平面注写方式

柱下板带与跨中板带的平面注写，分集中标注与原位标注两部分内容。

（1）集中标注

① 注写编号。

② 注写截面尺寸：$b = ××××$ 表示板带宽度（在图注中注明基础平板厚度）。确定柱下板带宽度应根据规范要求与结构实际受力需要。当柱下板带宽度确定后，跨中板带宽度亦随之确定（即相邻两平行柱下板带之间的距离）。当柱下板带中心线偏离柱中心线时，应在平面图上标注其定位尺寸。

③ 注写底部与顶部贯通纵筋。

注写底部贯通纵筋与顶部贯通纵筋的规格与间距，用"；"将其分隔开。柱下板带的柱下区域，通常在其底部贯通纵筋的间隔内插空设有（原位注写的）底部附加非贯通纵筋。

【例 7-21】B ⊈22@300；T ⊈25@150。表示板带底部配置直径为 22mm HRB400 级间距 300mm 的贯通纵筋，板带顶部配置直径为 25mm HRB400 级间距 150mm 级的贯通纵筋。

（2）原位标注

柱下板带与跨中板带原位标注主要为底部附加非贯通纵筋。

① 注写内容。

以一段与板带同向的中粗虚线代表附加非贯通纵筋。柱下板带：贯穿其柱下区域绘制；跨中板带：横贯柱中线绘制。

在虚线上注写底部附加非贯通纵筋的编号（如①、②等）、钢筋级别、直径、间距，以及自柱中线分别向两侧跨内的伸出长度值。当向两侧对称伸出时，长度值可仅在一侧标注，另一侧不注。外伸部位的伸出长度与方式按标准构造，设计不注。对同一板带中底部附加非贯通纵筋相同者，可仅在一根钢筋上注写，

其他可仅在中粗虚线上注写编号。

② 注写修正内容。

当在柱下板带、跨中板带上集中标注的某些内容（如截面尺寸、底部与顶部贯通纵筋等）不适用于某跨或某外伸部分时，则将修正的数值原位标注在该跨或该外伸部位，施工时原位标注取值优先。

### 7.3.2.4　平板式筏形基础平板的平面注写方式

平板式筏形基础平板（BPB）的平面注写，分为集中标注与原位标注两部分内容。

（1）集中标注

平板式筏形基础平板的集中标注，除按表7-9注写编号外，其他所有规定均与梁板式筏形基础平板集中标注规定相同。

（2）原位标注

① 原位注写位置及内容。

在配置相同的若干跨的第一跨，垂直于柱中线绘制一段中粗虚线代表底部附加非贯通纵筋，在虚线上的注写内容与梁板式筏形基础平板的原位标注相同。

当柱中心线下的底部附加非贯通纵筋（与柱中心线正交）沿柱中心线连续若干跨配置相同时，则在该连续跨的第一跨下原位注写，且将同规格配筋连续布置的跨数注在括号内；当有些跨配置不同时，则应分别原位注写。外伸部位的底部附加非贯通纵筋应单独注写（当与跨内某筋相同时仅注写钢筋编号）。

当底部附加非贯通纵筋横向布置在跨内有两种不同间距的底部贯通纵筋区域时，其间距应分别对应为两种，其注写形式应与贯通纵筋保持一致：即先注写跨内两端的第一种间距，并在前面加注纵筋根数；再注写跨中部的第二种间距（不需注写根数），两者用"/"分隔。

② 当某些柱中心线下的基础平板底部附加非贯通纵筋横向配置相同时（其底部、顶部贯通纵筋可以不同），可仅在一条中心线下做原位注写，并在其他柱中心线上注明"该柱中心线下基础平板底部附加非贯通纵筋同××柱中心线"。

（3）平板式筏形基础应在图中注明的其他内容

① 板厚。当整片平板式筏形基础有不同板厚时，分别注明各板厚值及其各自的分布范围。

② 当在基础平板周边沿侧面设置纵向构造钢筋时，在图中注明。应注明基础平板外伸部位的封边方式，当采用U形钢筋封边时，注明其规格、直径及间距。

③ 当基础平板厚度大于2m时，注明设置在基础平板中部的水平构造钢筋网。

④ 当基础平板外伸阳角部位设置放射筋时，应注明放射筋的强度等级、直径、根数以及设置方式等。

⑤ 板的上、下部纵筋之间设置拉筋时，注明拉筋的强度等级、直径、双向间距等。

⑥ 应注明混凝土垫层厚度与强度等级。

⑦ 当基础平板同一层面的纵筋交叉时，注明何向钢筋在下，何向钢筋在上。

## 7.3.3　梁板式筏形基础钢筋构造

### 7.3.3.1　梁板式筏形基础梁端部和外伸部位钢筋构造

梁板式筏形基础梁端部和外伸部位钢筋构造见图7-38。

### 7.3.3.2　梁板式筏形基础平板变截面部位钢筋构造

梁板式筏形基础平板变截面部位钢筋构造如图7-39所示。

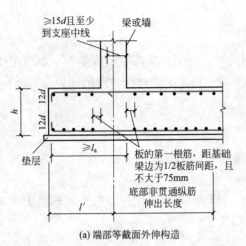

(a) 端部等截面外伸构造

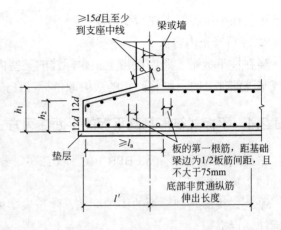

(b) 端部变截面外伸构造

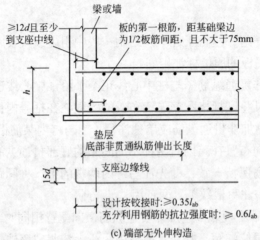

(c) 端部无外伸构造

图 7-38 梁板式筏形基础梁端部和外伸部位钢筋构造

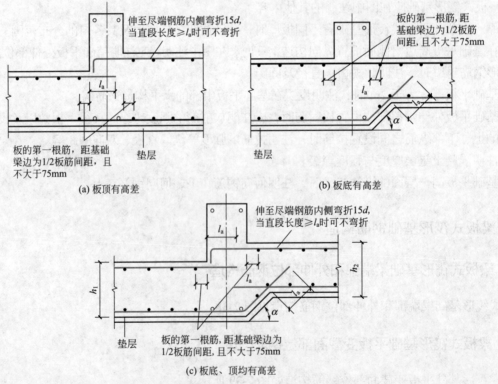

(a) 板顶有高差

(b) 板底有高差

(c) 板底、顶均有高差

图 7-39 梁板式筏形基础平板变截面部位钢筋构造

平法识图与钢筋算量

## 7.3.4 平板式筏形基础钢筋构造

### 7.3.4.1 平板式筏形基础平板变截面部位钢筋构造

平板式筏形基础平板变截面部位钢筋构造见表7-10。

表 7-10 平板式筏形基础平板变截面部位钢筋构造

| 名称 | 构造图 |
|---|---|
| 变截面部位钢筋构造 — 板顶有高差 | 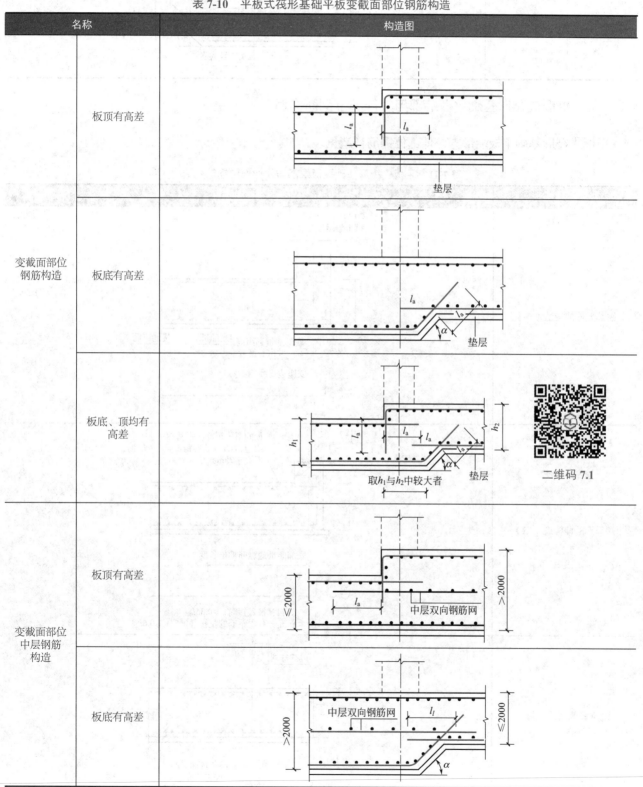 |
| 变截面部位钢筋构造 — 板底有高差 | |
| 变截面部位钢筋构造 — 板底、顶均有高差 | |
| 变截面部位中层钢筋构造 — 板顶有高差 | |
| 变截面部位中层钢筋构造 — 板底有高差 | |

| 名称 | | 构造图 |
|---|---|---|
| 变截面部位中层钢筋构造 | 板底、顶均有高差 | 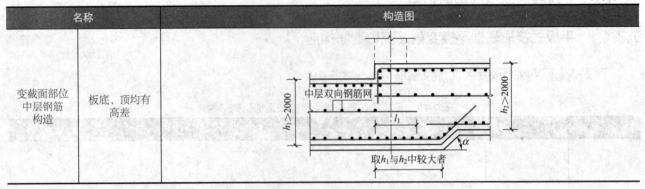 |

### 7.3.4.2 平板式筏形基础平板端部与外伸部位钢筋构造

平板式筏形基础平板端部与外伸部位钢筋构造见表7-11。

表 7-11 平板式筏形基础平板端部与外伸部位钢筋构造

| 名称 | 构造图 |
|---|---|
| 端部无外伸构造（一） | 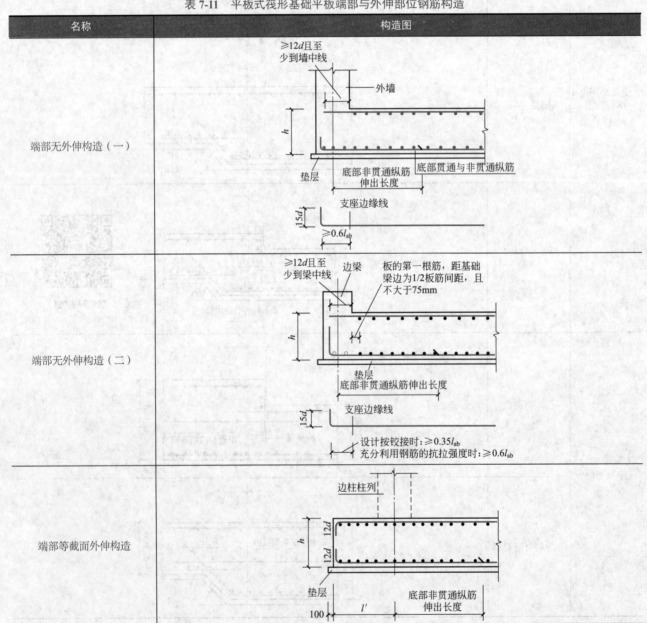 |
| 端部无外伸构造（二） | |
| 端部等截面外伸构造 | |

| 名称 | 构造图 |
|---|---|
| 中层筋端头构造 | 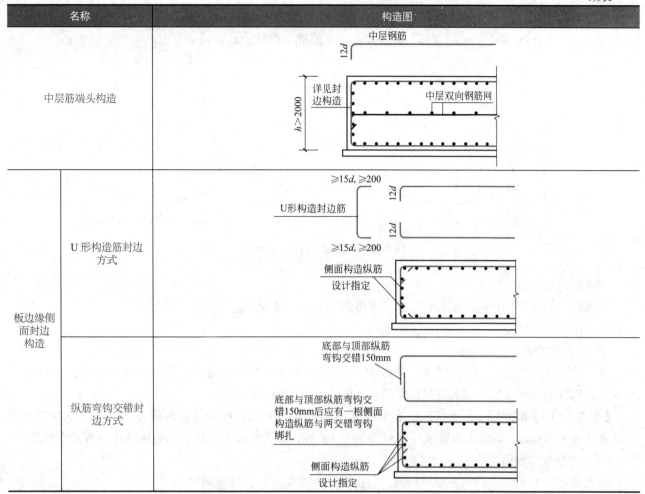 |
| 板边缘侧面封边构造 U形构造筋封边方式 | |
| 纵筋弯钩交错封边方式 | |

## 7.4 ▶ 桩基础平法施工图制图规则与标准构造

### 7.4.1 灌注桩平法施工图的表示方法

灌注桩平法施工图系在灌注桩平面布置图上采用列表注写方式或平面注写方式进行表达。灌注桩平面布置图,可采用适当比例单独绘制,并标注其定位尺寸。

#### 7.4.1.1 灌注桩列表注写方式制图规则

列表注写方式是在灌注桩平面布置图上分别标注定位尺寸;在桩表中注写桩编号、桩尺寸、纵筋、螺旋箍筋、桩顶标高、单桩竖向承载力特征值。桩表注写内容规定如下。

（1）注写桩编号

桩编号由类型和序号组成,应符合表 7-12 的规定。

表 7-12　桩编号

| 类型 | 代号 | 序号 |
|---|---|---|
| 灌注桩 | GZH | ×× |
| 扩底灌注桩 | GZH$_k$ | ×× |

（2）注写桩尺寸

桩尺寸注写为桩径（$D$）×桩长（$L$），当为扩底灌注桩时，还应在括号内注写扩底端尺寸 $D_0/h_b/h_c$ 或 $D_0/h_b/h_{c1}/h_{c2}$。其中 $D_0$ 表示扩底端直径，$h_b$ 表示扩底端锅底形矢高，$h_c$ 表示扩底端高度，见图 7-40。

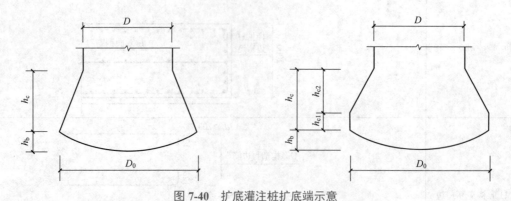

图 7-40　扩底灌注桩扩底端示意

（3）注写桩纵筋

桩纵筋包括桩周均布的纵筋根数、钢筋强度级别、从桩顶起算的纵筋配置长度。

① 通长等截面配置：注写全部纵筋，如 ××Φ××。

② 部分长度配筋：注写桩纵筋，如 ××Φ××/$L_1$，其中 $L_1$ 表示从桩顶起算的入桩长度。

③ 通长变截面配筋：注写桩纵筋，包括通长纵筋 ××Φ××；非通长纵筋 ××Φ××/$L_1$，其中 $L_1$ 表示从桩顶起算的入桩长度。通长纵筋与非通长纵筋沿桩周间隔均匀布置。

【例 7-22】12Φ20，12Φ18/6000。表示桩通长纵筋为 12Φ20，桩非通长纵筋为 12Φ18，从桩顶起算入桩长度为 6000mm。实际桩上段纵筋为 12Φ20+12Φ18，通长纵筋与非通长纵筋间隔均匀布置于桩周。

（4）注写螺旋箍筋

以大写字母 L 打头，注写桩螺旋箍筋，包括钢筋强度级别、直径与间距。

① 用"/"区分桩顶箍筋加密区与桩身箍筋非加密区长度范围内箍筋的间距。灌注桩箍筋构造加密区长度为桩顶以下 $5D$（$D$ 为桩身直径），若与实际工程情况不同时，设计者需在图中注明。

② 当桩身位于液化土层范围内时，箍筋加密区长度应由设计者根据具体工程情况注明，或者箍筋全长加密。

【例 7-23】LΦ8@100/200，表示箍筋强度级别为 HRB400 级钢筋，直径为 8mm，加密区间距为 100mm，非加密区间距为 200mm，L 表示螺旋箍筋。

【例 7-24】LΦ8@100，表示沿桩身纵筋范围内箍筋强度级别为 HRB400 级钢筋，直径为 8mm，间距为 100mm，L 表示螺旋箍筋。

（5）注写桩顶标高

（6）注写单桩竖向承载力特征值

一般是指单桩竖向承载力极限值除以一个安全系数（一般为 2）。

### 7.4.1.2　灌注桩列表注写格式

灌注桩列表注写格式见表 7-13。

表 7-13　灌注桩表

| 桩号 | 桩径 $D$× 桩长 $L$ /（mm×m） | 通长等截面配筋 全部纵筋 | 箍筋 | 桩顶标高 /m | 单桩竖向承载力特征值 /kN |
|---|---|---|---|---|---|
| GZH1 | 800×16.700 | 10Φ18 | LΦ8@100/200 | −3.400 | 2400 |

注：表中可根据实际情况增减栏目，例如当采用扩底灌注桩时，增加扩底尺寸。

### 7.4.1.3 灌注桩平面注写方式

平面注写方式的规则同列表注写方式，将表格中除单桩竖向承载力特征值以外的内容集中标注在灌注桩上，见图 7-41。

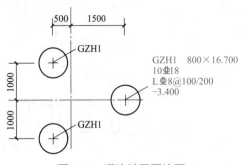

图 7-41  灌注桩平面注写

GZH1  800×16.700
10Φ18
LΦ8@100/200
−3.400

## 7.4.2  桩基承台平法施工图的表示方法

桩承台是在桩基上的基础平台，平台一般采用钢筋混凝土结构，起承上传下的作用，把上部荷载传到桩基上。各种承台的设计中都应对承台做桩顶局部压应力验算、承台抗弯及抗剪切强度验算。桩基承台平法施工图，有平面注写和截面注写两种表达方式。

### 7.4.2.1  桩基承台的编号及有关构件定义

① 桩基承台分为独立承台和承台梁，独立承台按表 7-14 进行编号，承台梁按表 7-15 进行编号。

表 7-14  独立承台编号表

| 类型 | 独立承台截面形状 | 代号 | 序号 | 说明 |
|---|---|---|---|---|
| 独立承台 | 阶形 | $CT_J$ | ×× | 单阶截面即为平板式独立承台 |
| | 坡形 | $CT_P$ | ×× | |

注：杯口独立承台的代号可为 $BCT_J$ 和 $BCT_P$，设计注写方式可参照杯口独立基础，施工详图应由设计者提供。

表 7-15  承台梁编号表

| 类型 | 代号 | 序号 | 跨数及有无外伸 |
|---|---|---|---|
| 承台梁 | CTL | ×× | （××）端部无外伸<br>（××A）一端有外伸<br>（××B）两端有外伸 |

② 桩基承台的有关构件定义。

承台梁是在桩口起的地梁，一般比承重梁配比高，结构要求高。它的作用是承受上部主体结构巨大的荷载，加强基础的整体性，承台一般应用于高层建筑的基础结构中。

### 7.4.2.2  独立承台平面注写方式

独立承台的平面注写方式，分为集中标注和原位标注两部分内容。

（1）集中标注

独立承台的集中标注，系在承台平面上集中引注：独立承台编号、截面竖向尺寸、配筋三项必注内容，以及承台板底面标高（与承台底面基准标高不同时）和必要的文字注解两项选注内容。具体规定如下：

① 注写独立承台编号。

参考表 7-14。独立承台的截面形式通常有两种：

a. 阶形截面，编号加下标"J"，如 $CT_J$××。

b. 坡形截面，编号加下标"P"，如 $CT_P$××。

② 注写独立承台截面竖向尺寸。

独立承台截面竖向尺寸注写为 $h_1/h_2/h_3$……，具体标注为：

a. 当独立承台为阶形截面时，见图 7-42。图 7-42（a）所示为两阶独立承台，当为多阶时各阶尺寸自下而上用"/"分隔顺写；图 7-42（b）所示为单阶独立承台，截面竖向尺寸仅为一个，且为独立承台总高度。

b. 当独立承台为坡形截面时，截面竖向尺寸标注为 $h_1/h_2$，见图 7-43。

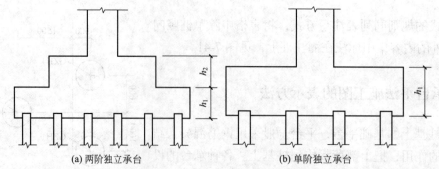

(a) 两阶独立承台        (b) 单阶独立承台

图 7-42　阶形截面独立承台竖向尺寸

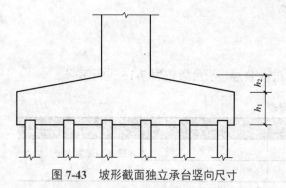

图 7-43　坡形截面独立承台竖向尺寸

③ 注写独立承台配筋。

底部与顶部双向配筋应分别注写，顶部配筋仅用于双柱或四柱等独立承台。当独立承台顶部无配筋时，则不注顶部。注写规定如下：

a. 以 B 打头注写底部配筋，以 T 打头注写顶部配筋。

b. 矩形承台 X 向配筋以 X 打头，Y 向配筋以 Y 打头；当双向配筋相同时，以 X&Y 打头。

c. 当为等边三桩承台时，以 "△" 打头，注写三角布置的各边受力钢筋（注明根数并在配筋值后注写 "×3"），在 "/" 后注写分布钢筋，不设分布筋时可不注写。

【例 7-25】 △ ×× Φ ××@××× ×3/ Φ ××@×××。

d. 当为等腰三桩承台时，以 "△" 打头注写等腰三角形底边的受力钢筋 + 两对称斜边的受力钢筋（注明根数并在两对称配筋值后注写 "×2"），在 "/" 后注写分布钢筋，不设分布钢筋时可不注写。

【例 7-26】 △ ×× Φ ××@×××+×× Φ ××@××× ×2/ Φ ××@×××。

e. 当为多边形（五边形或六边形）承台或异型独立承台，且采用 X 向和 Y 向正交配筋时，注写方式与矩形独立承台相同。

f. 两桩承台可按承台梁进行标注。

注意：设计和施工时，三桩承台的底部受力钢筋应按三向板带均匀布置，且最里面的三根钢筋围成的三角形应在柱截面范围内。

④ 注写基础底面标高（选注内容）。

当独立承台的底面标高与桩基承台底面基准标高不同时，应将独立承台底面标高注写在括号内。

⑤ 必要的文字注解（选注内容）。

当独立承台的设计有特殊要求时，宜增加必要的文字注解。

（2）原位标注

在桩基承台平面布置图上标注独立承台的平面尺寸，相同编号的独立承台，可仅选择一个进行标注，其他仅注编号。注写规定如下：

① 矩形独立承台。原位标注 $x$、$y$，$x_c$、$y_c$（或圆柱直径 $d_c$），$x_i$、$y_i$，$a_i$、$b_i$（$i = 1，2，3\cdots\cdots$）。其中，$x$、$y$ 为独立承台两向边长，$x_c$、$y_c$ 为柱截面尺寸，$x_i$、$y_i$ 为阶宽或坡形平面尺寸，$a_i$、$b_i$ 为桩的中心距及边距（$a_i$、$b_i$ 根据具体情况可不注）。见图 7-44。

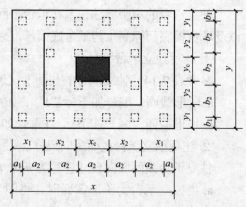

图 7-44　矩形独立承台平面原位标注

② 三桩承台。结合 X、Y 双向定位，原位标注 $x$ 或 $y$，$x_c$、$y_c$（或圆柱直径 $d_c$），$x_i$、$y_i$（$i = 1, 2, 3\cdots\cdots$）、$a$。其中，$x$ 或 $y$ 为三桩独立承台平面垂直于底边的高度，$x_c$、$y_c$ 为柱截面尺寸，$x_i$、$y_i$ 为承台分尺寸和定位尺寸，$a$ 为桩中心距切角边缘的距离。等边三桩独立承台平面原位标注，见图 7-45。

等腰三桩独立承台平面原位标注，见图 7-46。

③ 多边形独立承台。结合 X、Y 双向定位，原位标注 $x$ 或 $y$，$x_c$、$y_c$（或圆柱直径 $d_c$），$x_i$、$y_i$、$a_i$（$i = 1, 2, 3\cdots\cdots$）。具体设计时，可参照矩形独立承台或三桩独立承台的原位标注规定。

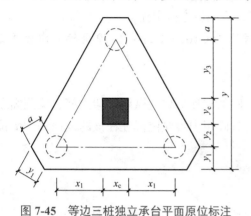

图 7-45 等边三桩独立承台平面原位标注　　　　　　图 7-46 等腰三桩独立承台平面原位标注

### 7.4.2.3 承台梁的平面注写方式

承台梁（CTL）的平面注写方式，分为集中标注和原位标注两部分内容。

（1）集中标注

承台梁的集中标注内容为：承台梁编号、截面尺寸、配筋三项必注内容，以及承台梁底面标高（与承台底面基准标高不同时）和必要的文字注解两项选注内容。具体规定如下：

① 注写承台梁编号。承台梁编号注写参照表 7-15。

② 注写承台梁截面尺寸。承台梁截面尺寸注写为 $b \times h$，表示承台梁截面宽度与高度。

③ 注写承台梁配筋。

a. 注写承台梁箍筋。

当具体设计仅采用一种箍筋间距时，注写钢筋级别、直径、间距与肢数（箍筋肢数写在括号内，下同）。

当具体设计采用两种箍筋间距时，用"/"分隔不同箍筋间距。此时，设计应指定其中一种箍筋间距的布置范围。

注意：施工时，在两向承台梁相交位置，应有一向截面较高的承台梁箍筋贯通设置；当两向承台梁等高时，可任选一向承台梁的箍筋贯通设置。

b. 注写承台梁底部、顶部及侧面纵向钢筋。

以 B 打头，注写承台梁底部贯通纵筋。

以 T 打头，注写承台梁顶部贯通纵筋。

【例 7-27】B：5$\Phi$25；T：7$\Phi$25。表示承台梁底部配置贯通纵筋 5$\Phi$25，梁顶部配置贯通纵筋 7$\Phi$25。

c. 当梁底部或顶部贯通纵筋多于一排时，用"/"将各排纵筋自上而下分开。

d. 以大写字母 G 打头注写承台梁侧面对称设置的纵向构造钢筋的总配筋值（当梁腹板高度 $h \geqslant 450mm$ 时，根据需要配置）。

【例 7-28】G8$\Phi$14，表示梁每个侧面配置纵向构造钢筋 4$\Phi$14，共配置 8$\Phi$14。

④ 注写承台梁底面标高（选注内容）。

当承台梁底面标高与桩基承台底面基准标高不同时，将承台梁底面标高注写在括号内。

⑤ 必要的文字注解（选注内容）。

当承台梁的设计有特殊要求时，宜增加必要的文字注解。

（2）原位标注

① 原位标注承台梁的附加箍筋或（反扣）吊筋。

当需要设置附加箍筋或（反扣）吊筋时，将附加箍筋或（反扣）吊筋直接画在平面图中的承台梁上，原位直接引注总配筋值（附加箍筋的肢数注在括号内）。当多数梁的附加箍筋或（反扣）吊筋相同时，可在桩基承台平法施工图上统一注明，少数与统一注明值不同时，再原位直接引注。

**注意：施工时，附加箍筋或（反扣）吊筋的几何尺寸应参照 16G101—1 图集第 79 页标准构造详图，结合其所在位置主梁和次梁的截面尺寸而定。**

② 原位注写修正内容。

当在承台梁上集中标注的某项内容（如截面尺寸、箍筋、底部与顶部贯通纵筋或架立筋、梁侧面纵向构造钢筋、梁底面标高等）不适用于某跨或某外伸部位时，将其修正内容原位标注在该跨或该外伸部位，施工时原位标注取值优先。

#### 7.4.2.4 桩基承台的截面注写方式

桩基承台的截面注写方式，可分为截面标注和列表注写（结合截面示意图）两种表达方式。

采用截面注写方式，应在桩基平面布置图上对所有桩基承台进行编号，见表 7-14 和表 7-15。桩基承台的截面注写方式，可参照独立基础及条形基础的截面注写方式，进行设计施工图的表达。

### 7.4.3 桩基础标准构造

#### 7.4.3.1 灌注桩配筋构造

（1）灌注桩通长等截面配筋构造（图 7-47）

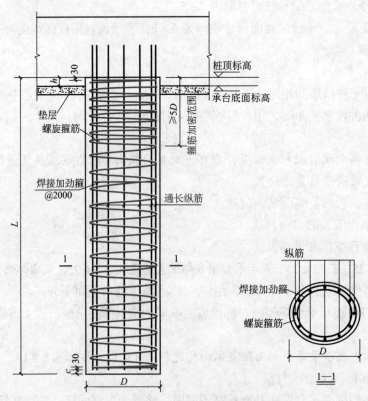

图 7-47　灌注桩通长等截面配筋构造

平法识图与钢筋算量

（2）灌注桩部分长度配筋构造（图7-48）

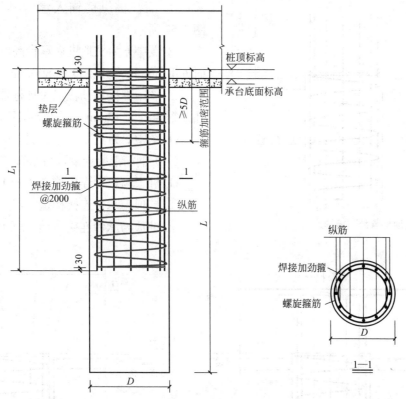

图7-48 灌注桩部分长度配筋构造

（3）灌注桩通长变截面配筋构造（图7-49）

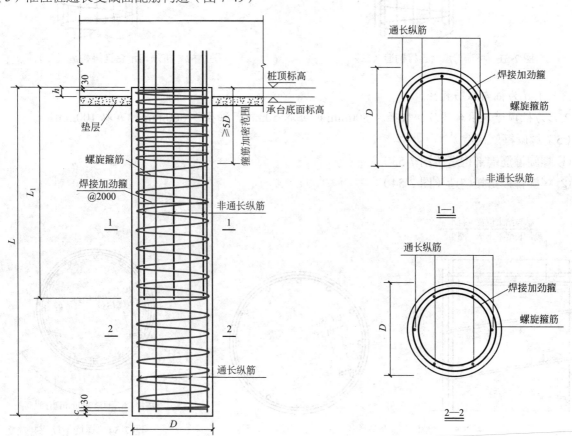

图7-49 灌注桩通长变截面配筋构造

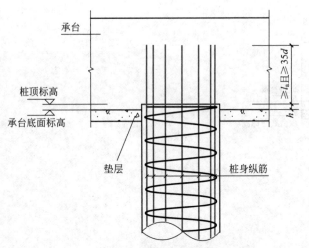

图 7-50　桩顶与承台连接构造（一）

关于图 7-47 ～图 7-49 的说明：

① 灌注桩纵筋锚入承台具体做法如图 7-50 ～图 7-52 所示。

② 图中 h 为桩顶进入承台高度，桩径 D < 800mm 时 h 取 50mm，桩径 D ≥ 800mm 时 h 取 100mm。

③ 图中焊接加劲箍见设计标注；当设计未注明时，加劲箍直径为 12mm，强度等级不低于 HRB400。

④ 图中 c 为混凝土保护层厚度。

（4）钢筋混凝土灌注桩桩顶与承台连接构造

① 桩顶与承台连接构造（一），见图 7-50。

② 桩顶与承台连接构造（二），见图 7-51。

③ 桩顶与承台连接构造（三），见图 7-52。

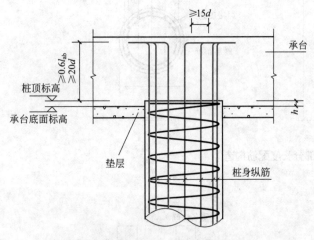

图 7-51　桩顶与承台连接构造（二）

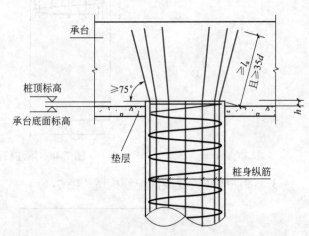

图 7-52　桩顶与承台连接构造（三）

注：1. d 为桩内纵筋直径。

2. h 为桩顶进入承台高度，桩径 < 800mm 时 h 取 50mm，桩径 ≥ 800mm 时 h 取 100mm。

（5）螺旋箍筋构造

① 螺旋箍筋端部构造（图 7-53）。

② 螺旋箍筋搭接构造（图 7-54）。

图 7-53　螺旋箍筋端部构造

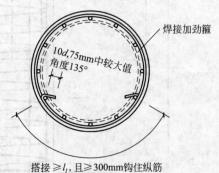

图 7-54　螺旋箍筋搭接构造

平法识图与钢筋算量

### 7.4.3.2 桩基承台构造

（1）矩形承台 $CT_J$ 和 $CT_P$ 配筋构造

矩形承台配筋构造见图 7-55 和表 7-16。

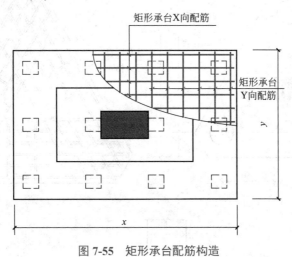

图 7-55 矩形承台配筋构造

表 7-16 矩形承台 $CT_J$ 和 $CT_P$ 配筋构造

| 名称 | 构造图 |
|---|---|
| 阶形截面 $CT_J$ | |
| 单阶形截面 $CT_J$ | |
| 坡阶形截面 $CT_P$ | |

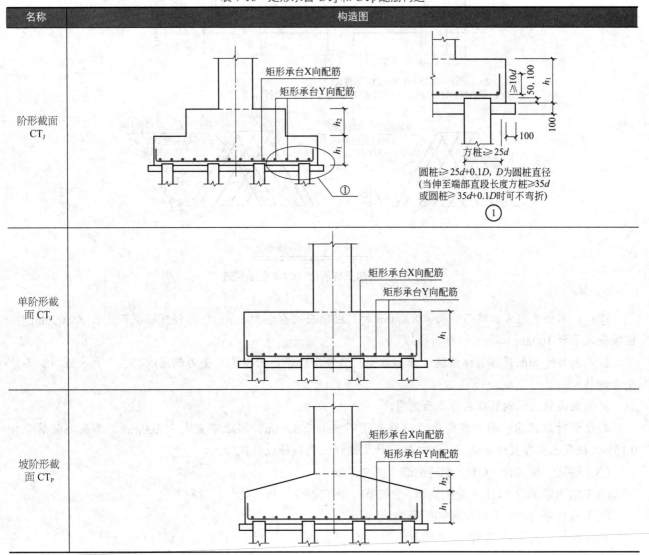

（2）等边三桩承台（CT）配筋构造（图7-56）

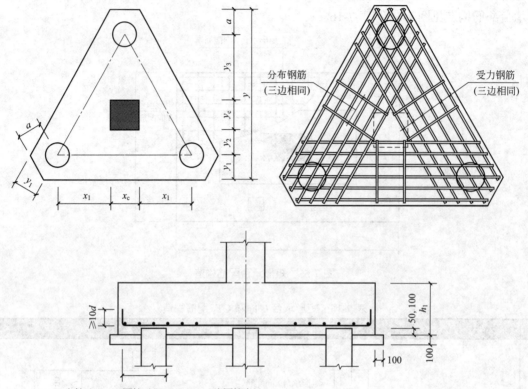

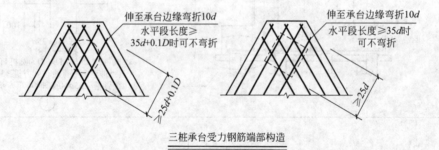

方桩：≥25$d$；圆桩：≥25$d$+0.1$D$，$D$为圆桩直径
（当伸至端部直段长度方桩≥35$d$或圆桩≥35$d$+0.1$D$时可不弯折）

伸至承台边缘弯折10$d$
水平段长度≥
35$d$+0.1$D$时可不弯折

≥25$d$+0.1$D$

伸至承台边缘弯折10$d$
水平段长度≥35$d$时
可不弯折

≥25$d$

三桩承台受力钢筋端部构造

图7-56　等边三桩承台（CT）配筋构造

注：1. 当桩直径或桩截面边长 < 800mm 时，桩顶嵌入承台 50mm；当桩径或桩截面边长 ≥ 800mm 时，桩顶嵌入承台 100mm。

2. 几何尺寸和配筋按具体结构设计和本图构造确定。等边三桩承台受力钢筋以"△"打头注写，各边受力钢筋 ×3。

3. 最里面的三根钢筋应在柱截面范围内。

4. 设计时应注意：承台纵向受力钢筋直径不宜小于12mm，间距不宜大于200mm，其最小配筋率 > 0.15%，板带上宜布置分布钢筋。施工按设计文件标注的钢筋进行施工。

（3）等腰三桩承台（CT$_J$）配筋构造（图7-57）

（4）六边形承台（CT$_J$）配筋构造（图7-58、图7-59）

（5）双柱联合承台底部与顶部配筋构造

双柱联合承台底部与顶部配筋构造见图7-60。需设置上层钢筋网片时，由设计指定。

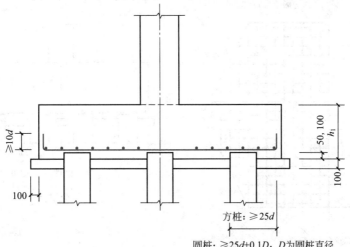

方桩：≥25d

圆桩：≥25d+0.1D，D为圆桩直径
(当伸至端部直段长度方桩≥35d或圆桩≥35d+0.1D时可不弯折)

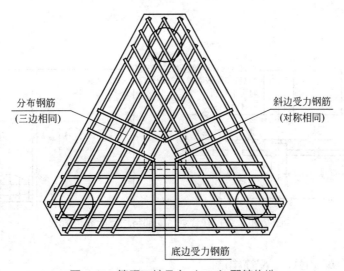

图 7-57　等腰三桩承台（CT_J）配筋构造

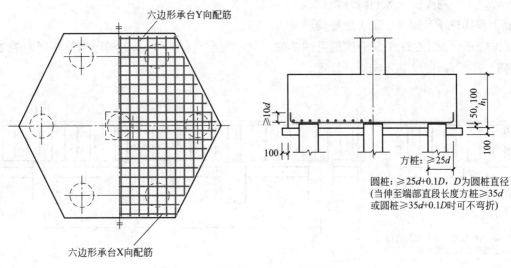

图 7-58　六边形承台（CT_J）配筋构造（一）

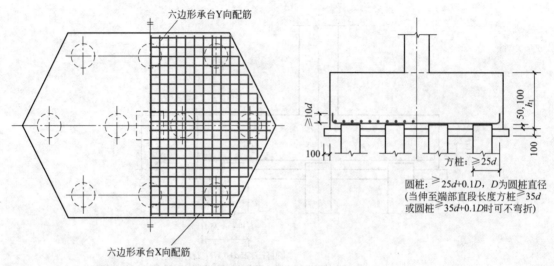

图 7-59　六边形承台（CT_J）配筋构造（二）

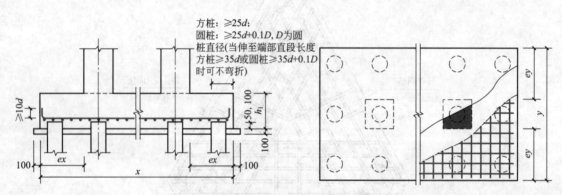

图 7-60　双柱联合承台底部与顶部配筋构造

（6）墙下单排桩承台梁（CTL）配筋构造

墙下单排桩承台梁（CTL）配筋构造见图 7-61。其中拉筋直径为 8mm，间距为箍筋间距的 2 倍。当设有多排拉筋时，上下两排拉筋竖向错开设置。

（7）墙下双排桩承台梁（CTL）配筋构造

墙下双排桩承台梁（CTL）配筋构造见图 7-62。其中拉筋直径为 8mm，间距为箍筋间距的 2 倍，当设有多排拉筋时，上下两排拉筋竖向错开设置。

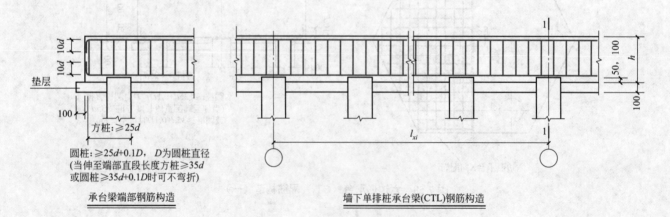

承台梁端部钢筋构造　　　　墙下单排桩承台梁(CTL)钢筋构造

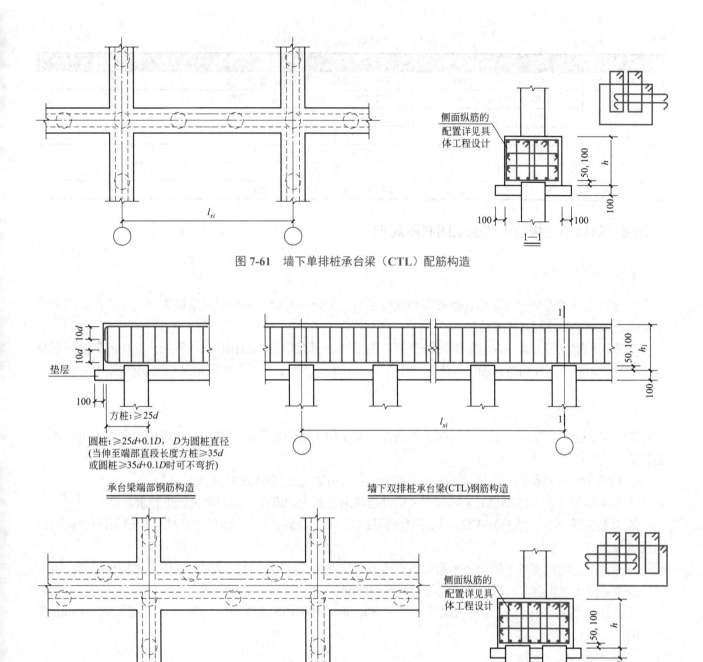

图 7-61 墙下单排桩承台梁（CTL）配筋构造

垫层

方桩：≥25d
圆桩：≥25d+0.1D，D为圆桩直径
（当伸至端部直段长度方桩≥35d
或圆桩≥35d+0.1D时可不弯折）

承台梁端部钢筋构造

墙下双排桩承台梁(CTL)钢筋构造

侧面纵筋的配置详见具体工程设计

图 7-62 墙下双排桩承台梁（CTL）配筋

# 7.5 ▸ 基础相关构造制图规则与配筋构造

## 7.5.1 基础相关构造类型与表示方法

基础相关构造的平法施工图，系在基础平面布置图上采用直接引注方式表达的。基础相关构造类型与编号，按表 7-17 的规定执行。

表 7-17  基础相关构造类型与编号

| 构造类型 | 代号 | 序号 | 说明 |
|---|---|---|---|
| 基础联系梁 | JLL | ×× | 用于独立基础、条形基础、桩基承台 |
| 后浇带 | HJD | ×× | 用于梁板、平板筏基础、条形基础等 |
| 上柱墩 | SZD | ×× | 用于平板筏基础 |
| 下柱墩 | XZD | ×× | 用于梁板、平板筏基础 |
| 基坑（沟） | JK | ×× | 用于梁板、平板筏基础 |
| 窗井墙 | CJQ | ×× | 用于梁板、平板筏基础 |
| 防水板 | FBPB | ×× | 用于独立基础、条形基础、桩基础加防水板 |

### 7.5.2  基础相关构造平法施工图制图规则

#### 7.5.2.1  基础联系梁

基础联系梁指连接独立基础、条形基础或桩基承台的梁。基础联系梁的平法施工图设计，在基础平面布置图上采用平面注写方式表达的。

基础联系梁注写方式及内容除编号按表 7-17 规定外，其余均按 16G101—1《混凝土结构施工图平面整体表示方法制图规则和构造详图（现浇混凝土框架、剪力墙、梁、板）》中非框架梁的制图规则执行。

#### 7.5.2.2  后浇带

后浇带直接引注见图 7-63。后浇带的平面形状及定位由平面布置图表达，后浇带留筋方式等由引注内容表达，包括：

① 后浇带编号及留筋方式代号。留筋方式有两种，分别为贯通和 100% 搭接。

② 后浇混凝土的强度等级 C××。宜采用补偿收缩混凝土，设计应注明相关施工要求。

③ 后浇带区域内，留筋方式或后浇混凝土强度等级不一致时，设计者应在图中注明与图示不一致的部位及做法。

设计者应注明后浇带下附加防水层做法：当设置抗水压垫层时，尚应注明其厚度、材料与配筋；当采用后浇带超前止水构造时，设计者应注明其厚度与配筋。

贯通留筋的后浇带宽度通常取大于或等于 800mm；100% 搭接留筋的后浇带宽度通常取 800mm 与（$l_l+60$）的较大值。

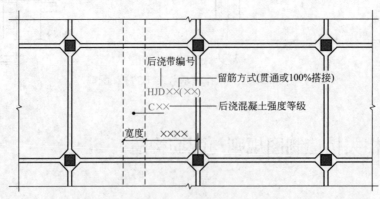

图 7-63  后浇带引注图示

#### 7.5.2.3  柱墩

（1）上柱墩

上柱墩是根据平板式筏形基础受剪或受冲切承载力的需要，在板顶面上混凝土柱的根部设置的混凝土墩。上柱墩直接引注的内容规定如下：

① 注写编号 SZD××，见表 7-17。

② 注写几何尺寸。按"柱墩向上凸出基础平板高度 $h_d$/ 柱墩顶部出柱边缘宽度 $c_1$/ 柱墩底部出柱边缘宽度 $c_2$"的顺序注写，其表达形式为 $h_d/c_1/c_2$。

当为棱柱形柱墩 $c_1 = c_2$ 时，$c_2$ 不注，表达形式为 $h_d/c_1$。

③ 注写配筋。按"竖向（$c_1 = c_2$）或斜竖向（$c_1 \neq c_2$）纵筋的总根数、强度等级与直径 / 箍筋强度等级、直径、间距与肢数（X 向排列肢数 $m$×Y 向排列肢数 $n$）"的顺序注写（当分两行注写时，则可不用"/"）。

所注纵筋总根数环正方形柱截面均匀分布，环非正方形柱截面相对均匀分布（先放置柱角筋，其余按柱截面相对均匀分布），其表达形式为：××Φ××/Φ××@×××。

棱台形上柱墩（$c_1 \neq c_2$）引注见图 7-64。棱柱形上柱墩（$c_1 = c_2$）引注见图 7-65。

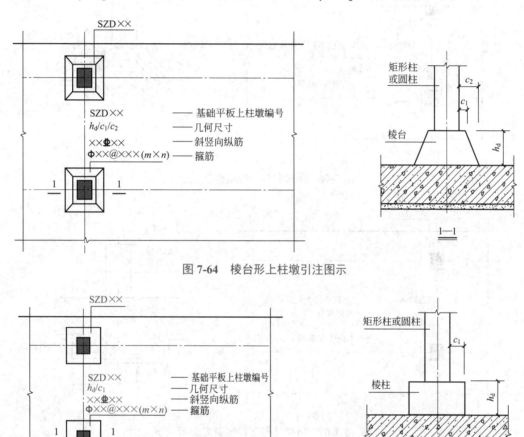

图 7-64　棱台形上柱墩引注图示

图 7-65　棱柱形上柱墩引注图示

【例 7-29】SZD1，300/50/250，12Φ12/Φ8@100（4×4）。表示 1 号棱台形上柱墩；凸出基础平板顶面高度为 300mm，底部每边出柱边缘宽度为 250mm，顶部每边出柱边缘宽度为 50mm；共配置 12 根Φ12 斜向纵筋；箍筋直径为 8mm，间距 100mm，X 向与 Y 向各为 4 肢。

（2）下柱墩

下柱墩系根据平板式筏形基础受剪或受冲切承载力的需要，在柱的所在位置、基础平板底面以下设置的混凝土墩。下柱墩直接引注的内容规定如下：

① 注写编号 XZD××，见表 7-17。

② 注写几何尺寸。按"柱墩向下凸出基础平板深度 $h_d$/ 柱墩顶部出柱投影宽度 $c_1$/ 柱墩底部出柱投影宽

度 $c_2$"的顺序注写,其表达形式为 $h_d/c_1/c_2$。

当为倒棱柱形柱墩 $c_1 = c_2$ 时,$c_2$ 不注,表达形式为 $h_d/c_1$。

③注写配筋。倒棱柱下柱墩,按"X方向底部纵筋/Y方向底部纵筋/水平箍筋"的顺序注写(图面从左至右为 X 向,从下至上为 Y 向),其表达形式为:X $\Phi$××@×××/Y $\Phi$××@×××/ $\Phi$××@×××;倒棱台下柱墩,其斜侧面由两向纵筋覆盖,不必配置水平箍筋,则其表达形式为 X $\Phi$××@×××/Y $\Phi$××@×××。

倒棱台形下柱墩 ($c_1 \neq c_2$) 引注见图 7-66。倒棱柱形下柱墩 ($c_1 = c_2$) 引注见图 7-67。

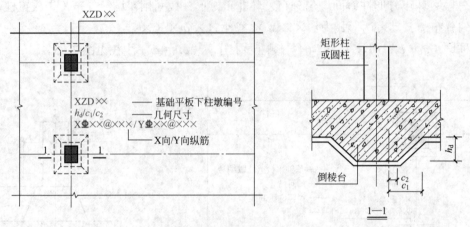

图 7-66 倒棱台形下柱墩引注图示

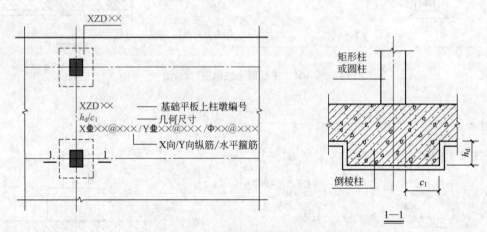

图 7-67 倒棱柱形下柱墩引注图示

### 7.5.2.4 基坑

基坑直接引注(图 7-68)内容规定如下:

①注写编号 JK××,见表 7-17。

②注写几何尺寸。按"基坑深度 $h_k$/基坑平面尺寸 $x \times y$"的顺序注写,其表达形式为 $h_k/x \times y$。$x$ 为 X 向基坑宽度,$y$ 为 Y 向基坑宽度(图面从左至右为 X 向,从下至上为 Y 向)。在平面布置图上应标注基坑的平面定位尺寸。

### 7.5.2.5 窗井墙

窗井墙注写方式及内容除编号按表 7-17 规定外,其余均按 16G101—1《混凝土结构施工图平面整体表示方法制图规则和构造详图(现浇混凝土框架、剪力墙、梁、板)》中剪力墙及地下室外墙的制图规则执行。

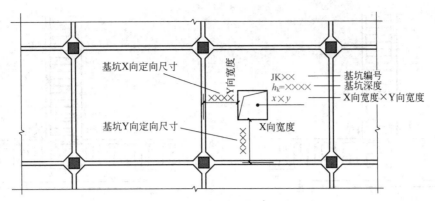

图 7-68　基坑引注图示

当在窗井墙顶部或底部设置通长加强钢筋时，设计应注明。

#### 7.5.2.6　防水板

防水板平面注写集中标注内容如下。

① 注写编号 FBPB××，见表 7-17。

② 注写截面尺寸，注写 $h = \times \times \times$ 表示板厚。

③ 注写防水板的底部与顶部贯通纵筋。按板块的下部和上部分别注写，并以 B 代表下部，以 T 代表上部，B&T 代表下部与上部；X 向贯通纵筋以 X 打头，Y 向贯通纵筋以 Y 打头，两向贯通纵筋配置相同时则以 X&Y 打头。

【例 7-30】FBPB1　　$h = 250$
　　　　　　　B：X&Y：12@200
　　　　　　　T：X&Y：12@200

表示 1 号防水板，板厚 250mm，板底部 X 向、Y 向配置 Φ12 间距 200mm 的贯通纵筋；板顶部配置 X 向、Y 向 Φ12 间距 200mm 的贯通纵筋。

当贯通筋采用两种规格钢筋"隔一布一"方式时，表达为 Φ$xx$/$yy$@×××，表示强度 HPB300 级直径 $xx$ 的钢筋和直径 $yy$ 的钢筋之间的间距为 ×××，直径为 $xx$ 的钢筋、直径为 $yy$ 的钢筋间距分别为 ××× 的 2 倍。

【例 7-31】Φ10/12@100 表示贯通纵筋为 Φ10、Φ12 隔一布一，相邻 Φ10 与 Φ12 之间距离为 100mm。

④ 注写防水板底面标高，该项为选注项，当防水板底面标高与独立基础或条形基础底面标高一致时，可以不注。

### 7.5.3　基础相关构造标准构造

#### 7.5.3.1　基础联系梁配筋构造

基础联系梁用于独立基础、条形基础及桩基础。基础联系梁的第一道箍筋从距柱边缘 50mm 处开始设置，见图 7-69。

基础联系梁配筋构造图 7-69(b) 中基础联系梁上、下部纵筋采用直锚形式时，锚固长度不应小于 $l_a$（$l_{aE}$），且伸过柱中心线长度不应小于 $5d$，$d$ 为梁纵筋直径。

锚固区横向钢筋应满足直径 ≥ $d$/4（$d$ 为插筋最大直径），间距 ≤ $5d$（$d$ 为插筋最小直径）且 ≤ 100mm 的要求。图中括号内数据用于抗震设计。

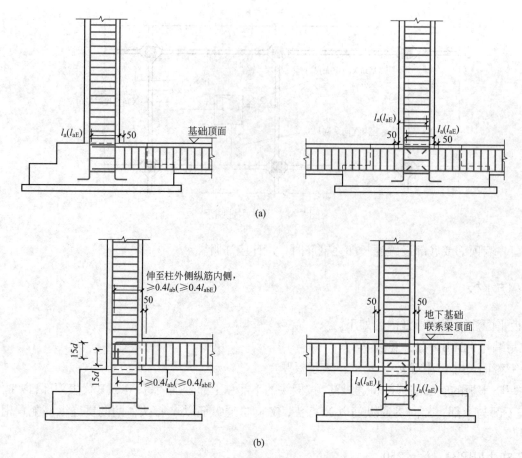

图 7-69 基础联系梁配筋构造

## 7.5.3.2 柱墩配筋构造

### （1）上柱墩构造

上柱墩包括棱台状上柱墩和棱柱状上柱墩两种构造，见图 7-70。图中括号内数值用于抗震设计。

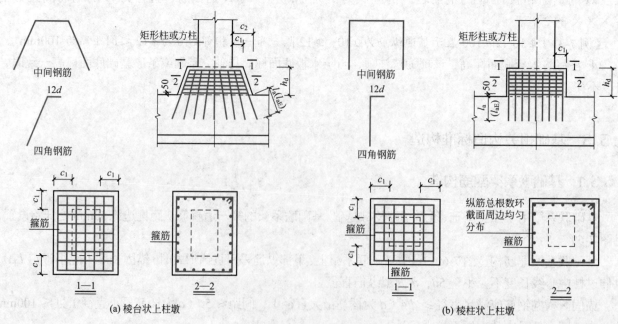

图 7-70 上柱墩构造图示

平法识图与钢筋算量

（2）下柱墩构造

下柱墩包括倒棱台形和倒棱柱形两种构造，见图7-71。当纵筋直锚长度不足时，可伸至基础平板顶之后水平弯折。

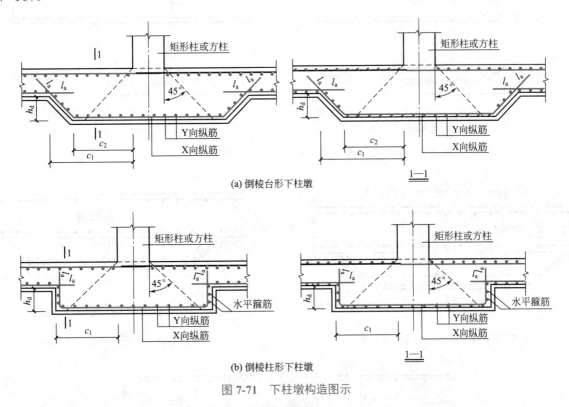

(a) 倒棱台形下柱墩

(b) 倒棱柱形下柱墩

图 7-71　下柱墩构造图示

### 7.5.3.3　后浇带配筋构造

后浇带配筋构造包括基础底板后浇带、基础梁后浇带、后浇带下抗水压垫层、后浇带超前止水构造（图7-72～图7-75）。后浇带两侧可采用钢筋支架单层钢丝网或单层钢板网隔断。当后浇混凝土时，应将其表面浮浆剔除。

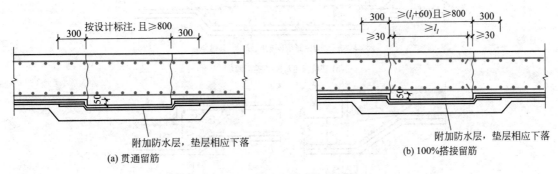

(a) 贯通留筋

(b) 100%搭接留筋

图 7-72　基础底板后浇带构造

### 7.5.3.4　基坑配筋构造

基坑配筋构造包括基坑深度 $h_k$≥基础板厚 $h$、基坑深度 $h_k$<基础板厚 $h$、基坑坡度<1：6时的配筋构造，见图7-76。配筋构造基坑同一层面两向正交钢筋的上下位置与基础底板对应。根据施工是否方便，基坑侧壁的水平钢筋可位于内侧，也可位于外侧。基坑中当钢筋直锚至对边< $l_a$ 时，可以伸至对边钢筋内侧顺势

弯折，总锚固长度应≥ $l_a$。

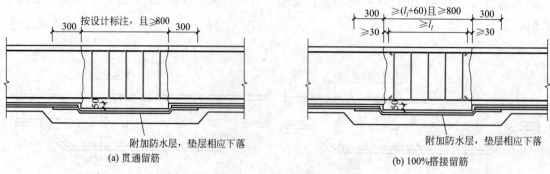

图 7-73 基础梁后浇带构造

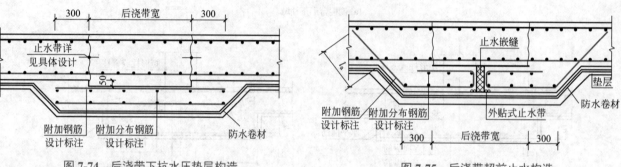

图 7-74 后浇带下抗水压垫层构造      图 7-75 后浇带超前止水构造

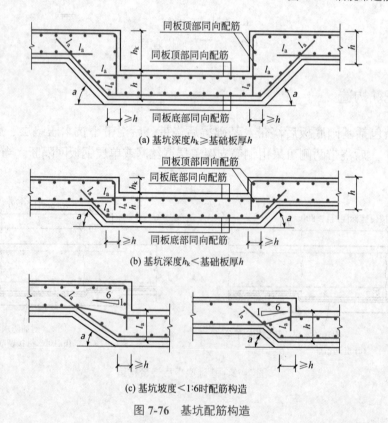

(a) 基坑深度 $h_k$≥基础板厚 $h$

(b) 基坑深度 $h_k$<基础板厚 $h$

(c) 基坑坡度<1:6时配筋构造

图 7-76 基坑配筋构造

### 7.5.3.5 窗井墙配筋构造

窗井墙配筋构造见图 7-77。

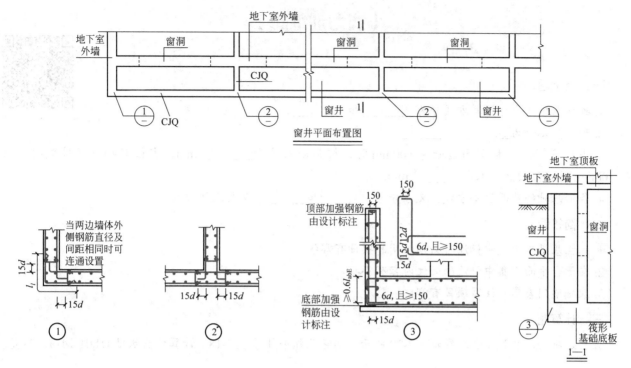

图 7-77 窗井墙配筋构造

### 7.5.3.6 防水底板与各类基础的连接构造

防水底板与各类基础的连接构造见图 7-78。基础包括独立基础、条形基础、桩基承台、桩基承台梁以及基础联系梁等。$d$ 为防水底板受力钢筋的最大直径。

当基础梁、承台梁、基础联系梁或其他类型的基础宽度 $\leq l_a$ 时，可将受力钢筋穿越基础后在其连接区域连接。

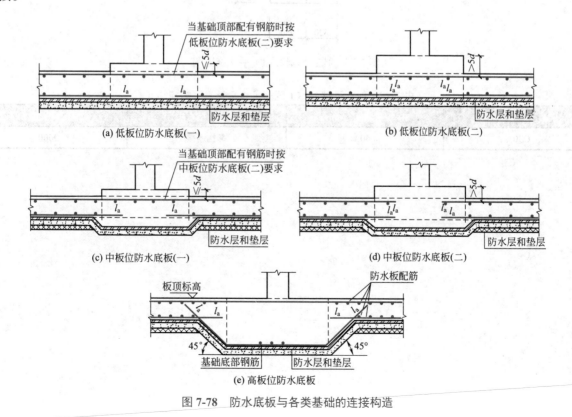

图 7-78 防水底板与各类基础的连接构造

# 【能力训练题】

二维码 7.2

## 一、填空题

1. 独立基础的平面注写方式分为_____和_____。

2. 独立基础分为_____、_____。

3. 当桩直径或者桩截面边长＜800mm 时，桩顶嵌入承台_____mm；当桩直径或者桩截面边长 ≥800mm 时，桩顶嵌入承台_____mm。

4. 条形基础的截面注写方式，又可分为_____和_____两种表达方式。

## 二、简答题

1. 独立基础采用集中标注时必须注明的项目有哪些？

2. 在承台平面上集中引注的必注内容有哪些？

3. 基础梁列表集中注写项目有哪些？

## 三、计算题

独立基础 DJ$_j$01 平法施工图如图 7-79 所示。其它已知条件见表 7-18。计算独立基础 DJ$_j$01 钢筋工程量。

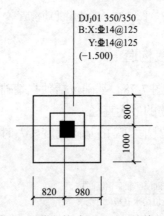

图 7-79  独立基础 DJ$_j$01 平法施工图

表 7-18  独立基础 DJ$_j$01 钢筋工程量计算已知条件

| 混凝土强度等级 | 保护层厚度 $c$/mm | 钢筋连接方式 | 钢筋定尺长度 /mm |
| --- | --- | --- | --- |
| C30 | 40 | 绑扎连接 | 9000 |

# 8

# 钢筋算量软件操作

## 8.1 ▶ 晨曦 BIM 软件简介

### 8.1.1　软件介绍

晨曦 BIM 算量（四合一）是基于 Revit 平台二次研发的快速建模及算量软件，软件内置《建设工程工程量清单计价规范》（GB 50500）及全国各地现行定额计算规则，并结合国家标准图集及实际施工经验作为计算依据，提供自动套用清单定额，智能布置构件、布置钢筋等功能，使土建、钢筋算量数据与设计数据实施联动，快速完成工程土建与钢筋计量工作并可应用于建筑工程的全生命周期，实现数据共享。

## 8.1.2　软件特点

（1）自动分类

Revit 模型的构件具有较高的灵活度，可在多个构件之间进行灵活穿梭，最终计算工程量时采用自动分类，将 Revit 模型构件进行分类，并添加算量类型属性。比如将图形中编号带 KZ 的柱分类为框架柱，算量时按框架柱的规则进行计算。

（2）智能布置

结合建筑规范的要求，研发智能布置功能，加快建模的速度。如按照规范要求，墙长超过 5m 时要布置构造柱，在"智能布置"窗口选择相应的条件规则后可自动布置构造柱。如图 8-1 所示为构件智能布置页面示意。

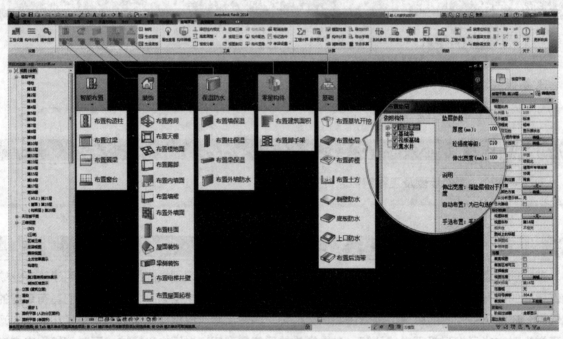

图 8-1　构件智能布置

（3）计算依据遵循规范

利用 Revit 建立模型，根据《建设工程工程量清单计价规范》（GB 50500）和全国各地定额工程量计算规则，对模型进行工程量分析和汇总。如图 8-2 所示。

（4）自动套清单定额

每个构件默认套用常规的清单定额，并可灵活修改，既免去各个构件套用清单定额的烦琐，又可作为学习模板，避免漏项和错项，如图 8-3 所示。

（5）模拟手工计算工程量

模拟手工计算工程量，即按预算员手算的习惯计算构件。提供计算式可以脱离软件按设计图纸查询，利于对账，同时也便于工程预结算。如图 8-4 所示。

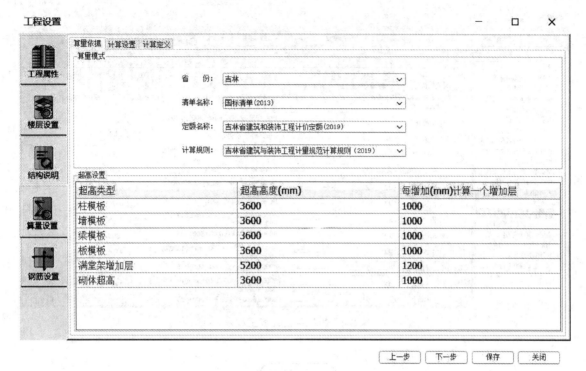

图 8-2　遵循规范计算工程量

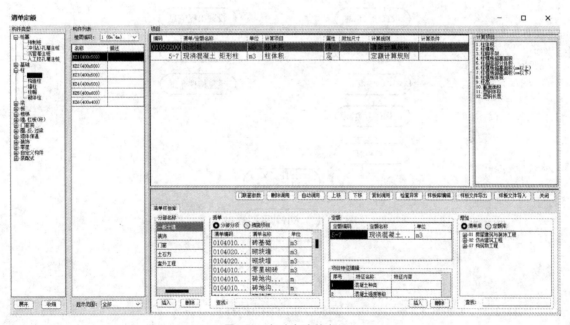

图 8-3　自动套清单定额

## 8.1.3　操作流程

### 8.1.3.1　用户操作流程

用户操作流程如图 8-5 所示。

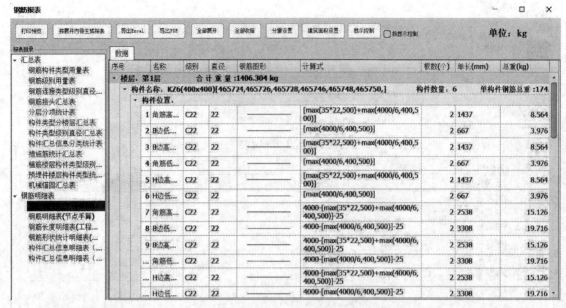

图 8-4 模拟手工计算工程量

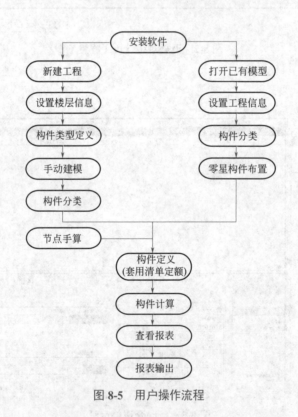

图 8-5 用户操作流程

### 8.1.3.2 钢筋工程算量流程

算量流程是为了让用户在短时间内对产品的流程有快速的了解，使用户能更好地操作软件。

打开晨曦 BIM 算量（四合一）软件，选择已建好的土建标准模型文件并打开，以"办公楼项目"为例，鼠标点击"晨曦 BIM 钢筋"选项卡→"工程设置"面板→"算量流程"命令，即可查看钢筋出量流程图，如图 8-6 所示。钢筋出量流程总体分为 8 个步骤，分别为：建模/模型导入、工程设置、构件分类、钢筋设置、钢筋信息、钢筋布置、报表输出、导出 Excel。

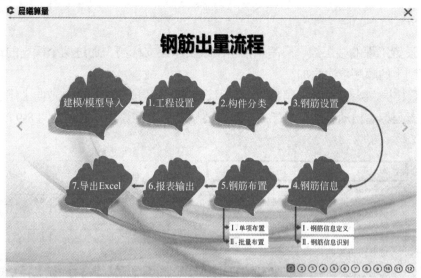

图 8-6　钢筋出量流程图

# 8.2 ▶ 新建工程及属性设置

## 8.2.1 新建工程

启动 Revit 平台后，单击【R】→"新建"→"项目"，选择"晨曦样板"，如图 8-7 所示。

## 8.2.2 工程设置

工程设置由工程属性、楼层设置、结构说明、算量设置、钢筋设置和分类规则这六个部分组成，从工程图纸上提取与此界面相关的工程信息并输入，点击【下一步】直至完善工程所需信息，最后点击【保存】。

打开方式：选择"晨曦 BIM 钢筋"选项卡→"工程设置"。这里以"办公楼项目"为例。

### 8.2.2.1 工程属性

"工程属性"面板中填写基本的工程信息，包含工程信息、编制信息，如图 8-8 所示，此界面根据实际工程具体内容填写。

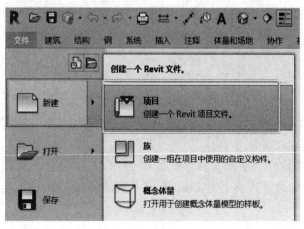

图 8-7　新建项目　　　　　　　　　　　　　　图 8-8　工程属性设置

### 8.2.2.2　楼层设置

楼层设置用于设置工程的楼层数、层高。根据图纸要求建立标高，通过两个标高的建立形成一个楼层的概念，按照从下到上的顺序依次添加。

创建标高：设置楼层"层高"、"相同数"，然后选定某一楼层为首层，点击"向上添加"或"向下添加"按钮，软件会依据首层标高自动叠加楼层标高。以办公楼项目为例，共6层，如图8-9所示。

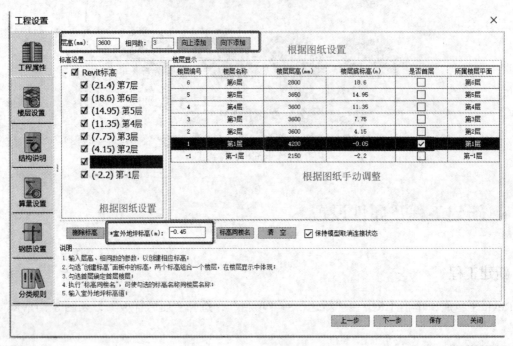

图8-9　办公楼项目楼层设置

### 8.2.2.3　结构说明

结构说明：根据图纸信息分别设置工程所需构件的混凝土强度等级、混凝土类型等。

楼层选择：根据图纸信息对框架柱、混凝土墙以及梁板等构件设置相应楼层的混凝土强度等级、混凝土类型等信息，相应楼层的选择可通过右侧的"楼层选择"面板来勾选。以办公楼项目为例，如图8-10所示。

### 8.2.2.4　算量设置

算量设置界面分为三部分内容：算量依据、计算设置、计算定义，通过点选切换不同的设置界面。下面以办公楼项目为例。

算量依据界面如图8-11所示。

（1）算量依据

①算量模式分为三个可选项。

a.清单名称：有两种可选项，分别是国标清单（2013）和国标清单（福建2013）；点选为"国标清单（2013）"。

b.定额名称：内含全国省份定额库。点选为"吉林省建筑和装饰工程计价定额（2019）"。

c.计算规则：内含全国省份定额计算规则库。点选为"吉林省建筑和装饰工程计量规范计算规则（2019）"。

②超高设置：根据所选计算规则，自动载入对应省份的超高类型数据库，切换计算规则，数据实时刷新。

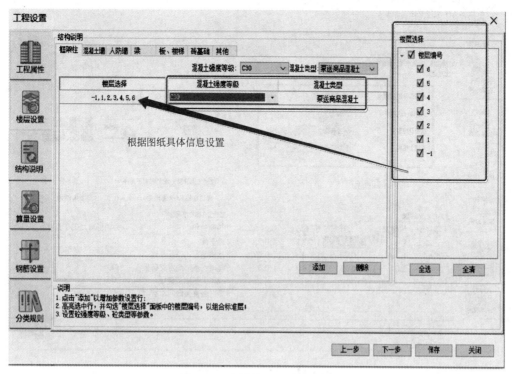

图 8-10  办公楼项目结构说明

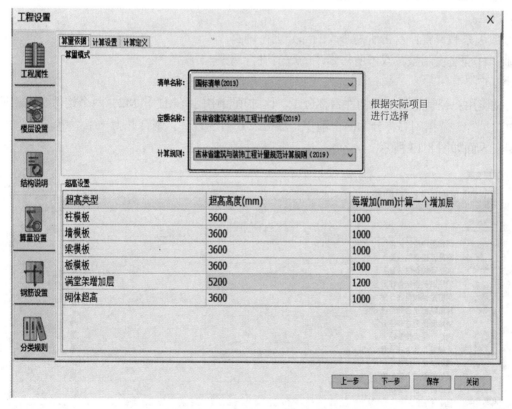

图 8-11  办公楼项目算量依据设置

（2）计算设置

计算设置界面如图 8-12 所示。

① 土方定义：大基坑开挖形式、土壤（岩石）类别、坑槽开挖形式和挖土机械，这四大类型的修改可

通过图 8-12 中所示的下拉框选择。

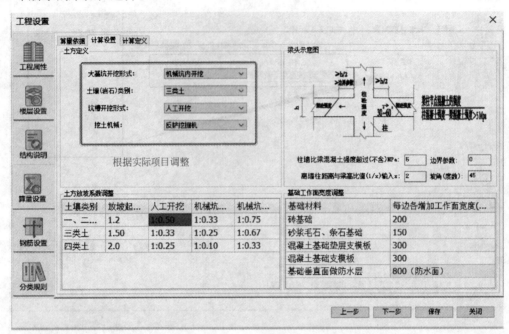

图 8-12　办公楼项目计算设置

②梁头示意图：根据工程要求填写相应的混凝土强度、边界参数、离墙柱距离与梁高比值 $1/x$ 和坡角（度数）等具体数值。

③土方放坡系数调整：双击所需修改的部分进行调整。

④基础工作面宽度调整：双击所需修改的数值进行调整。

（3）计算定义

计算定义作用：控制是否根据构件名称分量。比如项目中门有 M1 和 M2，两个构件套用相同的清单，项值设置为"是"，依据门名称分为两个清单；项值设置为"否"，则合并为一个清单。

计算定义界面如图 8-13 所示。

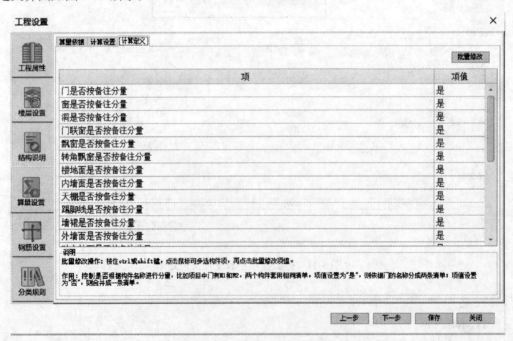

图 8-13　办公楼项目计算定义

### 8.2.2.5 钢筋设置

钢筋设置界面分为三部分内容：钢筋设置、楼层选择及说明。

"钢筋设置"模块，可设置钢筋规范、接头计算方式、钢筋汇总方式等基本参数。以办公楼项目为例。主要参数设置说明如下：

① 钢筋规范：根据图纸要求进行选择，选择"16系平法规则"。

② 接头计算方式：有按定额规则计算和按清单规则计算两种选择，选择"按清单规则计算"。

③ 箍筋长度计算方式：有按外皮尺寸计算、按中心线计算、按内皮尺寸计算三种选择，选择"按中心线计算"。

④ 抗震等级：根据建筑物所在城市的大小、建筑物的类别、高度以及当地的抗震设防小区规划进行确定，根据"办公楼项目"图纸，抗震等级为三级。

⑤ 环境类别：按照工程所在地区环境划分为一类，二a类、二b类、三a类、三b类、四类、五类。根据"办公楼项目"图纸，环境类别为一类。

"楼层选择"模块，根据图纸信息对柱、混凝土墙以及梁板等构件设置相应楼层的抗震等级及环境类别信息，相应楼层的选择可通过右侧的"楼层选择"面板来勾选，如图8-14所示。

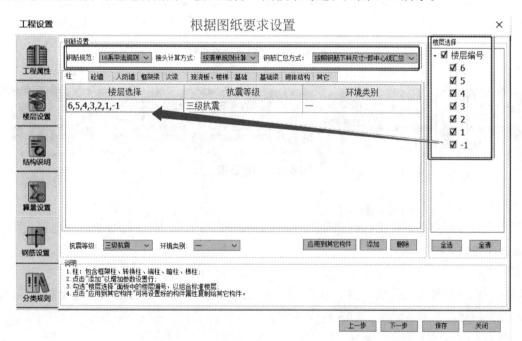

图 8-14　办公楼项目钢筋设置

### 8.2.2.6 分类规则

"分类规则"中设置算量类型的关键字，可对默认关键字库进行补充编辑，帮助软件作出正确的判断，将实例构件与算量类型进行关联，如图8-15所示。

## 8.2.3 钢筋设置

应用已创建好的土建模型可快速完成钢筋的布置，但是在布置钢筋之前，应先按照结构设计说明中的要求依次设置好钢筋的计算参数信息，这样才能保证钢筋计算结果的准确性。这里以办公楼项目为例，单击"晨曦BIM钢筋"选项卡→"钢筋设置"按钮。如图8-16所示。

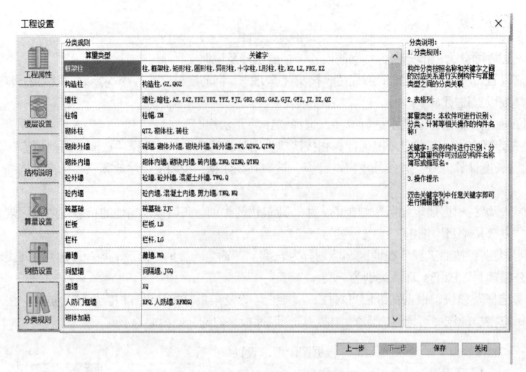

图 8-15　办公楼项目分类规则

图 8-16　钢筋设置

（1）钢筋基本设置

钢筋基本设置包括：钢筋比重、钢筋种类、保护层厚度、定尺长度、弯钩长度、弯曲调准值、计算精度设置和梁支座设置。

① 钢筋比重。

软件按照钢筋直径及类别分别给出了相关的钢筋比重，用户可按照计算要求，选定需要修改的钢筋比重，单击钢筋相应比重值自行修改，如图 8-17 所示。

注意直径为 6 的钢筋比重是否修改。

② 钢筋种类。

"钢筋种类"设置页面用于设置钢筋等级的输入格式，例如：一级钢用字母 A 代替，当输入配筋信息 A6 时，表示直径为 6mm 的一级钢筋。这部分设置可根据实际需要单击进行修改，一般不进行修改，如图 8-18 所示。

③ 保护层厚度。

保护层厚度指最外层钢筋外边缘至混凝土表面的距离，其间接影响钢筋工程量的计算。软件默认数据来源于 16G101—1，可根据实际需要单击进行修改，如图 8-19 所示。

④ 定尺长度。

钢筋中的定尺长度是由产品标准规定的钢坯和成品钢材的出厂长度，将影响到定尺接头个数，从而影响钢筋工程量。根据工程结构设计说明和工程实际情况进行设置。该项目定尺长度设置为 9m。如图 8-20 所示。

钢筋设置
钢筋基本设置
钢筋锚固设置
钢筋搭接设置
钢筋计算设置
钢筋节点设置
钢筋比重
钢筋种类
保护层厚度
定尺长度
弯钩长度
弯曲调整值
计算精度设置
梁支座设置
普通钢筋
冷轧带肋钢筋
冷轧扭钢筋
预应力钢绞线
预应力钢丝
直径
比重
3 0.055
4 0.099
5 0.154
6 0.26
6.5 0.260
7 0.302
注意直径为6的钢筋比重是否需要修改
8 0.395
9 0.499
10 0.617
12 0.888
14 1.21
15 1.388
16 1.58
18 2.00
20 2.47
21 2.721
22 2.98
24 3.554
25 3.85
26 4.171
28 4.83
30 5.55
恢复默认值
说明
导出设置
导入设置

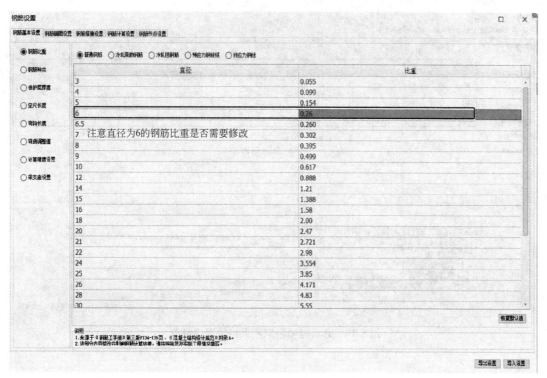

图 8-17　办公楼项目钢筋比重设置

钢筋设置
钢筋基本设置
钢筋锚固设置
钢筋搭接设置
钢筋计算设置
钢筋节点设置
钢筋比重
钢筋种类
保护层厚度
定尺长度
弯钩长度
弯曲调整值
计算精度设置
梁支座设置
钢筋种类 钢筋等级 钢筋符号
HPB300 A I
HRB335 B II
HRB335E BE II
HRBF335 BF II
HRBF335E BFE II
HRB400 C III
HRB400E CE III
HRBF400 CF III
HRBF400E CFE III
RRB400 D III
HRB500 E IV
HRB500E EE IV
HRBF500 EF IV
HRBF500E EFE IV
冷轧带肋钢筋 L 特殊钢筋
冷轧扭钢筋 N 特殊钢筋
预应力钢绞线 YJ 特殊钢筋
预应力钢丝 YS 特殊钢筋
说明
表格中用字母表示钢筋等级，钢筋报表中钢筋类型示为该表中对应字母编号。
导出设置
导入设置

图 8-18　办公楼项目钢筋种类设置

修改方法：

a. 在表左下方“定尺长度”后的输入框中手动输入或下拉选择修改，然后点击【确定】，即可全部修改；

b. 单击表中需要修改的长度数值，直接输入数据进行修改。

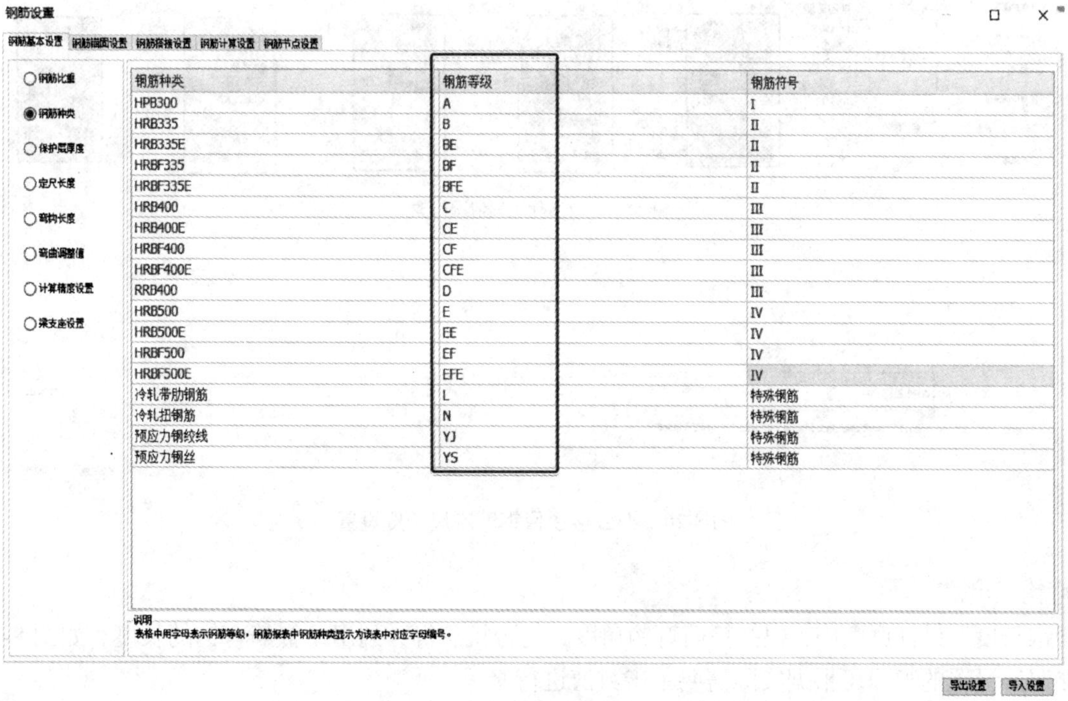

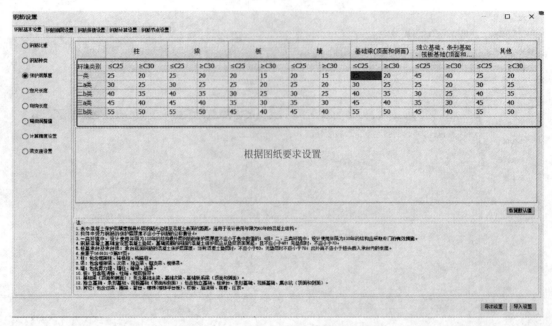

图8-19 办公楼项目钢筋保护层厚度设置

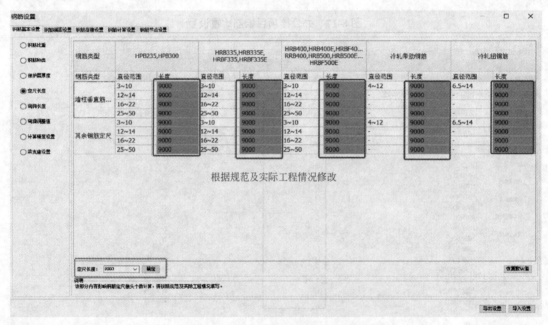

图8-20 办公楼项目钢筋定尺长度设置

⑤ 弯钩长度。

"弯钩长度"设置页面中，根据箍筋弯钩角度、是否抗震等，列出了箍筋弯钩的长度，如图8-21所示。根据标准图集设置的工程可根据实际需要单击数值进行修改。

⑥ 弯曲调准值。

弯曲调准值来源于规范和图集，具体取值可根据实际情况调整，如图8-22所示。

⑦ 计算精度设置。

计算精度设置，主要是用来控制钢筋根数、长度，可以通过下拉"值"列表选择取值方式，或者在左下角"统一设置"下拉选择，该项目按照图集设置，如图8-23所示。

⑧ 梁支座设置。

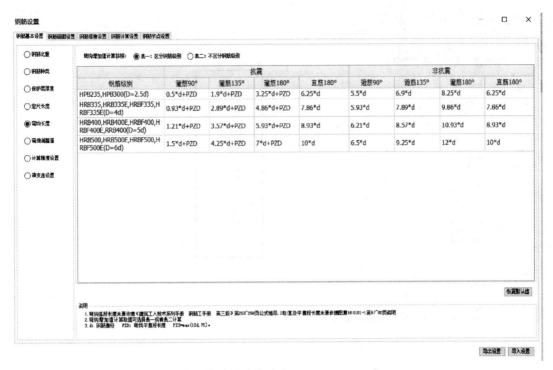

图 8-21　办公楼项目钢筋弯钩长度设置

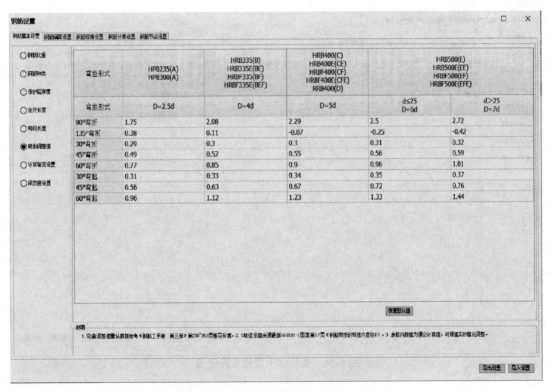

图 8-22　办公楼项目钢筋弯曲调准值设置

软件内数值来源于 16G101 图集，该项目按照图集进行设置，如图 8-24 所示。

（2）钢筋锚固设置

单击【钢筋锚固设置】，该项内容来源于 16G101—1 钢筋锚固相关内容，一般工程无需修改，若遇特殊工程用户可按照计算要求，单击表中数值自定义修改在特定条件下的受拉钢筋基本锚固长度（$l_{abE}$），该项目按图集规定值设置，如图 8-25 所示。

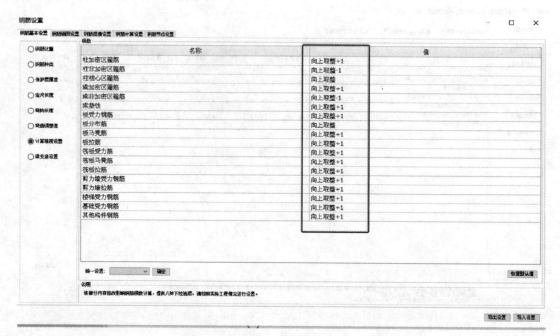

图 8-23 办公楼项目钢筋计算精度设置

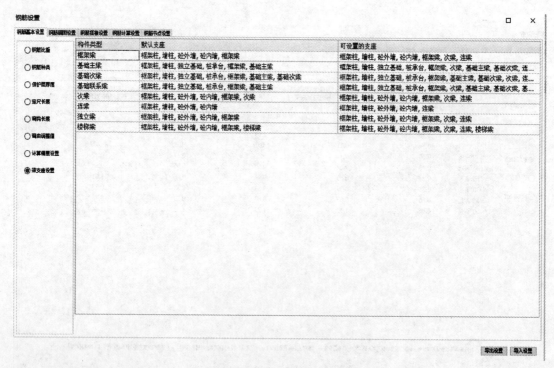

图 8-24 办公楼项目梁支座设置

（3）钢筋搭接设置

钢筋的搭接设置，软件给出了常用的连接设置条件，数值来源于钢筋平法图集，可根据结构设计说明中的相关要求，单击表中相应钢筋连接方式，下拉进行选择修改。该项目按图集规定值设置，如图 8-26 所示。

（4）钢筋计算设置

"钢筋计算设置"选项卡中可按照国标、图集及实际施工经验值，设置各类构件各项钢筋的计算规则，图纸设计值与软件默认值不符可进行修改。该项目按图集规定值设置，如图 8-27 所示。

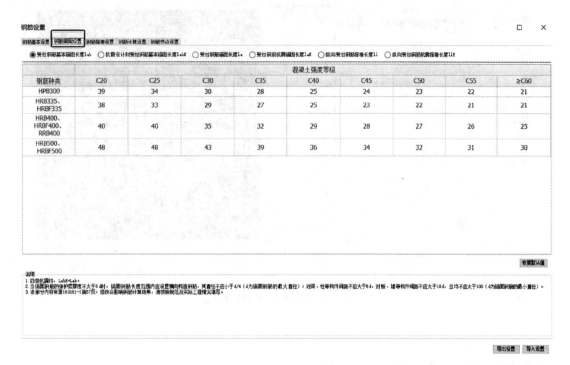

钢筋设置

钢筋基本设置 | 钢筋锚固设置 | 钢筋搭接设置 | 钢筋计算设置 | 钢筋节点设置

◉受拉钢筋基本锚固长度lab ○抗震设计时受拉钢筋基本锚固长度labE ○受拉钢筋锚固长度la ○受拉钢筋抗震锚固长度laE ○纵向受拉钢筋搭接长度ll ○纵向受拉钢筋抗震搭接长度llE

| 钢筋种类 | 混凝土强度等级 | | | | | | | | |
|---|---|---|---|---|---|---|---|---|---|
| | C20 | C25 | C30 | C35 | C40 | C45 | C50 | C55 | ≥C60 |
| HPB300 | 39 | 34 | 30 | 28 | 25 | 24 | 23 | 22 | 21 |
| HRB335、HRBF335 | 38 | 33 | 29 | 27 | 25 | 23 | 22 | 21 | 21 |
| HRB400、HRBF400、RRB400 | 40 | 40 | 35 | 32 | 29 | 28 | 27 | 26 | 25 |
| HRB500、HRBF500 | 48 | 48 | 43 | 39 | 36 | 34 | 32 | 31 | 30 |

恢复默认值

说明

1. 四级抗震时，LabE=Lab。
2. 当锚固钢筋的保护层厚度不大于5d时，锚固钢筋长度范围内应设置横向构造钢筋，其直径不应小于d/4（d为锚固钢筋的最大直径）；对梁、柱等构件间距不应大于5d，对板、墙等构件间距不应大于10d，且均不应大于100（d为锚固钢筋的最小直径）。
3. 该部分内容来源16G101-1第57页；修改会影响钢筋计算结果，请按照规范及实际工程情况填写。

导出设置 导入设置

图 8-25　办公楼项目钢筋锚固设置

钢筋设置

钢筋基本设置 | 钢筋锚固设置 | 钢筋搭接设置 | 钢筋计算设置 | 钢筋节点设置

| | HPB235,HPB300 | | HRB335,HRB335E,HRBF335,H... | | HRB400,HRB400E,HRBF400,H... RRB400,HRB500,HRB500E,HR... | | 冷轧带肋钢筋 | | 冷轧扭钢筋 | |
|---|---|---|---|---|---|---|---|---|---|---|
| 构件 | 直径(mm) | 连接方式 | 直径(mm) | 连接方式 | 直径(mm) | 连接方式 | 直径(mm) | 连接方式 | 直径(mm) | 连接方式 |
| 柱 | 3~10 | 绑扎 | 3~10 | 绑扎 | 3~10 | 绑扎 | 4~12 | 绑扎 | 6.5~14 | 绑扎 |
| | 12~14 | 绑扎 | 12~14 | 绑扎 | 12~14 | 绑扎 | - | - | - | - |
| | 16~22 | 电渣压力焊 | 16~22 | 电渣压力焊 | 16~22 | 电渣压力焊 | - | - | - | - |
| | 25~50 | 套管挤压 | 25~50 | 套管挤压 | 25~50 | 套管挤压 | - | - | - | - |
| 框架梁 | 3~10 | 绑扎 | 3~10 | 绑扎 | 3~10 | 绑扎 | 4~12 | 绑扎 | 6.5~14 | 绑扎 |
| | 12~14 | 绑扎 | 12~14 | 绑扎 | 12~14 | 绑扎 | - | - | - | - |
| | 16~22 | 直螺纹连接 | 16~22 | 直螺纹连接 | 16~22 | 直螺纹连接 | - | - | - | - |
| | 25~50 | 套管挤压 | 25~50 | 套管挤压 | 25~50 | 套管挤压 | - | - | - | - |
| 非框架梁 | 3~10 | 绑扎 | 3~10 | 绑扎 | 3~10 | 绑扎 | 4~12 | 绑扎 | 6.5~14 | 绑扎 |
| | 12~14 | 绑扎 | 12~14 | 绑扎 | 12~14 | 绑扎 | - | - | - | - |
| | 16~22 | 直螺纹连接 | 16~22 | 直螺纹连接 | 16~22 | 直螺纹连接 | - | - | - | - |
| | 25~50 | 套管挤压 | 25~50 | 套管挤压 | 25~50 | 套管挤压 | - | - | - | - |
| 板 | 3~10 | 绑扎 | 3~10 | 绑扎 | 3~10 | 绑扎 | 4~12 | 绑扎 | 6.5~14 | 绑扎 |
| | 12~14 | 绑扎 | 12~14 | 绑扎 | 12~14 | 绑扎 | - | - | - | - |
| | 16~22 | 直螺纹连接 | 16~22 | 直螺纹连接 | 16~22 | 直螺纹连接 | - | - | - | - |
| | 25~50 | 套管挤压 | 25~50 | 套管挤压 | 25~50 | 套管挤压 | - | - | - | - |
| 墙水平筋 | 3~10 | 绑扎 | 3~10 | 绑扎 | 3~10 | 绑扎 | 4~12 | 绑扎 | 6.5~14 | 绑扎 |

恢复默认值

说明

1. 该部分内容影响钢筋连接方式，请按照规范及实际工程情况选择。
2. 柱：框架柱、墙柱、构造柱、梯柱。
3. 框架梁：框架梁、独立梁、框架梯梁。
4. 非框架梁：非框架梁、非框架梯梁。
5. 板：现浇板（除拉筋和马凳筋）、柱帽、楼梯休息平台。
6. 墙水平筋：剪力墙水平筋、暗梁、连梁、砌体加筋。
7. 墙垂直筋：剪力墙垂直筋。
8. 基础：基础主次梁、基础联系梁、筏板（除拉筋和马凳筋）、独立基础、桩承台、集水坑、柱墩、条形基础。
9. 其它：圈梁、过梁、窗台、砌体墙通长筋、楼梯、栏板（含栏板及其余零星构件）。

导出设置 导入设置

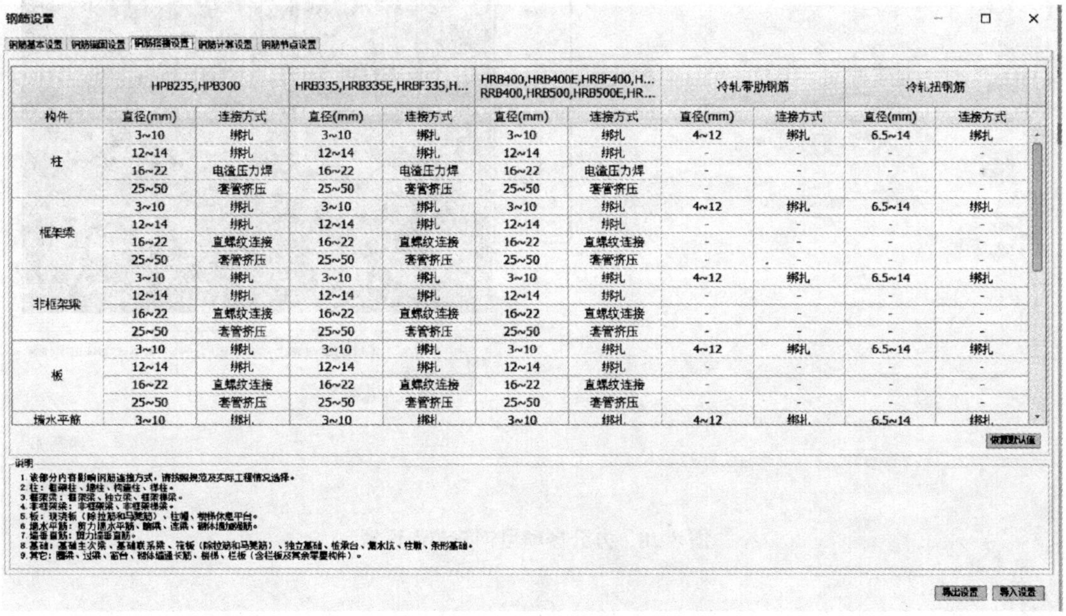

图 8-26　办公楼项目钢筋搭接设置

（5）钢筋节点设置

“钢筋节点设置”选项卡中可按照国标、图集及实际施工经验值，设置各类构件的各项钢筋计算参数。在该界面中以图文表的形式显示各构件的节点设置，软件中默认的节点为规范中常见的节点形式，一般工程不需要进行修改，如有需要可以根据实际项目进行修改。该项目按图集规定值设置，如图 8-28 所示。

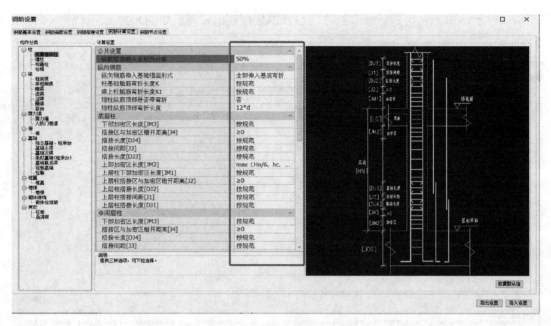

图 8-27　办公楼项目钢筋计算设置

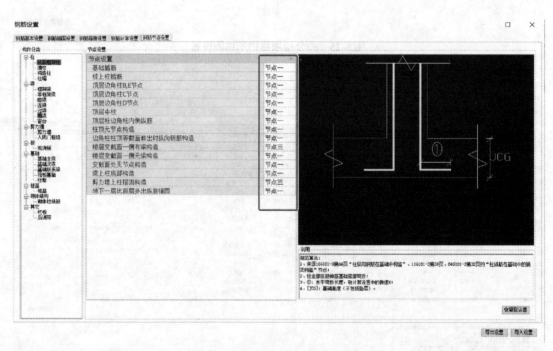

图 8-28　办公楼项目钢筋节点设置

# 8.3 ▶ 柱构件模型绘制

## 8.3.1　柱钢筋识图

办公楼项目为框架结构，以"一层框架柱"为例，本工程框架柱采用的是截面注写表达方式，有 KZ1、KZ2、KZ3、KZ4、KZ5、KZ6 六种框架柱，如图 8-29 所示。

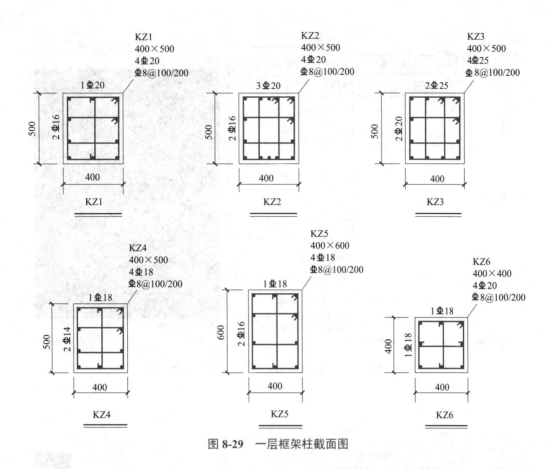

图 8-29 一层框架柱截面图

以 KZ1 为例，KZ1 截面尺寸为长 × 宽＝ 400mm×500mm，标高为 −0.050 ～ 4.150m，钢筋信息为：角筋 4⏀20，B 边一侧纵筋 1⏀20，H 边一侧纵筋 2⏀16，箍筋为⏀8@100/200。

## 8.3.2 柱钢筋定义

在依次完成前述的工程设置、钢筋设置操作之后，点击【钢筋定义】功能按钮，进入"钢筋定义"窗口，在左列"构件类型"中，选择"框架柱"。对照办公楼项目实例结构施工图纸的一层框架柱配筋图，点选每个框架柱构件名称，在对应的"钢筋信息"栏中，仔细填写各框架柱配筋信息。

① "截面编辑"选择"否"（钢筋信息直接填写），如图 8-30 所示。

类别：框架柱。

截面形状：矩形。

角筋：4C20；B 边一侧中部钢筋：1C20；H 边一侧纵筋：2C16。

箍筋配筋：C8@100/200。

箍筋类型：3*4。

② "截面编辑"选择"是"（进行钢筋截面编辑），如图 8-31 所示。

点击"箍筋类型"再单击"编辑"，弹出"钢筋截面编辑"界面。

编辑钢筋步骤如下：

a.布角筋：布置柱的每个角部纵筋，角筋 4⏀20。

选择"布角筋"→设置钢筋信息 4C20 →框选整个柱图形→在柱的相交角部位置生成纵筋。

b.布边筋：布置柱的每边纵筋，布置边 2⏀20、4⏀16。

选择"布边筋"→设置钢筋信息 1C20、2C16 →框选整个柱图形或者点选每条边→在柱的每边生成相应的纵筋。

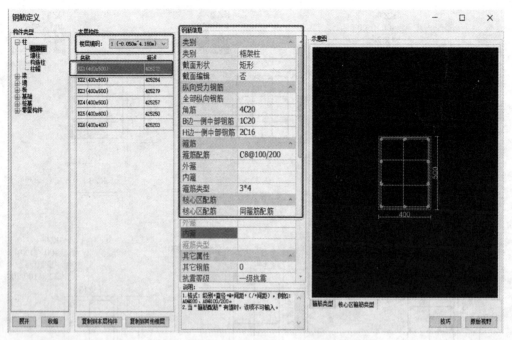

图 8-30　办公楼项目 **KZ1** 钢筋定义（"截面编辑为"否"）

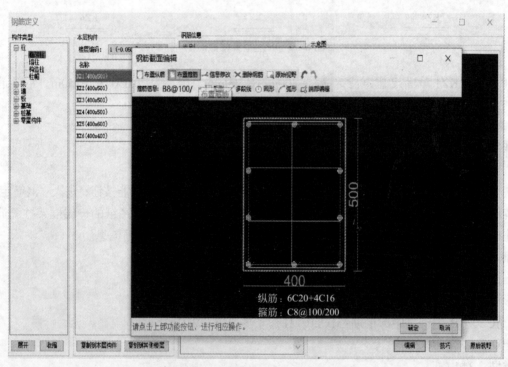

图 8-31　办公楼项目 **KZ1** 钢筋截面编辑（"截面编辑"为"是"）

c. 布置箍筋：布置柱的所有箍筋，箍筋⊈8@100/200。

选择"布置箍筋"→设置钢筋信息箍筋 C8@100/200→采用矩形、多段线命令绘制。

d. 绘制完成后点击"确定"命令。如图 8-31 所示。

使用钢筋定义或者钢筋截面编辑的方式来依次设置 KZ2、KZ3、KZ4、KZ5、KZ6 的钢筋信息。在实际操作过程中，若某根柱段的钢筋信息与本层其他编号柱段相同，可以使用"复制到本层构件"命令来实现；若某根柱段的钢筋信息与其他楼层柱段相同，可以使用"复制到其他楼层"命令来实现。如图 8-32 所示。

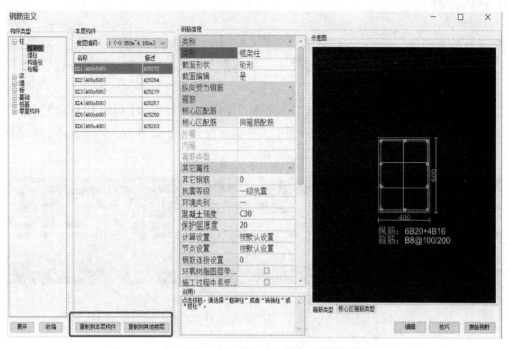

图 8-32  "复制到本层构件"、"复制到其他楼层"命令

③ 其它属性。

该栏信息来源于"工程设置"中"钢筋设置"以及"钢筋设置"的内容，也可对该构件"其它属性"做单独修改（如：该构件所处环境类别不同时，可点击"环境类别"下拉选择，保护层厚度会联动修改），如图 8-33 所示。

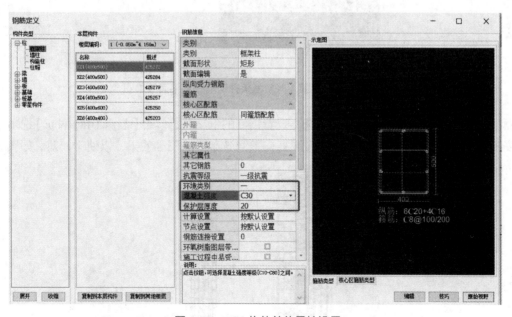

图 8-33  KZ1 构件其他属性设置

④ 锚固搭接。

此项内容根据"工程设置"中"钢筋设置"和"钢筋设置"内容，软件自动判断而来，当修改"其它属性"中抗震等级、混凝土强度等信息后软件将自动判断修改锚固搭接。

### 8.3.3　柱钢筋布置

在完成框架柱的钢筋定义后，就可以在各层的平面视图中对框架柱进行钢筋布置。在"晨曦 BIM 钢筋"插件选项卡中，提供两种布置结构构件钢筋的方法，分别是"单项布置"和"批量布置"。

下面以办公楼项目中 KZ1（第 1 层）为例，首先，在"项目浏览器"中跳转到楼层平面的"第 1 层"平面视图中；然后在平面视图中布置框架柱 KZ1，选择"KZ1 构件"→单击【晨曦 BIM 钢筋】选项卡中的"单项布置"或"批量布置"进行布置，平面效果图中的柱截面会显示布置完成的钢筋实体，如图 8-34 所示。采用此方法可逐一完成实例中其他框架柱的钢筋布置。

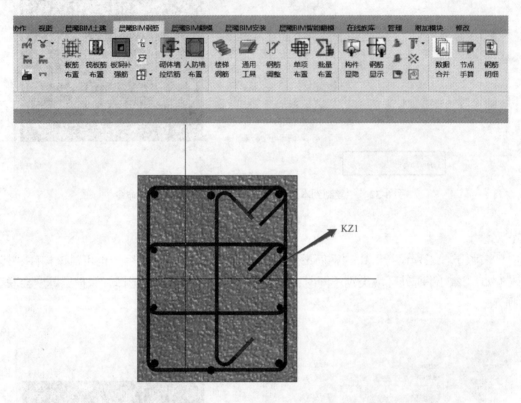

**图 8-34　KZ1（第 1 层）框架柱钢筋布置平面效果图**

在平面视图中布置好框架柱钢筋后，框选要查看钢筋的框架柱，单击【晨曦 BIM 钢筋】选项卡中的"钢筋显示"按钮，则可以在三维透视的状态下，观察柱子钢筋布置的三维效果，以便于校对，如图 8-35 所示。

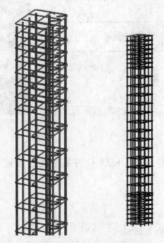

**图 8-35　KZ1（第 1 层）框架柱钢筋布置三维效果图**

## 8.4 ▶ 梁构件模型绘制

### 8.4.1 梁钢筋识图

办公楼项目为框架结构，本工程框架梁采用的是平面注写表达方式，有集中标注和原位标注，以 KL1（2A）为例，如图 8-36 所示。

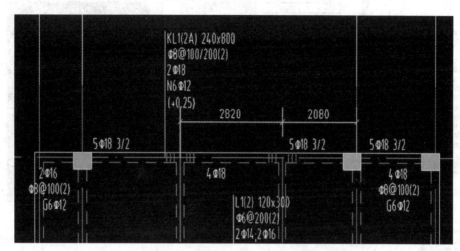

图 8-36 KL1（2A）梁平面注写示例

（1）集中标注

名称：KL1（2A）；

尺寸：240mm×800mm；

梁箍筋：$\Phi$8@100/200（2）；

上部通长筋：2$\Phi$18；

受扭钢筋：N6$\Phi$12；

梁面高差：+0.25m。

（2）原位标注

见图 8-36，相关识图知识阅读钢筋平法图集 16G101—1，此处不做赘述。

（3）附加吊筋箍筋

6$\Phi$d@50（n）（d 为梁箍筋直径，n 为梁箍筋肢数）。

### 8.4.2 梁钢筋定义

点击【晨曦 BIM 钢筋】选项卡→"钢筋定义"功能，弹出"钢筋定义"窗口，在"本层构件"选项下拉选择"楼层编码"，出现该楼层的梁构件，以实例中 KL1（2A）为例。

#### 8.4.2.1 集中标注

（1）钢筋信息输入

① 上部通长筋：2C18；下部通长筋：无。

② 箍筋：C8@100/200。

③ 箍筋类型：按照说明选择，为 2。

④ 侧面筋：N6C12。

⑤ 拉筋：选择"腰筋"后，拉筋会自动写入默认值，可单击更改。如图 8-37 所示。

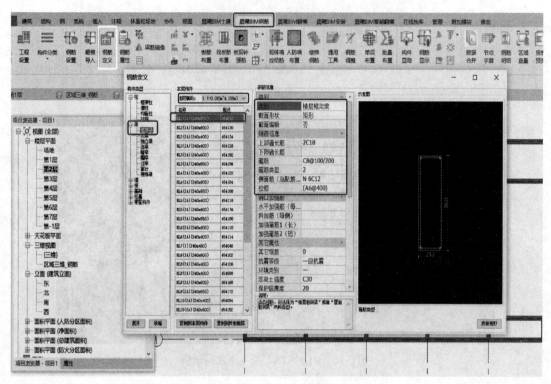

图 8-37　KL1（2A）框架梁钢筋定义

（2）其它属性

该栏信息来源于"工程设置"中"钢筋设置"以及"钢筋设置"的内容，也可对该构件"其它属性"做单独修改（如：该构件所处环境类别不同时，可点击"环境类别"下拉选择，保护层厚度会联动修改）。

（3）锚固搭接

此项内容根据"工程设置"中"钢筋设置"和"钢筋设置"内容，软件自动判断而来，当修改"其他属性"中"抗震等级"、"混凝土强度"等信息后，软件将自动判断修改锚固搭接。

（4）复制到本层构件

① 单击"复制到本层构件"，选择想要复制的构件的楼层；

② 选择构件的类型；

③ 选择"源构件"的具体名称，并勾选"复制的项目"；

④ 勾选"目标构件"。即可将构件信息复制到本层其它构件中。

### 8.4.2.2　原位标注

平法表格，即梁原位标注，功能是查看和修改梁构件的钢筋信息，根据梁图纸，快速地查看和修改对应的钢筋集中标注和原位标注信息，为定义梁钢筋信息提供快捷的设置方式。

① 点击【晨曦 BIM 钢筋】选项卡→"平法表格"功能，如图 8-38 所示，将弹出"平法表格"窗口，选择梁构件进行梁钢筋信息的查改。

② 查改对应梁的钢筋信息。在绘图区域可以输入支座钢筋、跨中钢筋、下部钢筋、侧面通长筋，其他信息可以在平法表格中输入，KL1（2A）平法表格钢筋信息输入如图 8-39 所示。

图 8-38 "平法表格"命令

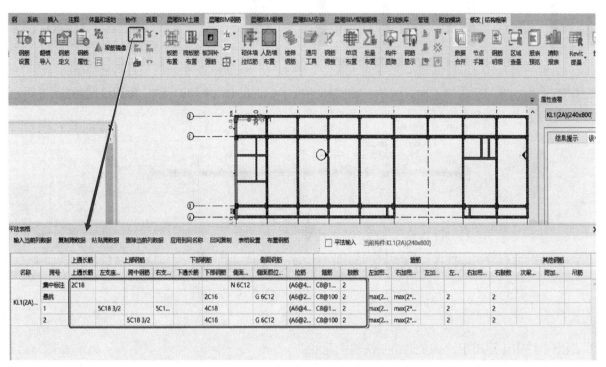

图 8-39 KL1（2A）平法表格钢筋信息输入

③ 注意事项。

a. 复制跨数据：复制当前选中跨的钢筋信息，可以通过粘贴，快速便捷地输入钢筋信息；

b. 粘贴跨数据：在当前选中行中，粘贴已复制跨的钢筋信息，快速便捷地输入钢筋信息；

c. 输入当前列数据：当某列数据完全一致时，使用此功能可以快速输入选中列的数据；

d. 删除当前列数据：快速地删除当前选中列所有输入的数据；

e. 应用到同名称：将定义好的梁构件信息复制到同名称梁的属性中；

f. 层间复制：将定义好的梁构件信息复制到选择的梁的属性中；

g. 布置钢筋：快速将选中的梁构件进行钢筋实体的布置并计算实体钢筋。

### 8.4.2.3 平法输入

"平法输入"功能是查看和修改梁构件的钢筋信息，根据梁图纸，快速地查看和修改对应的钢筋集中标注和原位标注信息，大幅提高了梁筋定义的效率。

① 点击【晨曦 BIM 钢筋】选项卡→"平法输入"功能，如图 8-40 所示；

② 在绘图区域选择需要进行查看和修改的梁构件；

③ 查改对应梁的钢筋信息，在绘图区域可以输入支座钢筋、跨中钢筋、下部钢筋、侧面通长筋的信息，如图 8-41 所示；

④ 在弹出的功能窗（图 8-42）可以操作"梁跨对调"和"退出"命令。

图 8-40 "平法输入"命令

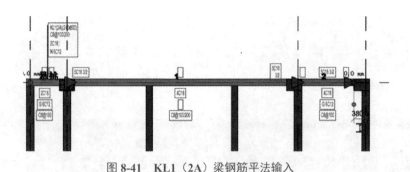

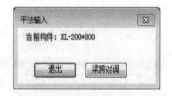

图 8-41    KL1（2A）梁钢筋平法输入                                    图 8-42    平法输入功能窗

a. 梁跨对调：当前平法输入时，梁的起始跨和图纸中标注的起始跨不一致，可通过此功能进行调整，如图 8-43 所示。

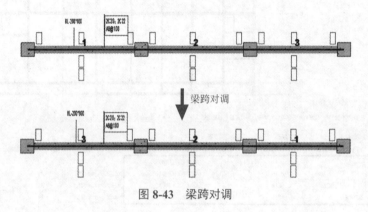

图 8-43    梁跨对调

b. 退出：点击【退出】，完全退出平法输入功能。

#### 8.4.2.4    吊筋箍筋

图纸中主梁与次梁相交处一般需设置吊筋和附加箍筋，用来承受梁下部或梁截面高度范围内的集中荷载，防止梁腰的腹剪斜裂缝。"吊筋箍筋"功能可以根据图纸设置情况，智能布置，快速便捷。

① 点击【晨曦 BIM 钢筋】选项卡→"吊筋箍筋"功能，下拉选择，弹出窗口，如图 8-44 所示。

图 8-44    选择"吊筋箍筋"命令

② 自动生成吊筋：可根据"布置生成"中的规则选择布置，如图 8-45 所示。

a. 楼层布置：选择需要布置的楼层即可。

b. 选择布置：弹出布置选项，蓝色线为布置位置，如图 8-46 所示。

③ 查改吊筋箍筋：点击此功能，框选一根或多根梁，弹出"修改吊筋信息"窗口，如图 8-47。

④ 删除吊筋箍筋：框选需要吊筋、箍筋的梁，点击【完成】即全部删除。

### 8.4.3    梁钢筋布置、显示与查量

在完成框架梁的钢筋定义后，就可以在各层的平面视图中对框架梁进行钢筋布置，在"晨曦 BIM 钢筋"插件选项卡中，提供两种布置结构构件钢筋的方法，分别是"单项布置"和"批量布置"。

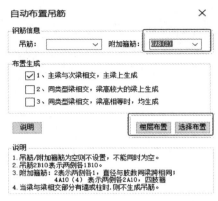

图 8-45 自动布置吊筋、附加箍筋

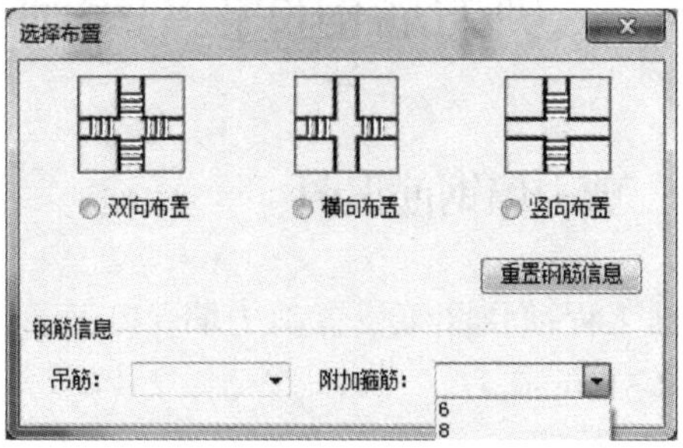

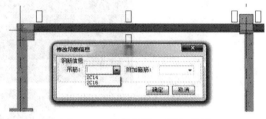

图 8-46 "选择布置"对话框

下面以实例中KL1（2A）（第1层）为例，首先，在"项目浏览器"中跳转到楼层平面的"第1层"的平面视图中；然后在平面视图中布置框架梁 KL1（2A），选择"KL1（2A）构件"→单击【晨曦BIM钢筋】选项卡中的"单项布置"或"批量布置"，平面视图中的梁截面会显示布置完成的钢筋效果，如图 8-48 所示，采用此方法可逐一完成实例中其他框架梁的钢筋布置。

图 8-47 修改吊筋、附加箍筋

在平面效果图中布置好框架梁钢筋后，可以框选要查看钢筋的框架梁，单击【晨曦BIM钢筋】选项卡中的"钢筋显示"按钮，则可以在三维透视的状态下，观察梁钢筋布置的三维实体，以便于校对，如图 8-49 所示。点击【晨曦BIM钢筋】选项卡中"钢筋明细"按钮，即可查看构件钢筋明细，如图 8-50 所示。

图 8-48 KL1（2A）（第1层）框架梁钢筋布置平面效果图

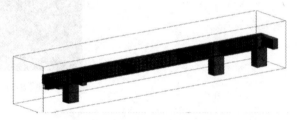

图 8-49 KL1（2A）梁钢筋三维实体显示

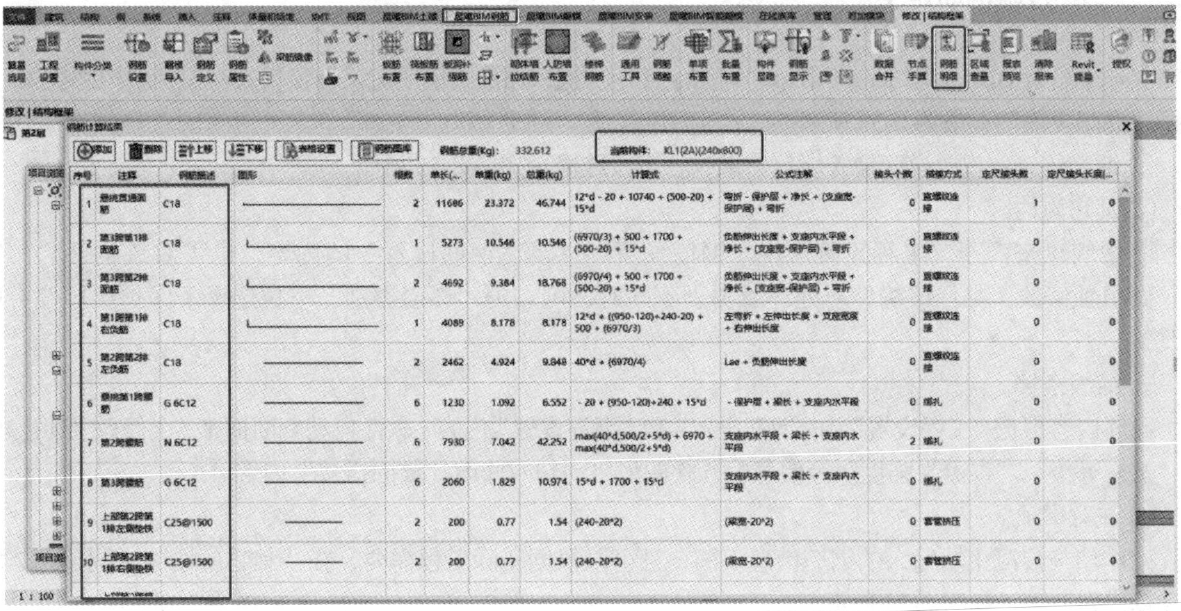

图 8-50 KL1（2A）梁构件钢筋明细

## 8.5 ▶ 剪力墙构件模型绘制

### 8.5.1 剪力墙钢筋识图

根据工程项目图纸设置剪力墙，本工程剪力墙采用的是列表注写表达方式，以 Q1 为例，具体图纸内容如图 8-51 所示。

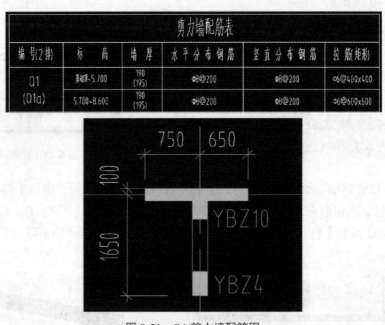

| 编号(2排) | 标 高 | 墙 厚 | 水平分布钢筋 | 竖直分布钢筋 | 拉筋(矩形) |
|---|---|---|---|---|---|
| Q1<br>(Q1a) | 基础顶~5.700 | 190<br>(195) | Φ8@200 | Φ8@200 | Φ6@400x400 |
| | 5.700~8.600 | 190<br>(195) | Φ8@200 | Φ8@200 | Φ6@600x600 |

图 8-51 Q1 剪力墙配筋图

### 8.5.2 剪力墙钢筋定义

点击【晨曦 BIM 钢筋】选项卡→"钢筋定义"功能，弹出"钢筋定义"窗口，在左列"构件类型"中，选择"混凝土墙"，如图 8-52 所示。

① 钢筋信息：按照说明输入规范信息或者下拉选择，如图 8-53 所示。

② 其它属性。

该栏信息来源于"工程设置"中"钢筋设置"以及"钢筋设置"的内容，也可对该构件"其它属性"做单独修改（如：该构件所处环境类别不同时，可点击"环境类别"下拉选择，保护层厚度会联动修改）。

③ 锚固搭接。

此项内容根据"工程设置"中"钢筋设置"和"钢筋设置"内容，软件自动判断而来，当修改"其它属性"中"抗震等级""混凝土强度"等信息后，软件将自动判断修改"锚固搭接"内容。

④ 注意事项。

砌体墙与混凝土墙输入的钢筋信息不同，且可以根据实际工程需要，在"其它属性"中调整砌体墙的"计算设置"等，如图 8-54 所示。

平法识图与钢筋算量

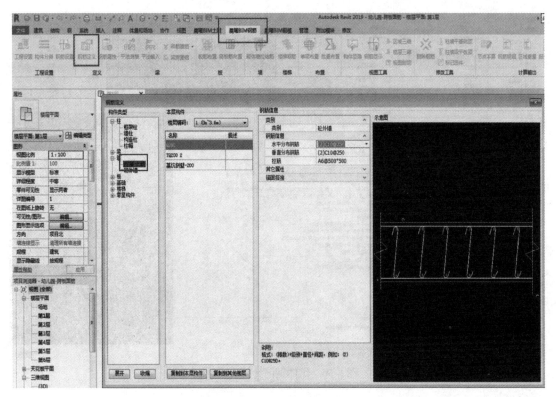

图 8-52 剪力墙钢筋定义窗口

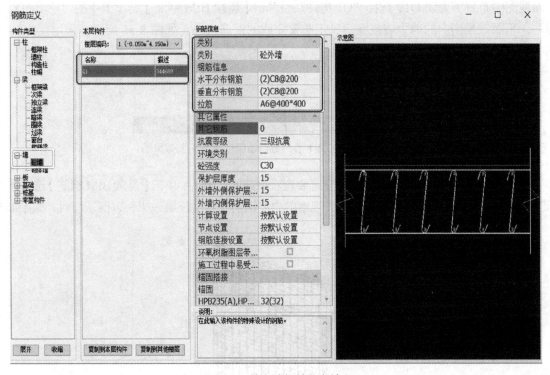

图 8-53 剪力墙钢筋信息输入

## 8.5.3 剪力墙的钢筋布置

在完成剪力墙的钢筋定义后，就可以在各层的平面视图中对剪力墙进行钢筋布置。在"晨曦 BIM 钢筋"
插件选项卡中，提供两种布置结构构件钢筋的方法，分别是"单项布置"和"批量布置"。

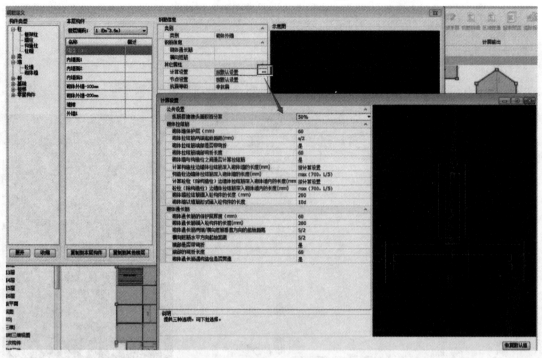

图 8-54　砌体钢筋计算设置调整

下面以实例中 Q1 为例，首先，在"项目浏览器"中跳转到楼层平面的"第 1 层"的平面视图中；然后在平面视图中布置剪力墙 Q1，选择"Q1 构件"→单击【晨曦 BIM 钢筋】选项卡中的"单项布置"或"批量布置"，平面效果图中的剪力墙截面则显示布置完成的钢筋效果，如图 8-55 所示，采用此方法可逐一完成实例中其他剪力墙的钢筋布置。

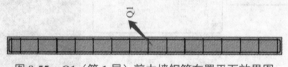

图 8-55　Q1（第 1 层）剪力墙钢筋布置平面效果图

在平面效果图中布置好剪力墙钢筋后，框选要查看钢筋的剪力墙，单击【晨曦 BIM 钢筋】选项卡中的"钢筋显示"按钮，则可以在三维透视的状态下，观察剪力墙钢筋布置的三维效果，以便于校对，如图 8-56 所示。

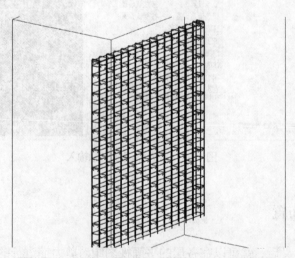

图 8-56　Q1（第 1 层）剪力墙钢筋布置三维效果图

## 8.6 ▶ 板构件模型绘制

### 8.6.1 板钢筋识图

本节以办公楼项目（框架结构）轴线④～⑤与Ⓑ～Ⓒ之间的楼板为例，如图 8-57 所示。

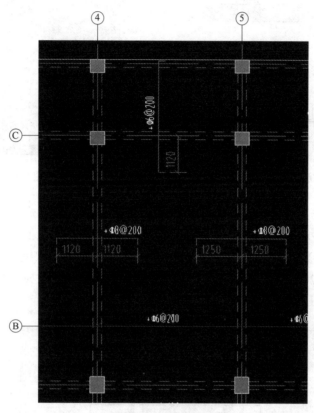

图 8-57 楼板配筋图

根据相关项目图纸可知：

① 未注明板厚均为 120mm；

② 未注明室内板面标高为 4.150m；

③ 现浇板满铺钢筋Φ8@200 双层双向（图中未表达），另局部增设支座（板底）附加筋。

### 8.6.2 板钢筋定义与布置

"板筋布置"功能仅允许在平面视图中使用。软件不仅提供了多种板筋类型还有多种布置方式。

① 点击【晨曦 BIM 钢筋】选项卡→"板筋布置"功能，弹出"布置板筋"窗口。

② 板底筋定义与布置。通过实例工程识图可知，底筋为双向Φ8@200。点击"板筋布置"按钮，打开"布置板筋"对话框，在钢筋类型中选择"底筋"，点击【新建】按钮，输入钢筋名称及型号 C8@200，将布置方向更改为"双向"，选择 X 及 Y 方向钢筋信息，如图 8-58 所示。

选择"布置方式"：

a. 单板：鼠标单击板即可布置完成。

b. 多板：鼠标选择 2 个或 2 个以上的板，单击【完成】即可布置完成。

c. 两点：可在一块板内选择 2 点布置或者跨多块板布置。

d. 按板边布置：点击楼板边缘，再点击板筋延伸方向，即可布置完成。

e. 范围布置：用线绘制一个闭合区域，点击【完成】，最后在区域中绘制一条线即可布置完成。

如图 8-59 所示为以单板方式布置板底筋。

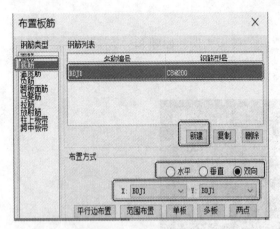

图 8-58　板底筋定义

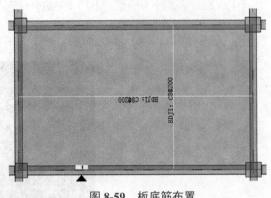

图 8-59　板底筋布置

③ 板面筋布置。板面筋布置方式同板底筋，请参考上述板底筋布置方式。

④ 板负筋定义与布置。点击【板筋布置】按钮，打开"布置板筋"对话框，在钢筋类型中选择"负筋"，点击【新建】按钮，以其中一个负筋为例，根据实例图纸要求，负筋为双挑负筋，挑出长度为 1120mm、1120mm，钢筋型号为Φ8@200，将上述信息输入对话框相应位置并选择对应"布置方式"即可布置对应的板负筋钢筋线，如图 8-60 所示。

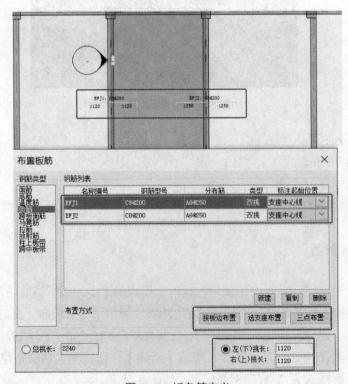

图 8-60　板负筋定义

选择"布置方式"：

a. 按板边布置：点击楼板边缘，再点击板筋延伸方向，即可布置完成。

b.选支座布置：点击梁/墙，点击板筋延伸方向，布置完成。

c.三点布置：在任意梁、板内先确定两点（垂直板筋的一条直线），再确定第三点，即板筋的方向，即可布置完成。

⑤跨板面筋布置方法同负筋布置。

### 8.6.3　板钢筋实体布置、显示与查量

板钢筋实体布置方式、钢筋实体显示及查量方式与梁钢筋实体布置方式相同，均可通过"单项布置"和"批量布置"功能完成，如图8-61、图8-62所示。请参考前述梁钢筋实体布置方式完成板钢筋实体布置。

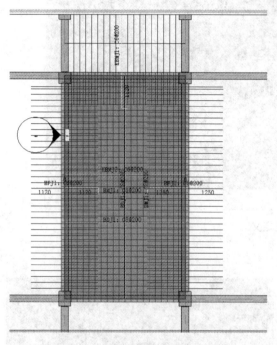

图 8-61　板钢筋平面布置效果图

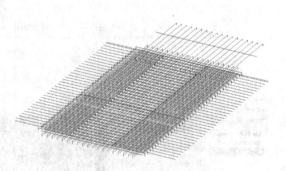

图 8-62　板钢筋布置三维效果图

## 8.7 ▶ 楼梯构件模型绘制

### 8.7.1　楼梯钢筋定义

在"晨曦BIM钢筋"选项卡下，点击"楼梯"中【楼梯钢筋】，在弹出"楼梯钢筋"对话框中，选择楼梯所在楼层，在"属性编辑"中，选择梯段类型，单击【确定】按钮。如图8-63所示。

在"楼梯钢筋"界面中，会自动刷新已经分类的现浇楼梯名称。用户可下拉"楼层编码"进行楼层切换、查看各层楼梯。

注："楼梯钢筋"功能能够识别对应类型的楼梯名称，并以不同的颜色加以提示；其中两种楼梯形式不支持钢筋布置，即：组合楼梯、草图楼梯，界面中组合楼梯为红色显示，草图楼梯为黄色显示。

在"属性编辑"界面中定义梯段、平台板配筋。

（1）梯段定义操作

点击梯段类型如：梯段1后的"[…]"按钮→进入"梯段选图"界面→自由选择"16G101—2"或"双网双向"

梯段样式并进行配筋信息输入→单击【确定】完成选择→回到"楼梯钢筋"主界面，完成定义。如图 8-64 所示。

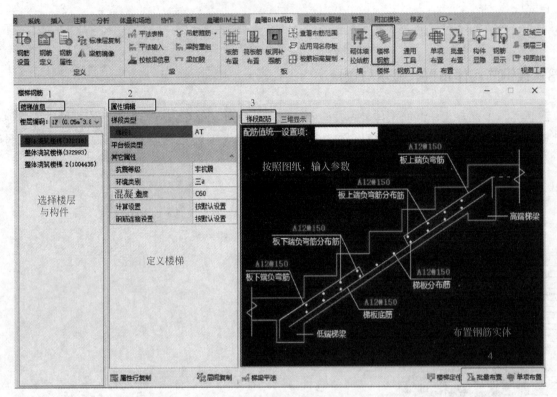

图 8-63　楼梯钢筋定义

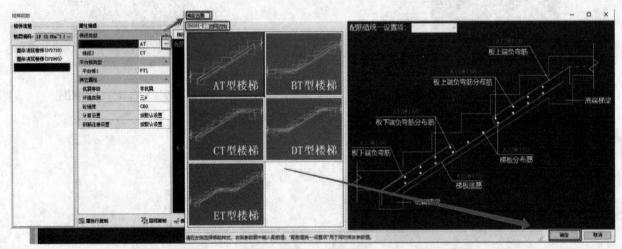

图 8-64　梯段钢筋定义

（2）平台板配筋定义操作

点击平台板类型如：平台板 1 后的"┄"按钮→进入"平台板定义"界面→绘制板筋示意图→单击【确定】→回到"楼梯钢筋"主界面，完成定义，如图 8-65 所示。

（3）梯梁平法

定义楼梯梁配筋信息。其中对应的楼梯梁构件需经构件分类为"楼梯梁"类型。点击【梯梁平法】，在弹出"梯梁平法"对话框中，选择楼层，选择构件，输入梯梁信息，输入完成后，单击【确定】按钮，如图 8-66 所示。

平法识图与钢筋算量

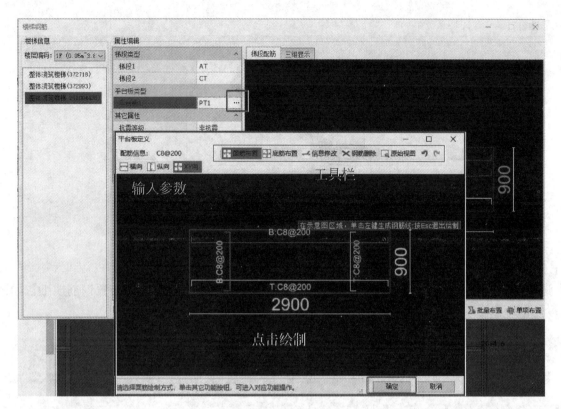

图 8-65　平台板配筋定义

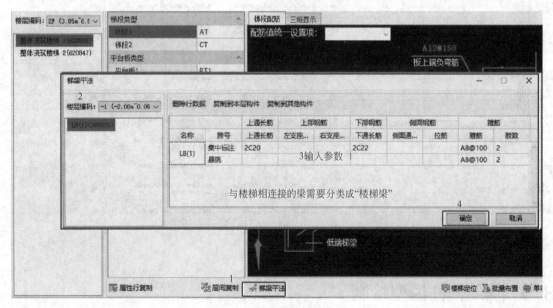

图 8-66　楼梯梯梁钢筋定义

## 8.7.2　楼梯钢筋布置、显示与查量

①梯段、梯梁、休息平台钢筋信息输入完成后，单击"楼梯钢筋"对话框中的【单项布置】按钮，将楼梯钢筋布置完成。

②楼梯钢筋布置完成后，可选中楼梯构件，单击"晨曦 BIM 钢筋"中的【钢筋显示】查看所布置钢筋，

241

如图 8-67 所示。

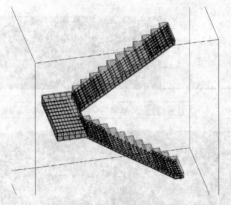

图 8-67　楼梯钢筋显示

③ 选中楼梯构件，单击"晨曦 BIM 钢筋"中的【钢筋明细】，查看所有布置钢筋明细，如图 8-68 所示。

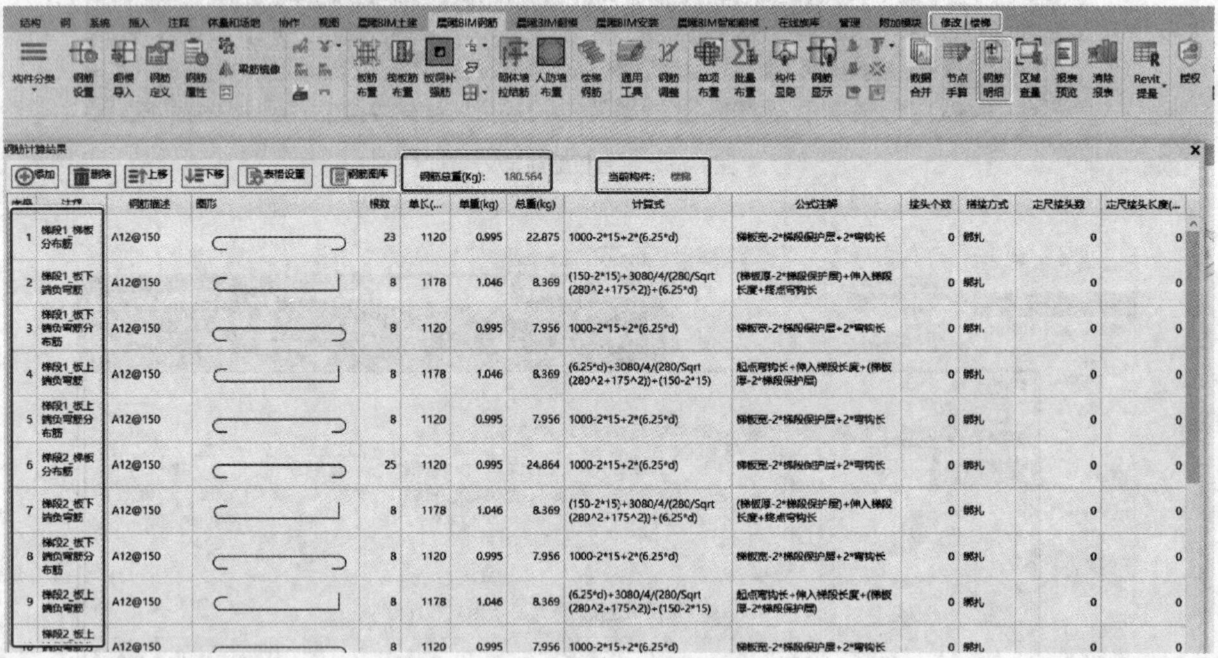

| 序号 | 注释 | 钢筋描述 | 图形 | 根数 | 单长(... | 单重(kg) | 总重(kg) | 计算式 | 公式注解 | 接头个数 | 搭接方式 | 定尺接头数 | 定尺接头长度(... |
|---|---|---|---|---|---|---|---|---|---|---|---|---|---|
| 1 | 梯段1_梯板分布筋 | A12@150 | | 23 | 1120 | 0.995 | 22.875 | 1000-2*15+2*(6.25*d) | 梯板宽-2*梯段保护层+2*弯钩长 | 0 | 绑扎 | 0 | 0 |
| 2 | 梯段1_板下端负弯筋 | A12@150 | | 8 | 1178 | 1.046 | 8.369 | (150-2*15)+3080/4/(280/Sqrt(280^2+175^2))+(6.25*d) | 梯板宽-2*梯段保护层+伸入梯段长度+端点弯钩长 | 0 | 绑扎 | 0 | 0 |
| 3 | 梯段1_板下端负弯筋分布筋 | A12@150 | | 8 | 1120 | 0.995 | 7.956 | 1000-2*15+2*(6.25*d) | 梯板宽-2*梯段保护层+2*弯钩长 | 0 | 绑扎 | 0 | 0 |
| 4 | 梯段1_板上端负弯筋 | A12@150 | | 8 | 1178 | 1.046 | 8.369 | (6.25*d)+3080/4/(280/Sqrt(280^2+175^2))+(150-2*15) | 起点弯钩长+伸入梯段长度+(梯板厚-2*梯板保护层) | 0 | 绑扎 | 0 | 0 |
| 5 | 梯段1_板上端负弯筋分布筋 | A12@150 | | 8 | 1120 | 0.995 | 7.956 | 1000-2*15+2*(6.25*d) | 梯板宽-2*梯段保护层+2*弯钩长 | 0 | 绑扎 | 0 | 0 |
| 6 | 梯段2_梯板分布筋 | A12@150 | | 25 | 1120 | 0.995 | 24.864 | 1000-2*15+2*(6.25*d) | 梯板宽-2*梯段保护层+2*弯钩长 | 0 | 绑扎 | 0 | 0 |
| 7 | 梯段2_板下端负弯筋 | A12@150 | | 8 | 1178 | 1.046 | 8.369 | (150-2*15)+3080/4/(280/Sqrt(280^2+175^2))+(6.25*d) | 梯板宽-2*梯段保护层+伸入梯段长度+端点弯钩长 | 0 | 绑扎 | 0 | 0 |
| 8 | 梯段2_板下端负弯筋分布筋 | A12@150 | | 8 | 1120 | 0.995 | 7.956 | 1000-2*15+2*(6.25*d) | 梯板宽-2*梯段保护层+2*弯钩长 | 0 | 绑扎 | 0 | 0 |
| 9 | 梯段2_板上端负弯筋 | A12@150 | | 8 | 1178 | 1.046 | 8.369 | (6.25*d)+3080/4/(280/Sqrt(280^2+175^2))+(150-2*15) | 起点弯钩长+伸入梯段长度+(梯板厚-2*梯板保护层) | 0 | 绑扎 | 0 | 0 |
| 10 | 梯段2_板上... | A12@150 | | 8 | 1120 | 0.995 | 7.956 | 1000-2*15+2*(6.25*d) | 梯板宽-2*梯段保护层+2*弯钩长 | 0 | 绑扎 | 0 | 0 |

钢筋总重(Kg):　180.564　　　当前构件:　楼梯

图 8-68　楼梯钢筋明细表

## 8.8 ▶ 基础构件模型绘制

### 8.8.1　独立基础（桩承台）钢筋识图

本节以办公楼项目为例，该项目采用独立基础，本工程独立基础采用的是列表注写表达方式，有 DJ1、DJ2、DJ3、DJ4 四种独立基础，如图 8-69 所示。

以 DJ1 为例，根据项目图纸可知，DJ1 截面尺寸为长 × 宽 × 高＝ 2900mm×2900mm×600mm，底标高为 -2.200m，钢筋信息为：横向受力筋（X）为 $\Phi$12@100，纵向受力筋（Y）为 $\Phi$12@100。

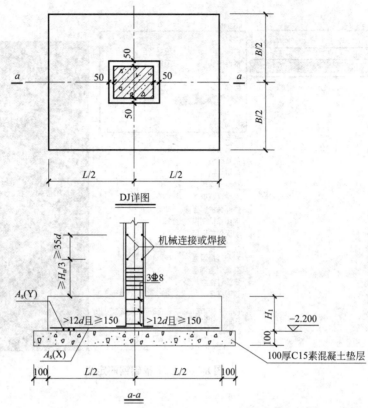

DJ详图

a-a

| \multicolumn{8}{c}{DJ尺寸及配筋表} |
|---|---|---|---|---|---|---|---|
| 序号 | 编号 | *L*/mm | *B*/mm | *H*/mm | 横向受力筋$A_s$(X) | 纵向受力筋$A_s$(Y) | 备注 |
| 1 | DJ1 | 2900 | 2900 | 600 | ⼀12@100 | ⼀12@100 | |
| 2 | DJ2 | 3500 | 3500 | 600 | ⼀14@120 | ⼀14@120 | |
| 3 | DJ3 | 3100 | 3100 | 600 | ⼀12@100 | ⼀12@100 | |
| 4 | DJ4 | 3200 | 4000 | 700 | ⼀14@100 | ⼀14@100 | |

图 8-69　独立基础配筋图

## 8.8.2　独立基础（桩承台）钢筋定义

在依次完成前述的"工程设置"、"钢筋设置"操作之后，点击【钢筋定义】功能按钮，进入"钢筋定义"窗口，在左列"构件类型"中，选择"独立基础（桩承台）"。对照办公楼项目实例结构施工图纸的基础大样图，点选每个独立基础构件名称，在对应的"钢筋信息"一栏中，仔细填写各独立基础配筋信息。

下面以实例中 DJ1 为例：

① 受力钢筋：按照说明输入规范信息或者下拉选择：纵向底筋为 C12@100，横向底筋为 C12@100。如图 8-70 所示。

② 其它属性。

该栏信息来源于"工程设置"中"钢筋设置"以及"钢筋设置"的内容，也可对该构件其它属性做单独修改（如：该构件所处环境类别不同时，可点击"环境类别"下拉选择，保护层厚度会联动修改）。

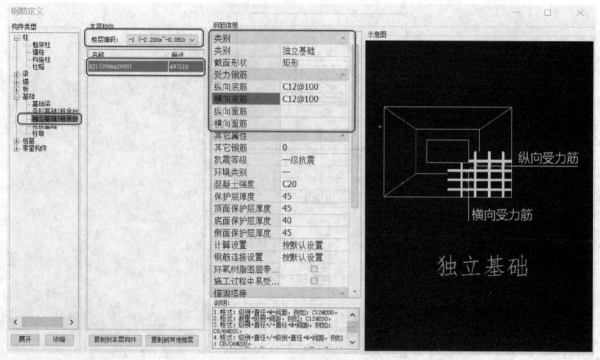

图 8-70    DJ1 基础钢筋定义

③ 锚固搭接。

此项内容根据"工程设置"中"钢筋设置"和"钢筋设置"内容，软件自动判断而来，当修改"其它属性"中"抗震等级"、"混凝土强度"等信息后软件将自动判断修改锚固搭接。

### 8.8.3    独立基础（桩承台）钢筋布置

在完成独立基础的钢筋定义后，就可以在基础层的平面视图中对独立基础进行钢筋布置。在"晨曦BIM 钢筋"插件选项卡中，提供两种布置结构构件钢筋的方法，分别是"单项布置"和"批量布置"。

下面以实例中 DJ1 为例，首先，在"项目浏览器"中跳转到楼层平面的"第 -1 层"的平面效果图中；然后在平面效果图中布置独立基础 DJ1：选择"DJ1 构件"→单击【晨曦 BIM 钢筋】选项卡中的"单项布置"或"批量布置"，平面效果图中的独立基础截面会显示布置完成的钢筋实体，如图 8-71 所示，采用此方法可逐一完成实例中其他框架柱的钢筋布置。

在平面视图中布置好独立基础钢筋后，框选要查看钢筋的独立基础，单击【晨曦BIM 钢筋】选项卡中的【钢筋显示】按钮，则可以在三维透视的状态下，观察基础钢筋布置的三维效果，以便于校对，如图 8-72 所示。

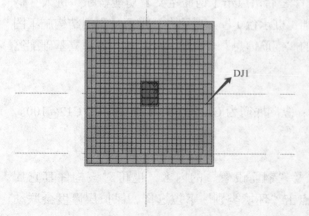

图 8-71    DJ1 基础钢筋布置平面效果图

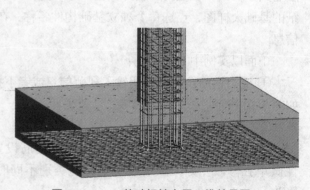

图 8-72    DJ1 基础钢筋布置三维效果图

# 8.9 ▶ 其他构件模型绘制

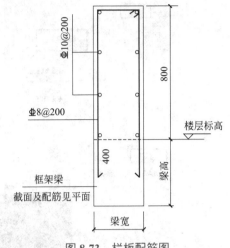

图 8-73　栏板配筋图

## 8.9.1　栏板配筋识图

根据图 8-73 可知，栏板水平分布筋为Φ10@200，垂直分布筋为Φ8@200，呈不规则形状，可采用"通用工具"功能计算钢筋量。

## 8.9.2　栏板配筋定义与布置

① 在"晨曦BIM钢筋"选项卡，点击【通用工具】，选中栏板构件，弹出"通用工具"对话框，单击【剖切】按钮，在俯视图中绘制剖切线，选中已建立剖切图，如图 8-74 所示，单击【编辑钢筋】按钮。

② 进入"构件配筋"界面，单击【新建钢筋】，在弹出"新建钢筋"对话框中，选择新建钢筋类型为"水平分布筋"，如图 8-75 所示，单击【确定】。在"属性"编辑面板中编辑"钢筋信息"为"C8@200"，在"钢筋图库浏览器"中选择"2折"钢筋形状，设置两个弯钩。如图 8-76 所示。

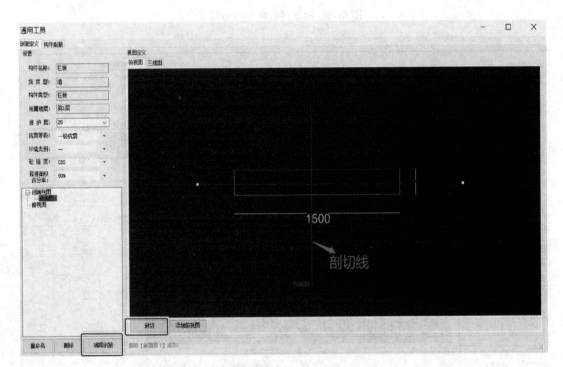

图 8-74　新建剖切图

③ 垂直分布筋新建步骤同水平分布筋，如图 8-77 所示。

④ 选择"水平分布筋"后，单击【布置水平筋】按钮（图 8-76），选择新建钢筋类型为"平行布置"。在"剖面图 1"中选择构件轮廓线，由于水平筋伸入下部支座，单击【钢筋修改】后，单击【选点拉伸】，在剖面图中选中修改钢筋，选中点后向下拉伸 400mm，如图 8-78 所示，水平分布筋、垂直分布筋布置完成后，单击【单项布置】按钮，完成构件钢筋布置。栏板钢筋三维效果图如图 8-79 所示。

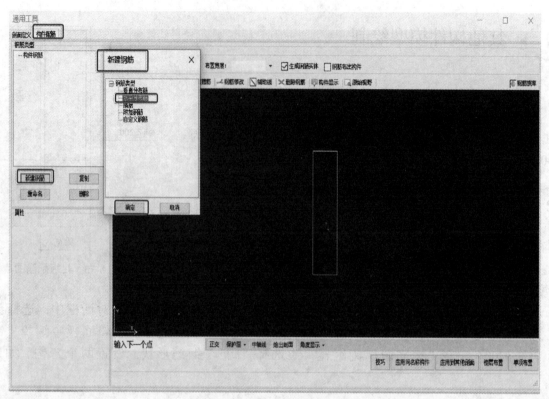

图 8-75　新建栏板水平分布筋

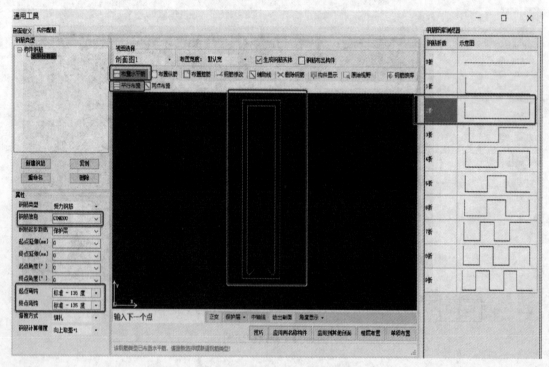

图 8-76　栏板水平分布筋布置

### 8.9.3　砌体拉结筋钢筋定义与布置

砌体墙拉结筋作为一个整体，包含了砌体墙与框架柱、构造柱的多种连接方式。

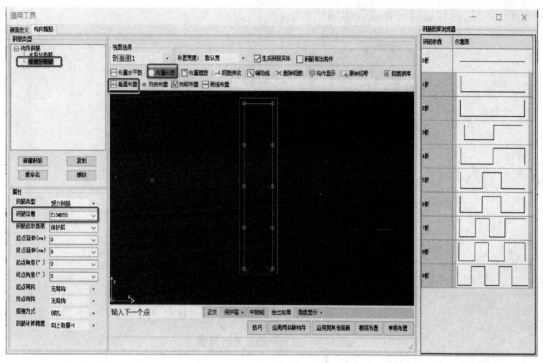

图 8-77 栏板垂直分布筋布置

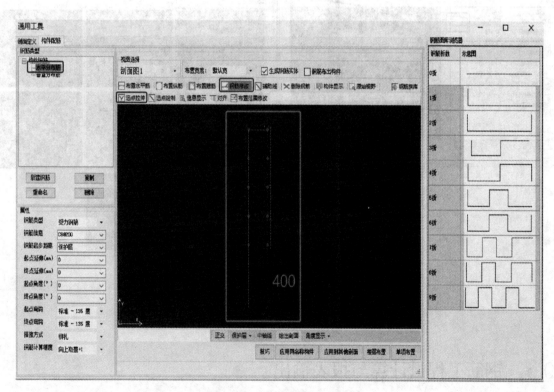

图 8-78 水平分布筋选点拉伸

① 点击【晨曦 BIM 钢筋】选项卡→点击【砌体墙拉结筋】功能→弹出【砌体加筋】窗口。

② 参数设置：点击加载条件右边的小框，进入参数化图形的选择，选择适合的砌体墙参数图片，可直接在图片中修改钢筋信息。如图 8-80 所示。

③ 手动布置：框选墙即可布置砌体墙拉结筋。

④ 自动布置：选择楼层即可布置砌体墙拉结筋。

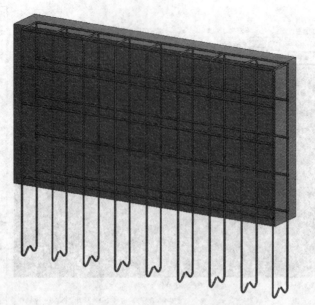

图 8-79 栏板钢筋三维效果图

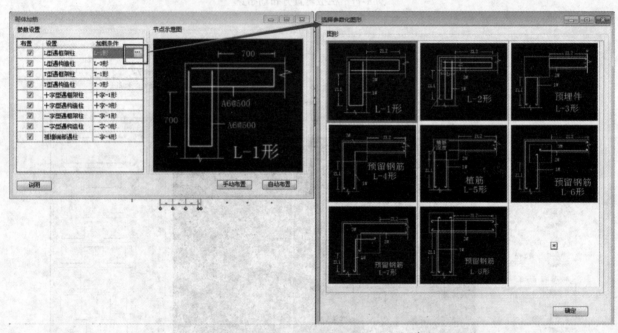

图 8-80 砌体拉结筋定义

# 8.10 ▶ 钢筋工程量计算与报表输出

## 8.10.1 Revit 提量

Revit 提量是用于提取汇总 Revit 自建或外部载入模型的钢筋工程量，其中分为"R 钢筋明细"、"R 区域查量"、"R 报表预览"三个子类别。

（1）R 钢筋明细

点击【晨曦 BIM 钢筋】选项卡→点击【Revit 提量】→点击【R 钢筋明细】，如图 8-81 所示。

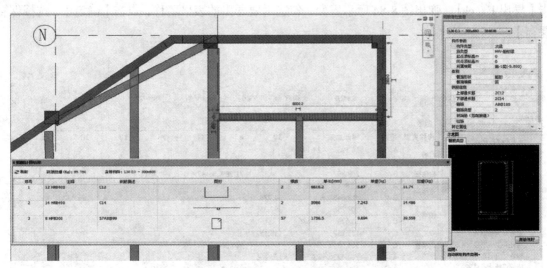

图 8-81　R 钢筋明细钢筋提量

（2）R 区域查量

点击【晨曦 BIM 钢筋】选项卡→点击【Revit 提量】→点击【R 区域查量】，得到钢筋报表如图 8-82 所示。

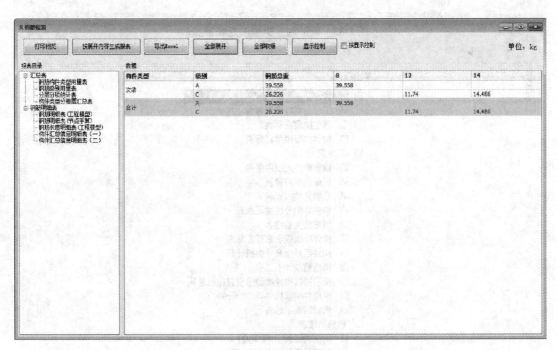

图 8-82　R 区域查量

（3）R 报表预览

通过报表提供的多种钢筋量的统计方式，能更加方便地查量、核量。报表只显示"布置钢筋"实体构件的钢筋量，未布置计算的，报表无值。

点击【晨曦 BIM 钢筋】选项卡→点击【报表预览】，如图 8-83 所示。

## 8.10.2 报表输出

点击【导出 Excel】，弹出图 8-84 所示界面，勾选需要导出的表格名称，点击【确定】，选择保存位置，单击【保存】。

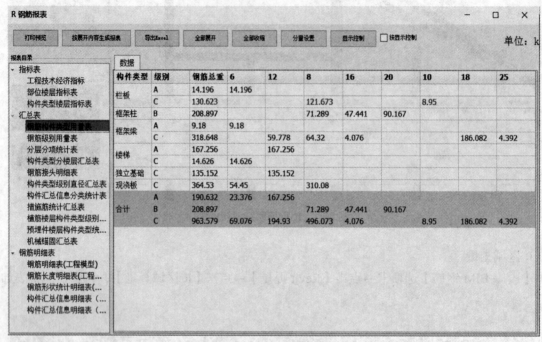

图 8-83　钢筋构件类型用量表预览

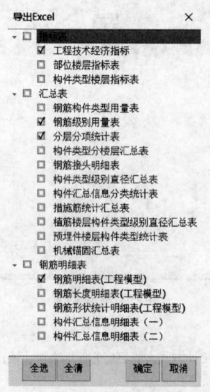

图 8-84　导出 Excel 表格类型

# 【能力训练题】

## 一、简答题

1. 如何将本层构件信息复制到其他楼层？

2. 如何设置吊筋？

3. 砌体拉结筋如何定义与布置？

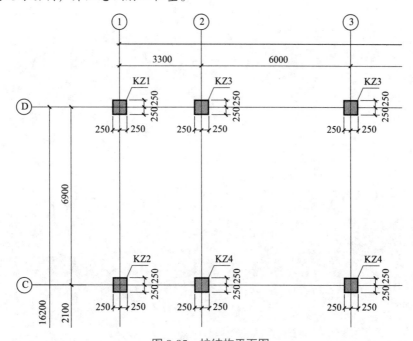

二维码 8.1

## 二、实操题

本工程为框架结构，无地下室，地上四层，1层层高3.9m，2～3层层高3.6m，4层层高3.4m。

（1）结合框架柱结构平面图（图8-85）、柱子配筋表（表8-1）在晨曦算量软件中完成ⓒ～Ⓓ轴与①～③轴之间框架柱的定义与绘制，并汇总钢筋工程量。

图 8-85 柱结构平面图

表 8-1 柱子配筋表

| 柱号 | 标高 /m | b×h/(mm×mm) | 角筋 | b 每侧中部筋 | h 每侧中部筋 | 箍筋类型号 | 箍筋 |
|---|---|---|---|---|---|---|---|
| KZ1 | 基础顶～3.800 | 500×500 | 4Φ22 | 3Φ18 | 3Φ18 | 1（4×4） | Φ8@100 |
| | 3.800～14.400 | 500×500 | 4Φ22 | 3Φ16 | 3Φ16 | 1（4×4） | Φ8@100 |
| KZ2 | 基础顶～3.800 | 500×500 | 4Φ22 | 3Φ18 | 3Φ18 | 1（4×4） | Φ8@100/200 |
| | 3.800～14.400 | 500×500 | 4Φ22 | 3Φ16 | 3Φ16 | 1（4×4） | Φ8@100/200 |
| KZ3 | 基础顶～3.800 | 500×500 | 4Φ25 | 3Φ18 | 3Φ18 | 1（4×4） | Φ8@100/200 |
| | 3.800～14.400 | 500×500 | 4Φ22 | 3Φ18 | 3Φ18 | 1（4×4） | Φ8@100/200 |
| KZ4 | 基础顶～3.800 | 500×500 | 4Φ25 | 3Φ20 | 3Φ20 | 1（4×4） | Φ8@100/200 |
| | 3.800～14.400 | 500×500 | 4Φ25 | 3Φ18 | 3Φ18 | 1（4×4） | Φ8@100/200 |

（2）结合第二层顶梁配筋图在晨曦算量软件中完成第二层Ⓒ轴框架梁（图8-86）的定义与绘制，并汇总钢筋工程量。

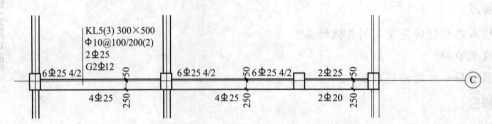

KL5(3) 300×500
Φ10@100/200(2)
2Φ25
G2Φ12

6Φ25 4/2　　　6Φ25 4/2　　50　6Φ25 4/2　　　2Φ25
4Φ25　　250　　　4Φ25　　250　　　2Φ20

Ⓒ

**图 8-86　第二层Ⓒ轴框架梁**

# 参考文献

［1］ 中国建筑标准设计研究院.混凝土结构施工图平面整体表示方法制图规则和构造详图［M］.北京：中国计划出版社，2016.

［2］ 陈达飞.平法识图与钢筋计算［M］.北京：中国建筑工业出版社，2017.

［3］ 韩业财，李凯.钢筋平法识图与手工计算［M］.重庆：重庆大学出版社，2019.

［4］ 傅华夏.建筑三维平法结构识图教程［M］.北京：北京大学出版社，2018.

［5］ 曾开发，李杰.基于 Revit 平台的建筑安装工程计量与计价案例实训教材［M］.北京：中国建筑工业出版社，2020.

［6］ 16G101—1《混凝土结构施工图平面整体表示方法制图规则和构造详图（现浇混凝土框架、剪力墙、梁、板）》.

［7］ 16G101—2《混凝土结构施工图平面整体表示方法制图规则和构造详图（现浇混凝土板式楼梯）》.

［8］ 16G101—3《混凝土结构施工图平面整体表示方法制图规则和构造详图（独立基础、条形基础、筏形基础、桩基础）》.

［9］ 18G901—1《混凝土结构施工钢筋排布规则与构造详图（现浇混凝土框架剪力墙、梁、板）》.

［10］ 18G901—2《混凝土结构施工钢筋排布规则与构造详图（现浇混凝土板式楼梯）》.

［11］ 18G901—3《混凝土结构施工钢筋排布规则与构造详图（独立基础、条形基础、筏形基础、桩基础）》.